一个建筑师的梦

AN ARCHITECT'S DREAM
THE SEQUEL TO *AN ARCHITECT'S FOOTPRINT IN WEST OF CHINA*

《西部建筑行脚》续集

王小东　著

中国建筑工业出版社

1963年9月，我大学毕业赴新疆。火车刚通到乌鲁木齐，车行到吐鲁番，时值下午，碧蓝的天空中悬挂着金色的天山雪峰，这是我有生以来第一次见到如此壮丽的景色。心中突然冒出"让蓝天雪峰作证"的一句话来。作证什么？没有细想，只觉得在未知而幻想中的新疆做一名建筑师要付出自己的一生！

1964年夏，在新疆八一农学院建筑工地上劳动实习时，我在一座住宅的屋顶上远眺，画了一幅水彩画。背景是白雪皑皑的天山和博格达峰，前面是红山、新疆博物馆，以及当时乌鲁木齐最高的昆仑宾馆（被称为八楼）、新疆工学院等重要建筑。面对如此多姿多彩的画卷，作为一个建筑学专业的学子，我深有感触，这里就是西出阳关、以自己的学业添砖加瓦的地方！当时城市里的建筑还不太多，我在画里又添加了一些想象中的建筑，想着这就是我的人生，也是自己实现梦想的地方。这幅画被我称为"一个建筑师的梦"，后来原画丢失，1978年又重新画了一幅。对我而言，身赴新疆，履行一个建筑师职责的初心，从来没有改变过。如今我已85岁了，到新疆已60载，依然在设计院工作。

2007年，我把自己在新疆几十年间设计的一些重要建筑作品和在学术刊物上发表过的学术论文整理之后，编写、出版了一部《西部建筑行脚》。转眼间又有十几年过去了，于是就准备再编写一本续集，书名就称《一个建筑师的梦〈西部建筑行脚〉续集》。内容包括2007年以来自己和团队合作的建筑设计作品、在刊物上发表过的学术论文等，另外增加了自己主持完成的重要研究课题等。其中重要的是"喀什老城区抗震改造与风貌保护"和"乌鲁木齐城市特色研究"。前者经历了约十年，后者也用了五年时间。所以本书收录的第一篇文章是"喀什的抉择——我参与喀什老城区抗震改造与风貌保护工程的回忆"，这是其第一次发表。十年中参与喀什的城市更新和历史风貌保护工程，是我一生中极为重要的经历。这是生动的理论与实践的大课堂，对我的建筑观、城市观、人文观都有重大的影响。其中最重要的一点感悟是建筑师一定要摆对自己的位置，在实践中不断地修正和探索，满足不断变化与增长的社会需求。

既然是一个建筑师的"梦"，这本书里还收集了我们团队在建筑方案投标中落选的，或没有实施的建筑方案。其中乌鲁木齐高铁站的方案使我想起60年前我初见天山雪峰时的念头："让蓝天雪峰作证！"方案虽然落选，但初心未改！

从2018年到现在，我一直把主要精力放在编写《中亚建筑与城市历史》这部书的工作中。目前虽然完成了初稿，但要达到出版的要求还有许多工作和困难。这是一本为我国"一带一路"倡议实施提供背景和参考资料的书，在人类命运共同体中，人们需要更多的相互了解。

本书的编写与出版，得到了中国工程院、新疆建筑设计研究院（简称新疆院）的大力支持，并被列入院士文库系列。另外我们团队的西安建筑科技大学谢洋博士完成了本书的书稿收集和整理工作，新疆建筑设计研究院的胡峻、刘勤、曾子蕴等建筑师也参与了本书的编写，在此一并致谢！

建筑学这个学科的成果，严格来说是集体的成果，所以本书也是我和参与项目设计和研究课题的团队成员的共同成果，在此再次感谢团队成员！

王小东
2023年5月于乌鲁木齐

学术与记述篇

建筑创作篇

学术与记述篇

喀什的抉择

——我参与喀什老城区抗震改造与风貌保护工程的回忆①

王小东

二十多年过去了，喀什市的抗震改造、风貌保护取得了巨大的、举世瞩目的成果，得到了各方面的好评。如今的喀什在传承历史文化传统的同时也是我国西部地区一座具有经济活力的重要城市。这项城市更新的系统工程规模巨大，参与人员成千上万，他们都为此作出了贡献。此文仅以个人参与这项工程中亲身经历的一个侧面记录其点滴，提供思考与研究。

一、缘起

2008 年 5 月，我在西安建筑科技大学一次学术讲座中的题目为"最后的喀什噶尔"，当时的喀什市副市长徐建荣知道之后，对我说："听了题目心中不是滋味……"

喀什是我国 1986 年公布的历史文化名城之一，具有两千多年的历史。从汉代起就是汉帝国在西域的重镇，并在此驻军；它也是佛教、伊斯兰教传入中国的起点，被称为"维吾尔人的故乡"。具有浓厚的历史文化特色，有人甚至说"不到喀什不算到过新疆"。

喀什除了著名的莫窝尔佛寺、阿巴克霍加陵（香妃墓）、艾提尕尔清真寺、玉素甫陵等著名的文化遗址外，最引人注目的是老城区密集的住宅区和独特的风土人情。

1973 年我在全疆考察建筑时第一次来到喀什，当我进入到老城区迂回曲折的街巷时被震惊了：这里没有相同的建筑和笔直的道路，1、2 层的住宅和院落在长短不一的过街楼下蜿蜒曲折的道路中形成了一幅城市大客厅的画面。儿童们在游戏，老年人和妇女们在交谈或休息，小商贩卖着蔬菜一类的必需品，还有大大小小的清真寺坐落其中。这些街巷还可以通向艾提尕尔清真寺广场和各种卖手工艺产品的专业化的市场，如铁匠市场、花盆市场、纺织品市场、铜器市场等，是一座活力四射的城市博物馆（图 1）。

原来老城区的建筑大多是土坯墙、木柱、木楼板或者是木框架填充土坯，外墙基本是草泥抹面的土木结构。由于建筑物形体变化多样，而且是简单的几何体，建筑光影丰富，城市的天际线和体量统一而多变，表现出极大的建筑艺术魅力！所以，1996 年《建筑学报》编委会委员参观这里时，直呼"朗香教堂"！相机

---

① 本文撰写于 2022 年 12 月。

图 1

咔嚓咔嚓的声音不绝。

1986 年参加新疆土木建筑学会在喀什的年会时，我有了自己的多镜头相机，彩色胶卷开始使用，便拍了近二十卷彩色照片，可惜当时乌鲁木齐冲印水平太差，照片全是模糊的土红色，尽管如此这些珍贵的照片仍被我保留着。

但这座著名的历史文化名城喀什是我国著名的地震区，地震的威胁一直存在。

1986 年距离喀什不远的乌恰县发生了大地震，也波及喀什。这次大地震使得乌恰县另选新址，我们设计院承担了新县城的规划设计，此后喀什附近地震不断出现。

2003 年 12 月 26 日，伊朗的巴姆发生了震惊世界的大地震，死亡人数达数万。这时我正在编写《伊斯兰建筑史图典》中的巴姆古城。从地震后卫星高清图片可以看出，巴姆除了城堡还存残，居住区几乎夷为平地（图 2）。

20 世纪初喀什发生过 8 级以上的大地震，大部分住房倒塌，只不过由于偏远和缺乏记录，很多人并不知道。

乌恰和喀什周围的频繁地震期间，国家高度重视喀什建筑的抗震改造问题，特意划拨专款，目的在于防止地震带来的灾害，从 1998 年开始陆续实施。尤其在伊朗的巴姆地震后，国家和自治区的领导更加关注喀什的抗震问

图 2

题，多次提到为此"睡不着觉"。

2008 年 4 月，国家发改委、建设部及自治区有关部门组成了专家组到喀什检查和评估抗震保护工作的进展，我是专家组组长。由喀什市各方领导和工作人员组成的专家组参观了抗震改造的现场并听取了汇报。没想到这次参与检查和评估工作使我日后深入喀什老城区的风貌保护与抗震工作中长达十年之久。

早期的工作按当时的做法主要是城市的抗震改造。但在实施过程中人们深刻地认识到喀什还是一座国家历史文化名城，既要进行抗震改造，又要保护历史风貌，这样工作的难度更大了。

图 1　20 世纪 80 年代喀什街景（水彩画）
图 2　巴姆地震后的卫星图

二、"理想主义"探索和"疏散"策略

2008年之前我对历史文化名城保护的认识基本是：对历史文物建筑实施原貌保护，对历史名城的一般居住建筑进行风貌保护。而在非核心区，更应把现代设施、现代感和历史风貌结合起来。

2006年中坤集团的黄怒波先生找我，他要在喀什吐曼河建设一片休闲商贸建筑综合体，大约有十万平方米。原来他请了澳大利亚的一位建筑师做了设计方案，但不满意，所以请我重新做规划和设计。项目位于吐曼河畔，紧靠老城核心区，而不是风貌保护区。我心中早就有创作喀什传统风貌的现代建筑的想法，亦即喀什新风貌，所以愉快地答应了。为此我画了不少喀什传统建筑"变身"为既有时代感又有地域风貌的建筑草图（图3），何况我认

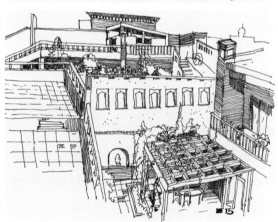

图3 我的新喀什理想主义的探索部分草图

图3

图4

为喀什民居的体量变化、光影效果、空间构成原理和现代建筑很接近。吐曼河综合体工程经过了十几年缓慢的建设，至今没有完工（其中有几万平方米的建筑才完成），我设计的演艺剧场也没实施。但从已经建成的部分基本可以看出我的设计思想和理念（图4）。这些建筑如今组成了喀什的城市风貌，也是我对喀什老城区改造的一个"理想主义"的愿景。从现在来看，有些"乌托邦"了。

在2006～2007年喀什吐曼河项目的实践背景下，我不自觉地介入了喀什的抗震改造和风貌保护、城市更新这一巨大的工程，这在之前是我不敢想象的事。

喀什的检查与评估会议开了好几天，会议参加者有地区和市里的领导及有关部门。渐渐地，我了解到国家投入的钱花在了什么地方，以及地方政府的意图和面对的困难。

首先人们有一个先入为主的概念，认为老城区人口和建筑太拥挤了，所以把拓宽道路和疏散现有人口当作主要任务。把居民疏散到老城区以外的郊区，建造了两个居住小区——1号、2号小区。规划理念和手法与当时房地产开发的居住区差不多，小区内建造了以3层为主的单元式楼房。在外形和立面上做了些有地方特色的处理，总体来说规划和设计还是不错的。可小区建好后，老城区居民不愿意去。主要的原因是人居环境改变了，居民们大部分是低收入者，他们要生存，要开小商店、做手工艺，要吃饭。何况他们习惯了庭院的生活方式，在老城区，哪怕最简单的住宅也有一个小院，院里有一个半露天的凉棚和下面的"苏帕"（一张大床，可躺可坐，在中亚、我国新疆大部分地区流行）可用于半露天的活动。而新建小区没有这些，甚至连馕坑也没地方安放。居住脱离了生存和地域生活习惯，何况还有家族、宗教、手工业作坊的特殊要求。所以老城区的居民不愿去居住，后来这些住房有一部分卖给了事业单位的职工。

鉴于居民不愿意从城市核心区搬到郊区的新建小区，政府部门又在老城区的边缘地带建

图4 部分建成的吐曼河综合体

造了一批5～6层的单元式砖混结构的普通住宅，供疏散居民居住，但还是不能解决根本问题。我的工作室也曾参与过几栋楼房的设计，只是在每户建筑平面设计中加大了客厅的面积，卫生间尽量隐蔽。

当时抗震改造的主要方向是疏散老城区的居民，拆除过街楼，拓宽道路并完善市政设施。但这样做不利于城市风貌保护，也不便于居民工作和生活。从今天形成的喀什风貌状况再回顾当时，就明白当时做法的不明智之处。

除了建造新住宅区和在市区修建单元式楼房外，为了加速疏散、加强市政建设，必须要拆除大量既有的居民住房，而这些住房正是喀什城市风貌的基础。老房拆除，新楼房还没建成之际就由政府建造了一批"临时安置房"。这些平房建筑非常简陋，像兵营式地一排排布置。

以上就是专家组在喀什的所见和听到的汇报。国家投入的资金基本上被用在这些措施方面。虽然专家组肯定了喀什的做法，但下一步如何进行在会上却众说纷纭。

与此同时，喀什市的一些领导和部门也开始探索城市如何更新、如何保持风貌的做法。例如在拆除了一片大小不一的铁匠作坊后，在原址建造了一个新的铁匠中心建筑，铁匠们的职业没有丢，而且建筑的地域特色非常突出；喀什市设计院给一些愿意拆除重建的有特色的住宅用户设计了图纸，有些住宅已经建造出来了。

三、地震威胁下的喀什

专家组在会议期间比较全面地了解到喀什受地震威胁的状况（图5），这也让我有了更进一步的紧迫感。

喀什市所处的地区存在大地震的危险。喀什市位于帕米尔向北楔入尖角端部的东部边缘，塔里木盆地西部近尖角部位，处于帕米尔强烈隆起区。南天山强烈隆起区和塔里木沉降区三大新构造单元的结合部位，又是喀什中新生代沉积凹陷的西边缘。喀什市的周围地区活断层发育，而且该市还位于羊大曼隐伏断裂与喀什断裂接近交汇的部位，是可能潜在的应力集中部位，存在着发生强震的潜在危险。

喀什市地震构造上位于南天山地震带南部与帕米尔—西昆仑地震带的接合部。受西昆仑地震带的影响，其周围地区曾多次发生过强震和中震。1902年8月22日阿图什城北发生8.3级强烈地震，影响到喀什市，烈度高达9度，造成数百居民伤亡，90%民房倒塌，艾提尕尔清真寺门楼塔柱及凉廊全部倒塌。1985年8月23日乌恰县发生7.4级强烈地震，喀什市区为6度，使不少建（构）筑物又遭破坏。1993年发生在喀什边缘的疏附县6.0级地震也

图5 喀什附近地震震中分布

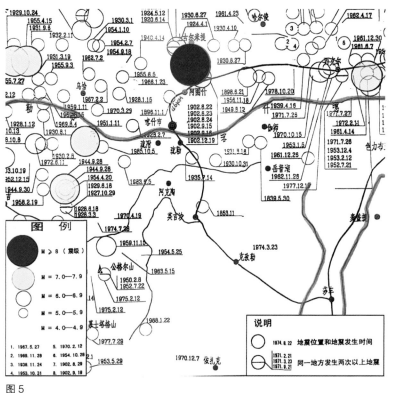

图5

使喀什遭到较大的损失。1996年3月19日，伽师县发生6.9级强烈地震，从1997年1月21日至1998年8月27日持续时间超过19个月，前后发生6级以上地震9次。中国大陆地震活动自1988年以来已进入第五个活跃期。1995年新疆地震局在对新疆地震活动趋势及强震危险分析与判定中，乌恰地区列为5～10年内发生7级地震危险区，列为发生6级左右破坏性地震可能性较大的全国十个危险区之一，建筑设计抗震烈度为8.5度。①

20世纪70年代全国开始全民挖防空地道，在喀什也是如此。老城区的地道纵横交错，削弱了地面建筑的抗震能力。

从20世纪80年代开始，老城区的民居自发性的改造、扩建、加层等活动逐渐展开。红砖代替了木柱和土坯，后来砖混结构也出现了。遗憾的是这些建筑没有经过专业设计，没有圈梁和构造柱，有的直接在土坯墙上砌砖墙，造成了建筑受力的不稳定性，增加了新的风险。在2008年汶川大地震中，半砖墙上扣槽形板的楼面和屋面垮塌是造成重大伤亡的重要原因。

早期传统的木柱、木梁楼面，土坯填充墙的一些喀什老民居的结构类似框架体系，也就是说在地震时梁柱有一定的安全性，即墙倒房不垮。不经过专业设计把土木结构和砖、钢筋混凝土随意混在一起，建筑受力不均匀，地震来临造成的伤亡更大，而这类自行改造、扩建的住宅在喀什有不少，在土坯墙体的一层上再砌二层砖墙的做法随处可见。对如此严重的地震威胁，喀什的普通百姓没有意识到。

基于对喀什民居几种结构体系的抗震性能的研究，2006年4月中国建筑科学研究院工

程抗震研究所专家在喀什调研后提交的报告中指出："对少量年代较久的有文物保护价值的民居进行加固保护，其他的一般民居因结构形式不规范、构件材质较差、规格不一、抗震性能差，基本无加固价值，可结合抗震救灾规划进行就地拆建。"

从上面的结论可以看出，这正是喀什当时采取疏散和拆除的一个依据。但面临的问题是：如何拆除？如何新建？如何对古城进行风貌保护？如何保持城市持续发展的生命力？

四、世界难题

截止到2008年，喀什市老城区核心区的范围主要指艾提尕尔广场西侧的吾斯塘博依、西南侧的库代尔瓦孜、东侧的恰萨、北侧的亚瓦格四个街区（图6）。

根据喀什市规划局的调查，2008年老城区现有住户65192户，22.1万人。其中，有房常住居民51063户，157400人；无房常住居民4622户，19567人；长期暂住人口9507户，

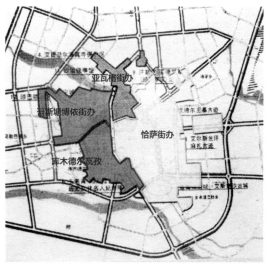

图6

图6 喀什老城区行政范围

① 新疆地震局提供。

44086 人。老城区自建住房总面积为 533.44 万平方米。其中，土木结构的 125.15 万平方米，占 23.46%；砖木结构的 334.29 万平方米，占 62.67%；砖混结构的 74 万平方米，占 13.87%。老城区中核心区人口密度达 2.6 万人/平方公里，建筑密度达 70% 以上，自建住房总面积为 84.57 万平方米。其中，土木结构的 37.51 万平方米，占 44.35%；砖木结构的 34.12 万平方米，占 40.35%；砖混结构的 12.94 万平方米，占 15.3%。

老城区的核心区有三个文化城区，其中总户数为 11888 户，总建筑面积为 124.3 万平方米，宅基地面积为 124.4 万平方米。

当人们都说喀什老城区太拥挤时，我看到这个数据有点不解，核心区平均每户建筑面积和宅基地面积都大于 100 平方米，按说不会那么拥挤。

而从空中和街巷的直观景像看（图 7）的确拥挤不堪，所以大家都说太拥挤了，应该疏散，却似乎都没注意到这个数据。我虽然有疑问，但没有仔细研究和调查，不好说什么。

所以在专家组会议上大家都在关注如何拆除老建筑和如何疏散老城区的人口问题。

根据喀什市和中国建筑研究院专家的鉴

定和提供的资料，在总建筑面积为 124.3 万平方米的老城区民居中，4 个街坊中土木、砖木结构无法保护的面积为 88.42 万平方米，占 71.13%，而这些民居一旦发生 8.5 烈度的地震，几乎会夷为平地。即使在正常情况下，由于年久失修，已经有不少房屋倒塌，仅 2003 年就有 50 户民居被定为危房。

经分析，吾斯塘博依、库代尔瓦孜、恰萨、亚瓦格四个核心区土木结构的建筑共 5671 户，拆除 404460 平方米；砖木结构的建筑共 2358 户，拆除 479703 平方米，保留 219 户（97469 平方米）；砖混结构可加固的为 267 户（34461 平方米），可保留的为 219 户（40504 平方米）；过街楼拆除 19852 平方米，可加固 704 平方米。也就是说在这四个核心区要拆除 8029 户、994015 平方米的老建筑，关系到近万户、约 4 万~5 万人，近百万平方米的建筑要拆除！

这绝对是一个世界性的难题！如何拆？如何建？谁来建？资金从哪里来？我在想，如果在世界上别的国家很可能就放任自流了！

这些问题困扰着各位专家，记得一位国家发改委的处长无奈地说："（居民）既不愿搬走，又不要拆除，地震来了究竟怎么办？"有一位建筑结构专家说："是不是建议把老城区的抗震级别降低一点？"我坚决反对，政府部门无权也不敢对老城区的抗震级别更改！

在会议期间我特别请教了几位建筑结构专家对喀什民居"抗震加固"的看法，因为这已经成了既定的思维。他们的回答是对喀什老城区的民居没有真正有效的抗震加固技术措施，也就是说对现有喀什老城区的土木、砖木结构的住房而言，根本不可能达到 8 度设防标准。

从我的建筑师职责出发，是同意拆除的。但也担心拆除、疏散搬迁会使得城市活力的元气大伤，居民失业，历史文化名城的风貌丧失。

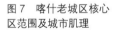

图 7 喀什老城区核心区范围及城市肌理

图 7

更担心由于重建资金缺乏，房地产商涌入老城区搞成千篇一律的风貌。

会议在 2008 年 3 月 17 日结束，我带着不少困惑离开了喀什。

五、风貌保护的争论和生命安全第一

在 3 月份喀什专家组的会议，以及在后来喀什市组织的关于喀什古城风貌的座谈会上，各方人士对于如何保护有种种不同的声音。

有一种意见是必须原汁原味地保留，用加固维护的手段，尽量不拆除，否则就没有历史的真实感和厚重感。我的看法是对于国家重点文物保护的建筑应该如此对待，但喀什拟拆除的民居没有一座是文物保护单位，尤其对那些摇摇欲坠的、缺乏现代市政基础设施的土木及砖木结构的不能抗震的住房，花费巨大的财力、人力去保护没有多大价值。一般的抗震加固根本不起作用，国内外现有的对生土建筑的技术加固措施，如灌注加强剂、埋设金属杆架等代价太大。那么像图 8 那样的危房如何原汁原味地保护？对喀什而言用钢筋锚固边坡加固技术倒是有用的。

还有一种意见认为这些民居没有任何文化价值，需要彻底拆除重新建造。我不同意这种说法，喀什民居的文化价值是多方面的，它见证了喀什发展的历史脉络和城市的记忆，在建筑布局、空间利用、适应生态环境的策略、人文社会、城市特色价值等方面有独特的意义：

1）喀什居民擅长经商，所以在喀什老城区中居住、手工业、商贸功能经常是结合在一起的。不仅解决了住宅区居民的居住问题，也给他们提供了生存和取得生活资源的空间。这种居住区的布置方式在国外也受到了广泛的重

图8

视。例如柏林的波兹坦广场就是把住宅、公寓、商业街、餐饮、服务、娱乐结合在一起的综合体。

2）喀什老城区的形成不是权力意志的体现，而是由商业、宗教、地形、城市聚居生成的脉络自然地结合在一起的系统的有机体，处处显示出其合理性。这也是当代城市规划中十分重要的一点。

3）喀什老城区的居民绝大部分信奉伊斯兰教，因此大街小巷、院内院外完整的生活场景，成为研究我国伊斯兰文化及人文风俗的博物馆。

4）巷道是喀什老城区民居中极为重要的空间，它们蜿蜒曲折，其中又有过街楼的穿插，使得城市空间丰富多变。同时它又是城市客厅，可供休息、交往、儿童游戏、小商贩往来，是一幅极富人文风俗的生活场景。

5）庭院是老城区居民居住的核心空间，不管住户面积大小，每户都有庭院。其中除了花草树木之外，还由带廊柱平台的"苏帕"或"阿以旺"组织了每户的功能空间。在喀什干热性气候的生态环境下，户外活动大多集中于庭院。

6）住宅空间根据地形、位置、需求和场

图8 喀什高台民居一角

所布置，自由多变、形体丰富。对空间的利用非常巧妙，地下室、半地下室、屋顶等空间都尽可能发挥了最大的功能作用。而这些和当代建筑空间构成原理是一致的。

7）老城区民居中的装饰有非常浓厚的喀什特色，其木雕、柱式、柱廊、石膏花雕、室内壁龛、彩画、工艺品、陈设等都有独特的艺术性。

8）由于多年来的建造就地取材和因地制宜，老城区尽管建筑形体丰富多变，但建筑外表的材质和色彩相当统一，外观基本是砖红、土黄两种色彩，这对形成喀什的地域特色起到了很大的作用，给人以强烈的印象。在外表统一、协调的建筑内部和细节中，蓝、绿以及各种绚丽色彩的应用使得建筑内外有别，格外生动。

以上几点说明了喀什老城区的民居的风貌特征。它们具有地方性和特殊品质，具有社会价值、文化价值、美学价值、历史价值。而这些价值并没有消亡，依然具有生命力。对老城区的"风貌保护"其实就是对这些价值的保护。

还有一种疑问，即喀什老城历史悠久，而且每日每时都在改变，究竟保护什么时期的风貌？我收集了高台民居面临南湖的一个入口的从1981年到1987年的照片，虽然可以看出基本面貌，但每年都在变化。真实情况是老城区就像一个大工地，每天都在拆建改变。但不管怎么变，只要是居民自建，其建筑语言都未离开"母语"，如果要保护就是保护这些有价值的"母语"，如庭院、带顶凉廊、可通风采光的"阿以旺"、因地制宜的居住空间、有艺术价值的建筑装饰和街巷对城市生活的组织、丰富而多变的建筑外形等，不管在什么年代都有可传承的生命力（图9）。

危房拆除后如何在重建中体现风貌保护，当时我没有明确的想法。前文提到我的"理想主义"的建筑草图可能是其中的一种尝试，很

图9 喀什老城区的室内外场景

图9

想把现代和传统结合在一起,但被后来的现实否定了。建筑师不能把自己的价值观和审美观强加于别人,那些"明星"式的新建和改造的"农村新住宅",有不少是用来看的,无法适应农民的生存和生活需求,没有人间烟火气。

当拆除和疏散的信息传到社会上后,一些房地产商和设计单位看到了"商机",不断给喀什送去各种风格、五花八门的设计图,我真担心这些被采用,后悔都来不及了。

喀什专家组评估结束回到乌鲁木齐后,我在喀什的困惑一直挥之不去。老城区每户建筑面积和宅基地平均超过100平方米的统计数字究竟说明了什么情况?在这个数据的前提下,我有过大胆的想法,就是能不能不搬迁或少搬迁,让每户居民在自己的宅基地上就地拆除重建既抗震又保留风貌的新居?这就必须做深入的调查和实地测绘、研究才能提出结论。于是我就向自治区专家顾问团提出申请,准备组织人员去喀什选一块地段调研和测绘。

就在调研准备实施的时候,5·12汶川地震发生了!

这次大地震造成人员伤亡的主要原因是地震造成大量建筑倒塌和随之而来的次生灾害。倒塌的建筑大部分是没有经过专业设计的砖墙和钢筋混凝土槽形屋面板的垮塌,有的承重墙是12.5厘米宽的单砖墙,槽形板端头之间没有拉结,地震时槽形板垮塌成了"棺材板"!

这次大地震也让"生命安全第一"这句话响彻了中华大地!给喀什老城区的抗震改造带来紧迫感!

六、一次关键性的测绘和调研

2008年5月下旬,我工作室的几位同事和研究生去喀什进行了一次深入的测绘和调研。参加人员有我的博士生胡方鹏、硕士生苏艳和阿兹古丽、工作室的一级注册建筑师王雪涛,还有一位测量专业的工程师董超。

调研组到了喀什后,得到喀什市政府的大力支持,帮我们在恰萨、亚瓦格核心区选择了一块具有代表性的完整街区,并派了当地的工作人员协助调研,后来我们把它称为"阿霍街坊"(图10、图11)。

阿热阔恰巷和霍古祖尔巷组成的街坊位于喀什市中心东侧恰萨、亚瓦格历史文化街区。由奥然哈依巷、阿热阔恰巷、阔纳代尔瓦扎路、霍古祖尔巷围合而成,总占地面积为3499平方米,总建筑面积为3502平方米,共计29户。街坊内有清真寺一座,居住总人口为132人。

恰萨、亚瓦格街区北至吐曼路,南至人民

图10 阿霍街坊的位置
图11 阿霍街坊的形状

图10

图11

东路，西至解放北路，东至吐曼路，是老城区民居中保留最多、最密集的地区，其道路网络如蛛网，很有代表性，它和高台民居成为旅游者主要参观的街区。

调研的第一步是测绘和访谈，在建筑密集的地段测绘比较困难，因为我要求测绘成果要建成三维模型图，力求准确无误（图12、图13）。他们带着卷尺在建筑中爬上爬下完成测绘图的同时，对每家住户进行了访谈，包括家庭人口组成、职业、收入以及对抗震改造的看法和意见等。

测绘和调研工作完成回到乌鲁木齐后，调研组在计算机上完成了阿霍街坊的现状数字图等资料的准备，包括总平面图，每户的平面图、立面图、剖面图，街坊总体和每座建筑的三维模型，建筑面积，室内外照片和访谈记录等（图14）。

对阿霍街坊调研成果的分析再次证实了喀什老城核心区平均每户宅基地和每户建筑面积超过了100平方米。街坊每户平均建筑面积为128平方米，每户平均占地面积为126平方米。每人平均建筑面积和平均占地面积均为26.5平方米。

从上述数字可看出，在现有的阿霍街坊中，不需要搬迁，完全可以拆除后就地安置。那为什么人们都说"拥挤不堪"呢？这就是全世界都存在的城市住宅的低层、高密度、庭院式的细胞繁殖式的现象，而且这是合理的，在老城区的更新改造中至今仍有现实意义。从图12中可以看出，绿色部分是有绿化庭院，但从空中看建筑就显得密集。阿霍街坊有29户，如果把它们按一梯两户建成具有3个单元的5层住宅楼，可以容纳30户人，也就是说用一栋住宅楼就可以全部安置，这样显然就不显得拥挤了。

更进一步说，在3499平方米的地块安排29户平均每户130平方米的2、3层的庭院式住宅应该没问题（包括小清真寺在内）。新建的住宅由于采用经过抗震设计的砖混结构，可以有一些局部为3层，这样用地更宽松了，还可以增加一些公共绿地和小广场。

每户的建筑面积不能减少，根据用户的需求还可以增加，卫生间和厨房的上下水、电、燃气等必须配齐。要满足国家的建筑防火要求，街区四周的道路宽度不能小于4米。按当时的防火规范，可以设2500平方米的防火分区。

至于建筑风貌，由于是在原来布局和空间形态的基础上设计，可以很容易地保持。

按上述原则我们对阿霍街坊做了总体和建筑单体的设计方案。

图 12 测绘后的阿霍街坊平面图
图 13 阿霍街坊三维图

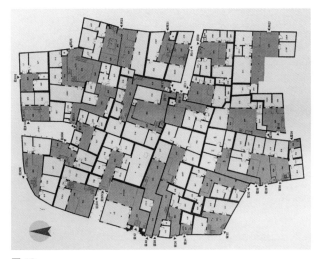

图 12

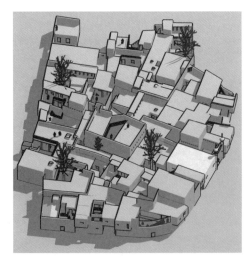

图 13

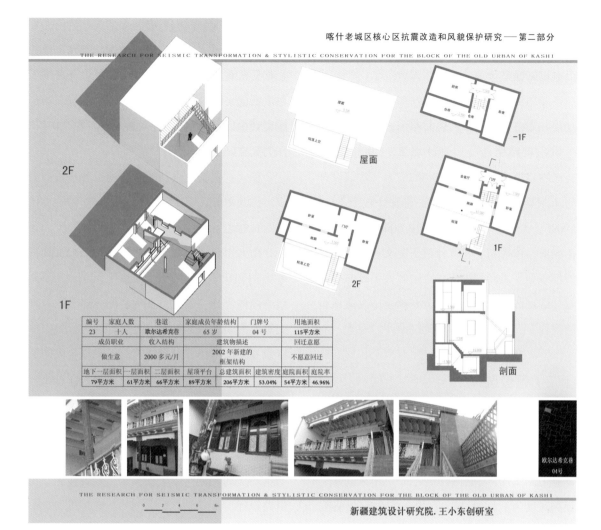

编号	家庭人数	巷道	家庭成员年龄结构	门牌号	用地面积
23	十人	欧尔达希克巷	65 岁	04 号	115平方米
成员职业		收入结构	建筑物描述		回迁意愿
做生意		2000 多元/月	2002 年新建的框架结构		不愿意回迁
地下一层面积	一层面积	二层面积	屋顶平台	总建筑面积	建筑密度	庭院面积	庭院率
79平方米	61平方米	66平方米	89平方米	206平方米	53.04%	54平方米	46.96%

图 14

七、阿霍街坊的探索

既然要研究如何就地重建，就有必要认真地在测绘调研的基础上做一次规划和建筑的设计方案。

（一）重建的原则

1. 生命财产安全第一，设计方案要能满足抗震烈度 8.5 度（0.3g）设防，并能满足现行规范中的防火疏散的要求。

2. 重建民居要保持原民居的风貌要求。充分体现喀什民居中巷道、过街楼的穿插，建筑空间应充分利用、丰富多变、亲切宜人，突出庭院绿化、装饰色彩等特点。

3. 在拆除重建过程中发挥土地的潜力，以就地返迁为主，减少矛盾，节约用地。

4. 提供住户参与设计与建设的机会，使其更加合理。

5. 街坊外观在统一协调中寻求变化，而院内和室内装饰应充分发扬民居的特色，如木雕、壁画、工艺砖等及原民居中拆下的装饰构件可以重新利用。

6. 增加每户中的庭院绿化率。

7. 道路系统应和城市道路网络衔接，街坊布置与城市的肌理协调。

图 14 测绘、整理后其中一户的资料

8.重建中要考虑民居对现代化生活要求的提高,如厨房、卫生间的正规设置,上下水、供电设施要完善等。

规划和设计依据必须遵守当时的有关国家法规和规范:《中华人民共和国城市规划法》《城市道路交通规划设计规范》GB 50220、《民用建筑设计通则》GB 50352、《建筑设计防火规范》GB 50016、《住宅设计规范》GB 50096、《住宅建筑规范》GB 50368、《喀什市城市总体规划》《喀什市历史文化街区保护详细规划》《新疆维吾尔自治区人民政府有关喀什老城区抗震加固及部分基础设施改造项目的报告》,以及其他有关建筑设计的规范。

(二)区位选择

阿霍街坊重建位置选择前述调查并测绘了的阿霍街坊,并向南延伸至阔纳代尔瓦扎路。此条道路宽阔,与西侧建筑之间有 10 米间距,道路宽度为 8 米,是核心区内一条重要的道路,水电管网连接方便,尤其利于施工。

(三)重建阿霍街坊的核心构思与创意

按照当时《建筑设计防火规范》GB 50016-2006 的规定,多层及低层建筑物之间防火间距最小为 6 米,通行消防车的道路最小宽度为 4 米,把每户民居当作独立的建筑,现状民居根本无法满足防火疏散的要求,所以在阿霍街坊的重建中引入了规范中"防火分区"的概念。根据《建筑设计防火规范》GB 50016-2006 规范的表 5.1.7,耐火等级一、二级建筑物防火分区最大允许面积为 2500 平方米。也就是说,建筑面积在 2500 平方米以下的民居组合可视

为在一个防火分区内。在同一防火分区内的房屋间距、巷道宽度可以根据使用功能确定小于 4 米或 6 米。这样就给巷道、民居组合提供了更灵活的可行性。所以在阿霍街坊的规划与建筑设计中以"单元""单元组合体"和"街坊"作为其空间组合方式。

单元:根据地段功能及交通由数户民居组成,称为单元,其中每户民居的空间语言要体现喀什特色。

单元组合:由数个单元组合在一起,其占地面积和建筑面积应小于 2500 平方米,单元组合内的走道、间距可视为在同一建筑内,其交通疏散要求视为在同一防火分区内设置,并应设置小型广场、过街楼等。单元组合内的道路和广场不能通行机动车辆,成为人际交往、小商贩通行、儿童游乐的场所。单元组合之间的防火疏散间距要大于 6 米,并能通行消防车。

街坊:由两个以上的单元组合组成,街坊与街坊之间的道路应大于 6 米,或者按照城市道路设计。

这样,单元组合体便成为街坊中的核心,也是风貌保护的载体,显现喀什民族地域的特色,从而达到风貌保护的目的。

技术经济指标:总用地面积 4688.60 平方米;总建筑面积 3989.09 平方米;一层建筑面积 2082.54 平方米;建筑密度 44.41%;容积率 0.85;绿地面积 1146.92 平方米;道路面积 922.75 平方米;绿地率:24.46%(按照庭院面积的 60% 计算 + 公共绿地);总户数 34 户,每户平均面积 117.32 平方米。

设计图纸包括总平面图(图 15),每户住宅的平、立、剖面图(图 17),建筑结构布置方案(图 18),街坊的三维效果图(图 16),以及建筑造价估算等。对每个单元做了造价概算(图 19),平均每平方米土建造价

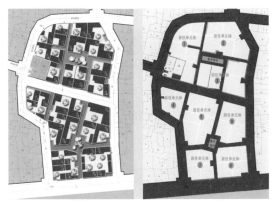

图 15

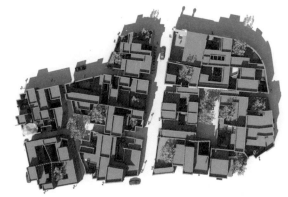

图 16

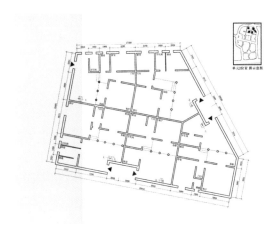

图 17

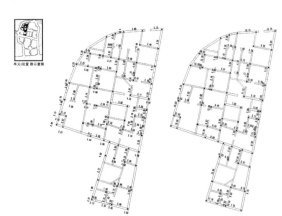

图 18

图 15　阿霍街坊重建方案总平面图
图 16　阿霍街坊重建方案鸟瞰
图 17　阿霍街坊某单元住宅单元方案平面设计
图 18　阿霍街坊某单元结构设计图
图 19　阿霍街坊某单元的土建造价表（局部）

序号	定额编号	子目名称	工程量		价值（元）		其中（元）	
			单位	数量	单价	合价	人工费	材料费
23	5-119	现浇混凝土模板 楼梯 直形 木模板木支撑	10平方米	3.47	457.80	1588.43	979	515
24	5-308	现浇构件 钢筋 φ10	吨	21.99	3929.60	86424.79	6289	78041
25	5-393	C15 现浇混凝土 带型基础 毛石混凝土	10立方米	25.71	1582.19	40672.57	5713	32108
26	5-396	C15（砾石40毫米）现浇混凝土 独立基础 混凝土	10立方米	0.07	1739.98	128.23	21	98
27	5-402	C20 现浇混凝土 柱 圆形多边形	10立方米	0.09	2120.95	181.55	51	124
28	5-403	C20 现浇混凝土 柱 构造柱	10立方米	2.75	2205.74	6055.42	1867	3984
29	5-406	C20 现浇混凝土 单梁连续梁	10立方米	0.59	1923.55	1137.01	243	850
30	5-408	C20 现浇混凝土 圈梁	10立方米	1.65	2126.06	3505.82	1055	2376
31	5-419	C20 现浇混凝土 平板	10立方米	5.49	1961.33	10765.74	1969	8385
32	5-421	C20 现浇混凝土 楼梯 直形	10立方米	3.47	571.83	1984.07	530	1349
33	五、	构件运输及安装工程	—	—	—	214.12	30	—
34	6-93	木门窗运输 运距5千米以内	100平方米	0.91	234.94	214.12	30	—
35	六、	门窗及木结构工程	—	—	—	21680.39	2338	18915
36	H7-65	无纱胶合板门 单扇无亮 门框制作	100平方米	0.83	1361.59	1126.58	229	838
37	H7-66	无纱胶合板门 单扇无亮 门框安装	100平方米	0.83	797.57	659.92	399	260
38	H7-67	无纱胶合板门 单扇无亮 门扇制作	100平方米	0.83	4102.28	3394.23	767	2300
39	H7-68	无纱胶合板门 单扇无亮 门扇安装	100平方米	0.83	294.97	244.06	244	—
40	H7-69	无纱胶合板门 双扇无亮 门框制作	100平方米	0.08	824.17	69.24	15	51
41	H7-70	无纱胶合板门 双扇无亮 门框安装	100平方米	0.08	470.50	39.53	25	14
42	H7-71	无纱胶合板门 双扇无亮 门扇制作	100平方米	0.08	4422.02	371.45	83	254
43	H7-72	无纱胶合板门 双扇无亮 门扇安装	100平方米	0.08	314.35	26.41	26	—
44	7-304	安装塑料窗 塑料单框双玻平开窗	100平方米	0.32	21296.73	6919.31	134	6785
45	7-365	木门窗五金安装 镶板.胶合板.半截玻璃门 不带纱门 单扇无亮	樘	82.74	19.78	1636.60	—	1637
46	7-366	木门窗五金安装 镶板.胶合板.半截玻璃门 不带纱门 双扇无亮	樘	8.40	33.41	280.64	—	281
47	B7-58	住宅防护门安装	100平方米	0.15	45717.31	6912.46	417	6495
48	七、	楼地面工程	—	—	—	18343.34	6148	11508
49	8-16	C15 混凝土垫层	100立方米	4.44	1771.36	7868.20	1445	5956
50	8-18	找平层 水泥砂浆 混凝土或硬基层上 20毫米	100平方米	3.71	578.46	2146.80	769	1315

图 19

图 20

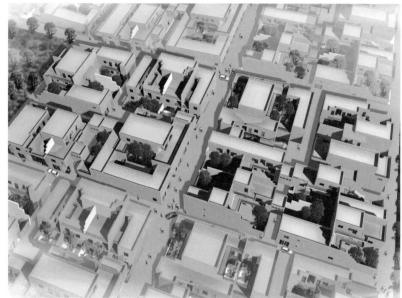

图 21

700 元左右。这个造价并不高，如果将国家补助和居民自筹结合起来，有可能实现。

用后来实践检验，我们这个设计方案的最大缺陷就是每户居民都坚持必须在自己家原有的宅基地里重建，哪怕共用外墙基础都不行，单元设计行不通，必须每家独立设计。但这种高密度、低层、庭院式，并考虑商贸、作坊兼有地域风貌的思路在今天我国小城镇建设、历史街区更新中仍具有积极的意义。

此外，我们还在核心区外选择了一个地段，做了"新喀什民居"的尝试设计方案，最后实践证明，其仅仅是空想而已（图 20、图 21）。

八、在舆论漩涡中寻找出路

专家组会议结束后，喀什市政府有关部门和专家组 4 月底基本形成的对喀什老城区抗震改造规则是：从 2001 年起老城区抗震加固工作重点放在疏散、基础设施改造以及新建主要供疏散户的二号小区等方面，但究竟如何抗震

加固并没有提出具体的实施意见。根据《国家计委关于新疆喀什市老城区抗震加固及部分基础设施改造项目可行性研究报告的批复》（计校资〔2001〕2501 号）、喀什市人民政府和天津大学城市设计研究所编制的《喀什市历史文化街区保护详细规划》（2007 年 5 月）、《新疆喀什市老城区抗震加固及部分基础设施改造项目中期评估专家组意见》（2008 年 4 月）的精神，对于老城区保护抗震加固的方式有如下几种方式：

1. 对于有历史文物价值的民居，根据有关文物保护条例进行保护。但目前为止，还没有任何一户民居被确定为文物保护单位。

2. 比较优秀的民居大部分是土木结构。曾经对其提出过抗震加固的措施，但缺乏抗震计算，抗震能力难以确认。

3. 对于近二三十年改建的砖木结构和砖混结构体系的民居，也难以进行抗震验算，确定其抗震能力。对这部分需要保留的民居，应该进行抗震鉴定后决定是否拆除、加固或保留。

图 20 "新喀什民居"
方案平面图之一
图 21 "新喀什民居"
街坊效果图

4. 其他绝大部分的土木结构民居，建造年代早，约占老城核心区民居面积的70%以上，这部分应拆除重建。从抗震能力分析，当时老城区核心区的民居基本上应拆除重建。现有道路和建筑密度无法满足防火间距、疏散宽度和消防通行的要求。再加上地下错综复杂的地道，只能采用在满足防火、疏散要求的前提下大部分或成片拆除重建的方法。

老城区核心区经过统计和测量，应拆除的建筑中土木结构为404460平方米，砖木结构为479703平方米，过街楼为19852平方米，总计904015平方米，核心区总面积1242957平方米，拆除建筑面积占72.73%，所以只能成片拆除。

老城区建筑密度为73%，防火疏散要求的广场、道路严重不足，所以建筑密度的减少主要是增加道路和广场。

老城区核心区的11888户，每户平均面积104.5平方米，人均居住面积为21.88平方米，仅从这些数据看居住条件还是比较宽松的。也就是说，老城区的疏散外迁主要是由道路、广场、绿地的增加而造成。

根据以上原则，不管老城区改造如何实施，但拆除的局面已定。在这种情况下大规模的搬迁和拆除在5月后的喀什就出现了。虽然各方面一致的意见是必须对喀什这座历史文化名城的风貌进行保护，但对什么样的风貌和如何实施有各种看法，众说纷纭。

7月初，我们对阿霍街坊的研究完成了《喀什老城区抗震改造和风貌保护研究》的初稿（图22），然后我再一次去喀什向有关方面进行了汇报（图23）。一下飞机，刘夏宁副专员就和我直奔宾馆郭刚先生的房间。他是20世纪80年代喀什的市委书记，后来是新疆生产建设兵团的政委，退休后受自治区领导委托，为喀什抗震改造和风貌保护把关。

一进郭刚的房间，首先看到房间里摆满了各种各样风格给喀什沿街建造的建筑效果图。这些图风格低劣，什么阿拉伯式、西班牙式，花里胡哨，都是一些房地产商和设计单位送来的。郭刚说准备在老城区比较宽的13条主干道沿街修建这些"民族形式"的3、4层新建筑，这些效果图就是各方面送来的。

我当时就急了："沿街有了，街区内部怎么办？地震来了怎么办？"然后我就把阿霍街坊改造理念给他作了详细介绍。我们交换了意见后，他说意见是一致的。

出了房间我就给刘夏宁副专员建议，把这

图22

图23

图22 《喀什老城区抗震改造和风貌保护研究》文本
图23 向喀什地区和市政府领导及有关部门汇报老城区抗震改造和风貌保护的方案

次的见面讨论做一个"纪要"，非常必要。

刘夏宁和主持改造工作的许建荣副市长和我的意见基本相同。

抗震改造工作总算迈出了艰难的一步！

九、生命安全第一与一次动员会

2008年6～7月喀什抗震改造和风貌保护工作处于措施决策的过程中。在喀什已经做过的就地拆除、原地重建的一些实践中，人们逐渐认识到在老城区搞土地财政和房地产开发行不通了。汶川大地震后，"生命安全第一"的理念已深入人心。

如果按少量疏散，保持喀什老城区的原有城市肌理就地拆除重建，需要正规设计单位设计一万多户各不相同的住宅建筑，复杂程度和工作量难以想象。这在世界上也是史无前例的，国外的做法是建造大量的定型设计。如果喀什这样做，必然会失去喀什独特的城市风貌。乌兹别克斯坦的撒马尔罕准备对列吉斯坦广场周围的老城区进行改造，曾邀请我参加改造设计方案竞赛，但我由于没有及时收到基础资料而没有参加。几年后我再次去撒马尔罕时，改造仍没有动静。

喀什市政府很有魄力，他们下决心提出了

"一户一设计，就地拆除重建、住户参与，增加水电、燃气设施"的决策，资金来源是国家补贴和居民自筹。我们在阿霍街坊的土建概算是每平方米700元左右，一万多户、一百多万平方米的建筑改造仅土建造价便最少需要十几亿元，再加上城市基础设施配套成本，需要几十亿元。显然，没有国家投入仅靠地方政府难以实施。而且这样做，政府没有土地财政收入，房地产商不能进入，很明显有一定的阻力。在这种困难前，只能逐步实施，等待国家的投入。我们相信，经过汶川大地震，国家会施以援手的。

就这样，喀什市政府邀请全疆的设计单位，开始了对这一万多户住宅的测绘（而且付测绘费用），这是一个多么壮阔的场面！

后来，联合国教科文组织委派的以卡贝丝女士为代表的考察团到喀什考察后，认为喀什老城区的改造方式值得赞扬，体现了以人为本的精神。为此喀什市政府专门组织了一次有几十户居民参加的动员大会（图24），征求居民的意见，会上我用幻灯片介绍了改造的理念和方法。参加这次动员大会的有主管老城区改造的刘夏宁副专员、许建荣副市长以及有关部门的干部。在我和刘专员讲完之后，住户的热烈发言和对话令我至今难忘。

一位户主说："你们的想法很好，我也没意见，但钱从哪里来？把房子拆了，没钱盖，总不能让我们站在地上吧？"刘专员问："你们总不能一分钱都没有吧？"底下不少人回答"没有"！刘专员又问："没有一分钱的举手！"不料哗啦啦举起一片。这时刘专员大声说："胡大在上，你们敢说一分钱都没有吗？"

的确，在开动员大会之前，我们对老城区居民的职业和收入作过调查，他们中大部分是低收入者，每月户收入只有几百元的不少。一位社区干部对我说，冬天居民们都挤在一间大

图24 我参加的一次宣传动员大会

图24

屋里过冬，有的家买煤都是每次端个盘子去，买好的煤不好意思被人看到就用布盖上。

我们当时对形势的判断是，可能国家会出资补助。这一点也是当今大部分城市更新和改造不具备的条件，因为我在1985年乌恰震后重建中对国家的投入深有体会。但这种判断我们暂时不能对居民讲。

喀什的抗震改造和风貌保护在种种不确定的因素中逐渐探索出一条新路，但这必须要得到自治区和国家的认可及财政的支持。

十、总算找到了一条道路，国家出手了

2008年9月，喀什市有关领导与部门把我们《喀什老城区抗震改造和风貌保护研究》的成果带到北京给国家发改委和住房城乡建设部汇报。

同年8月，原水利部部长、中国工程院院士钱正英正在新疆作水资源调查。调查组成员、原中国城市规划设计研究院党委书记邵益生在喀什调研时了解到喀什地震灾害的危险，受原建设部副部长、中国工程院院士周干峙委托写了一份关于喀什地震威胁的报告，由钱正英院士转呈国务院。国务院领导十分重视，由住房城乡建设部牵头，国家发改委、国土资源部、环境保护部、卫生部、地震局等相关部门组成的联合调查组赴喀什实地调研并上报结果，最终国家决定向喀什补助资金20亿元，再加上自治区出资10亿元和地方财政配套，预计共70亿元将投入到喀什老城区改造综合治理项目中，确保老城区22万居民住上抗震安居房。如此规模的民生项目投资世界罕见，社会主义制度的优越性在喀什得到了充分的体现。

除了复杂的市政设施改造，还需要一万多户的住宅设计，每一座住宅就是一个独立子项，有独立的设计图纸，而不是仅有指导意见的自建，还需要有资质的建筑施工队伍。于是新疆众多的正规设计院大多参加了这项工作！难能可贵的是，喀什市政府按规定支付了设计费。

具体实施的基本原则包括：

1. 被鉴定要拆迁的住宅建筑在原宅基地内修建，如果市政建设需要占用部分宅基地，要给予相应补偿。原来我们为了节约用地的分户墙共用基础的想法行不通，打乱宅基地的位置也不行。原来的单元、单元组合的想法也行不通，居民坚决要求在自己原来的宅基地内建造新房。

2. 拆除必须经过户主同意，少数住户经再三动员做工作仍然坚决不同意拆除新建。这种情况只能让住户在书面文件上签字，自己承担地震灾害的后果，当时的确有少部分住户这样做了。但从后来的实施情况看，居民在重建中得到了好处，他们也从抵制转变为主动要求拆除重建。

3. 重建住宅在住户的宅基地范围内可以改变原来的布局和局部建造3层，但必须由正规的设计单位设计。"一户一设计"的过程中要有住户参与，设计人员要征求和尊重住户的意见，设计方案可以修改三次，最后住户签字同意后才可以开始编制施工图。由此可以想象，一万多户单体住宅的设计过程多么艰难。尤其住户们大部分看不懂图纸，语言交流也有障碍，但最终这些困难都被克服了。全疆许多设计人员都参与了这一万多户的单体住宅设计，他们的努力和业绩值得纪念！如此规模和难度的设计过程在世界上也少见！

4. 新建住宅采用砖混结构，必须达到8.5度的抗震设防，并有抗震计算书。

5. 新建住宅中要布置卫生间和厨房，并要有水电设计，后来在实施中把燃气也纳入进来。

6. 关于采暖，根据当时喀什的具体情况，暂时没有考虑，可以用电、燃气解决。

7. 楼梯栏杆、门窗、室内装饰等由住户自己设计，外墙力求统一风格。住户可以使用拆除下来的木构件和装饰构件。从后来的实践看，住户聪明才智的发挥对今天喀什老城风貌的保护起到了很大的作用。

8. 资金由政府补贴和住户自筹解决，实施过程中大约每平方米补贴几百元。住户也不是"一分钱也没有"，他们对自己居住空间和环境的投入超出了我们的想象。

就这样，喀什的抗震改造和风貌保护全面铺开，8.5度的抗震设防可以做到大震时建筑有损伤但不垮塌。至于城市风貌根本不用担心，由于居民的参与，城市格局和建筑空间满足了生存的需要，保持了生活的习惯，风貌自然出现了！喀什的城市传统风貌本来就是当地居民因地制宜创造出来的。

之后，我们工作室并没有参与到大量的设计建造之中，一万多户单体住宅的设计我们也没有能力完成。全疆的不少设计单位都参与了，他们都为重建作出了贡献！

我们团队的工作是把原来测绘过的阿霍街坊按新的思路完成施工图，另外主要把精力放在喀什高台民居的改造上。

喀什老城区抗震改造和风貌保护的具体实施方法仍在努力探索中，这个世界性的难题即将得以解决，自治区一位主要领导说，"总算找到了一条道路！"

新疆电视台几次采访过我和喀什老城改造与城市更新的工作。有一次主持人问我："像你这样的院士，好像更应该做一些重大的、标志性的建筑，把精力投入到这些土块房的改造上，你后悔不后悔？"当着电视机前成千上万的观众我毫不犹豫地说："我不后悔！因为这是关系到几万人、几十万人的生命财产安全的事，这比设计几座大建筑更重要！"

从2007年到2017年，十年的牵挂，我深深体会到建筑师的职业是为民生为社会服务的，而不是处心积虑地去当"明星"和"网红建筑师"。

十一、E16片区（阿霍街坊）的实施设计

在准备高台民居改造设计的同时，我们承担了老城区E16片区的施工图设计任务。片区也就是我们测绘研究过的阿霍街坊，只是扩大了一些范围（图25、图26）。

E16片区规划用地位于喀什市中心东侧恰萨、亚瓦格历史文化街区，奥然喀依巷以南、阿热阔恰巷以西、阔纳代尔瓦扎路以北、霍古祖尔巷以东的围合区域。规划用地面积为5339.91平方米，建设总用地面积为4250.23平方米。规划区现状用地内居住着43户居民，约200人，改造户数为30户。改造建筑面积为3538.87平方米。层数为1~3层，结构类型为砖混结构。

（一）E16片区现状存在的问题

1. 规划用地内居住建筑多为砖木、土木结构，年代久远，建筑质量差，搭建现状严重，建筑防火和抗震性能极差。一旦发生灾害，将给人们的生命和财产造成极大的损失。

2. 现状道路网密度低，巷道狭窄，过街楼比较多，道路净空空间严重不足，消防及救灾抢险车辆无法进入。一旦发生火灾、地震及产生的次生灾害事件，将会造成严重的后果。

图 25

图 26

3. 规划用地内市政公用设施不健全。大部分居民以巷道为主自行铺设各类管材和管径的给水排水管线，接入各主管线。供热和燃气管线因为道路宽度不够（尤其是支巷级道路）难以辐射，电力电信线路主要布置在主巷道路两侧，通过支巷接入用户家中。现场可以看到密如蜘蛛网的电力电信线路，居民采用各种材料的电线进行连接，无法保证其安全性，容易造成短路，发生火灾。各种交织在空中的电力电信线，也对城市和街区的景观造成严重的视觉污染。

4. 2010 年开春后，我们工作室派出了两位女建筑师去喀什现场设计每户的住宅方案。其中一位女建筑师帕孜来提是维吾尔族，毕业于大连理工大学建筑系，她因语言优势和随和的性格成为最恰当的人选。4 月后整整一个多月里她们耐心地和要拆除重建的 30 户居民共

同设计，尽量满足住户的要求。这是非常细致和需要极大耐心的工作，今天说好的想法也许明天就变了。我们还不能违背各种建筑规范和技术原则。每一次布局方案住户都要签字同意，但也不能无限制地修改下去，所以政府规定了可以有三次签字认可机会，工作量和难度可想而知。

（二）E16 片区的规划指导思想和设计原则

1. 指导思想

保护和延续古城的风貌特点，继承和发扬城市的传统文化，注重对城市传统文化内涵的发掘与继承，促进城市物质文明和精神文明的协调发展。采取规划措施，为保护城市历史文化遗产创造有利条件，满足城市经济、社会发

图 25 E16 片区施工图（现状总平面图）
图 26 E16 片区施工放线图

展和改善人民生活和工作环境的需要，合理解决人、建筑和环境的相互关系。尽可能保持片区内空间格局、居民的生活格局。

在规划时要尽量保持沿传统街巷的路网布局形式，拓宽必要的道路，保证片区居民安全。片区主要道路与老城核心区主干道路连接，按照消防和抗震救灾的有关规定（道路间距不小于160米）设置道路。核心区主干道为城市支路，建设宽度为7米，建筑红线控制宽度宜大于或等于8米；巷道宽度为4米，建筑红线控制宽度宜大于或等于5米；支巷道建设宽度不宜大于2米，有突出物的巷道最小净宽度不应小于1.5米，发生地震和火灾时作为疏散通道。拓宽片区支巷，打通死胡同，与片区支路相连，最后形成环形网状道路系统，保障居民日常生活以及遇到灾害时人员能够疏散，救援人员能在较短时间内到达救援现场和避难场所。同时，

规划后的道路系统相关指标应达到的相关标准。

2.设计原则

1）保持规划范围内历史建筑风貌基本一致。

2）保持规划范围内的传统格局和空间尺度基本不变。

3）保持规划范围内的建筑色彩元素和天际轮廓线基本不变。

4）提高居住环境质量，保持喀什老城区的传统文化及生活习俗基本不变。

5）历史的原真性主要包括富有维吾尔民族特色的历史建筑、优秀民居及有特殊历史文化价值的建筑物。

6）健全防火安全体系，特别重视火灾、地震及其次生灾害的预防和补救。

2010年7月E16片区的全套土建设计图纸（图27）完成，8月开始施工（图28、

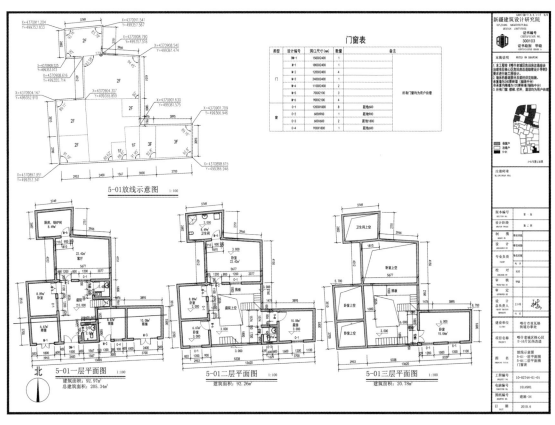

图27 E16片区中某户的施工平面图

图27

图 28

图 29

图 30

图 31

图 32

图 33

图 29），2011 年完工（图 30、图 31）。其间设计人员经常到现场解决施工中出现的问题。

2010 年阿霍街坊（E16 片区）的建筑设计获得了第二届中国建筑传媒奖居住建筑特别奖（图 32）。颁奖典礼在深圳举行，我委托帕孜来提参加大会并代表我致辞。由此，帕孜来提被一些网友称为"最美的女建筑师"（图33）。

十二、高台民居的过去和未来

高台民居位于喀什老城东南端一座高二十多米，长四百余米的黄土高崖上，维吾尔名为

阔孜其亚贝希，意为"高崖土陶"。高崖文明已有两千年的历史，早在一千多年前便有最早的维吾尔先民在此居住，他们发现崖上有适合做土陶的泥土，因此便有许多土陶艺人在此开设土陶作坊，"高崖土陶"因此而得名。到了20 世纪 80 年代，大约有 500 户居民在此居住。

民居沿高崖土坡而建，高低起伏，错落有致。因人口增加的需要向高空发展，多为 2 ~ 4 层土楼，更有沿坡建造的 7 层高楼。高台民居的庭院布局、室内外建筑装饰风格处处体现着维吾尔族浓厚的民俗风情和传统文化。高崖上的小巷多达四十多条，纵横交错，弯弯曲曲，左转右拐，常有人在此迷路。小巷的特有布局

图 28　建筑师在片区施工现场
图 29　E16 片区施工现场
图 30　改造建成后的 E16 片区街景
图 31　E16 片区中重建后一户住宅的院内景观
图 32　阿霍街坊获第二届中国建筑传媒奖奖杯
图 33　建筑师帕孜来提在深圳的颁奖会上

也创造出"过街楼""半过街楼"以及罕见的"悬空楼"等建筑形式。

因此有"不到喀什就不算到过新疆，不到高台就不算到过喀什"的说法。

正因为高台民居的特殊、重要意义，喀什市政府也特别谨慎，想把高台民居的改造放在最后。但实际上这里住房不断垮塌，居民陆续搬出，我们还是想尽量早点开始改造。慎重起见，我们建议先做测绘、风貌保护的规划以及建筑设计方案（图34）。建议得到了喀什市政府的支持。

2009年9月起，新疆建筑设计研究院历时4个月，先后共投入十余人，对高台民居的现状和454户民居做了实测并进行了访谈。确定了塌垮住宅要求外迁、塌垮住宅要求回迁、塌垮住宅意向未定、现状完好住宅要求回迁、现状完好住宅要求外迁、现状完好住宅要求保留和现状完好的公共建筑几类，并完成整体和每户民居的三维数字模型图库。在此基础上，从总体布局、单栋改造、道路系统，水、暖、电、燃气、市政管网、边坡支护、结构、构造等各方面提出了达千页的研究成果。成果的简述在《建筑学报》2010年第3期上发表，在此不一一赘述。

在对高台民居的改造实施意见中，我们坚持保障住户居住权的合法性；以人为本、公众参与；整合空间，查漏补缺；设计充分结合地形，完善基础设施；加强边坡稳定性；开展消防及市政设施改造等。

在每户三维数字模型的基础上，我们又完成了总体三维模型，还做了部分动画街景（图35）。

2012年我再次到喀什向地区和市汇报了高台民居改造的设计方案。为了更直观地表现改造效果，我决定做一个1∶200的实物模型，模型制作难度很大，每座建筑和标高都要表现出来。最后委托深圳的一家模型公司完成后运到乌鲁木齐（图36～图38）。

本来以为高台民居改造的实施会立即启动，但一直没有回音，眼看着住户不断地搬走，房屋不断塌垮，我们很着急。

后来听喀什传来的消息是自治区一位主要领导参观考察了高台民居后指示，要把高台民居打造成喀什重要的AAAAA景区，要加固保护好现有建筑。这样，喀什高台民居的保护方针又回到了2008年！但对高台的这些民居来说，"加固"是无法实现的事情。

花了几十万元，投入大量技术力量，辛辛苦苦完成的上千页的测绘、调研、设计工作难道白做了吗？于是我决定把这些成果出版。经过种种努力，删去了珍贵的访谈录，基于测绘和设计成果编写而成的约500彩页的《喀什高台民居》一书，由东南大学出版社于2014年出版（图39）。在书的扉页里我写了一段话："谨以此书献给关心和保护我国历史文化名城的各方人士。如果有一天高台民居消失，此书的完整资料可以使其再现。感谢喀什市人民政

图34 2010年高台民居改造方案的总平面图

图34

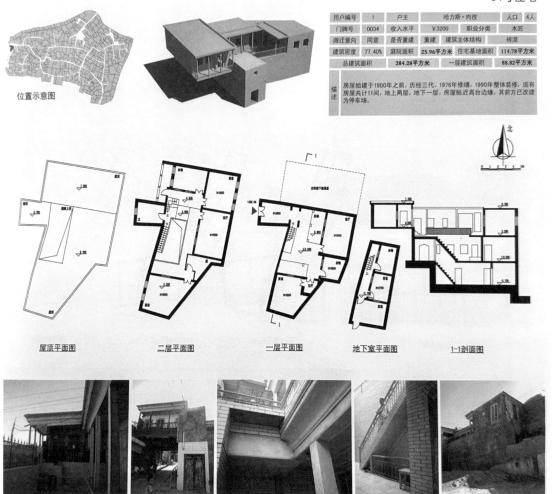

34号住宅

位置示意图

用户编号	1	户主	哈力斯·肉孜	人口	4人
门牌号	0034	收入水平	¥3200	职业分类	木匠
搬迁意向	同意	是否重建	重建	建筑主体结构	砖混
建筑密度	77.40%	庭院面积	25.96平方米	住宅基地面积	114.78平方米
总建筑面积	284.28平方米	一层建筑面积	88.82平方米		

描述：房屋始建于1900年之前，历经三代，1976年修缮，1990年整体装修，现有房屋共计11间，地上两层，地下一层。房屋贴近高台边缘，其前方已改建为停车场。

北

屋顶平面图　　二层平面图　　一层平面图　　地下室平面图　　1-1剖面图

图35

图35　高台民居测绘成果之一，其中一户的测绘图
图36　高台民居总体三维模型
图37　高台民居实物模型

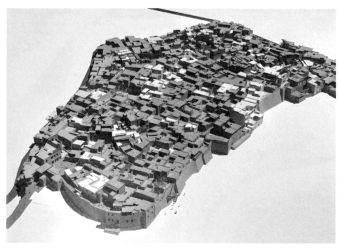

图36

图37

图 38

图 39

府、新疆建筑设计研究院、东南大学建筑学院和北京市住宅建筑设计研究院有限公司新疆分公司对本书出版的鼎力支持。"

这本书在 2016 年获中国出版工作者协会"第六届中华优秀出版物奖图书奖"。

后来高台民居中的居民和住宅不断地减少，建筑塌垮，我们的设想注定没法实现了。近几年在喀什市政府的主持下，开始对高台民居进行改造。他们也曾来函请我做顾问，但自己年老，老伴生病不能自理，只好委婉谢绝。高台民居改造究竟结果怎么样？因其现正在施工，不好评论。

2017 年在全国放映的《我到新疆去》这部大型纪录片里，介绍了我和喀什老城改造的故事。其中一个镜头是我在高台民居的模型前深思。

这个模型由于占空间大，我把它送到了自己的母校西安建筑科技大学，现在在校史馆内陈列。

我希望高台民居的改造成功！也许自己原来的理念是错的，我们都需要在世界的不断变化中调整自我的认知。

作为一名建筑师，我一直强调建筑必须满足不断变化和增长的社会需求。建筑师是为人和社会服务的，建筑是供人和社会使用的，不是用来看的，更不是用来让建筑师成为"明星"的。建筑师的职业必须尊重人，尊重社会，尊重环境，尊重历史！这才应该被称为"主流"！

图 38　2007 年我参与《我到新疆去》拍摄时站在高台民居模型前
图 39　《喀什高台民居》（东南大学出版社出版）

图片来源

图 1　自绘
图 2　google 卫星图
图 3　自绘
图 4　自摄
图 5　新疆地震局、喀什规划局提供
图 6　喀什市规划局提供
图 7　喀什市规划局提供
图 8　自摄（2008 年）
图 9　自绘
图 10　喀什市规划局提供
图 11　自摄
图 12 ~ 图 22　王小东工作室
图 23　钟波摄
图 24　钟波摄
图 25 ~ 图 29　王小东工作室
图 30　帕孜来提摄
图 31　帕孜来提摄
图 32 ~ 图 39　王小东工作室

在生命安全和城市风貌保护之间的抉择[①]

王小东　胡方鹏

摘　要：本文对地震威胁之下，喀什老城区在生命安全第一的前提下如何保护、改造老城区风貌提出了方法和策略。

关键词：震害；生命第一；就地返迁；风貌保护

1. 地震的威胁悬在古城喀什上空

　　喀什位于新疆帕米尔高原东北麓，塔里木盆地西缘，是丝绸之路的重镇，汉时疏勒国的国地，西域三十六国之一，我国 1986 年公布的第二批历史文化名城之一。公元 10 世纪后，居民开始信奉伊斯兰教。现有人口约 45 万，非农业人口约占 70%，维吾尔族约占 75%，所以喀什是新疆城市中最著名的反映西域、维吾尔、伊斯兰文化的名城。

　　登高可见喀什老城区民居连绵逶迤，漫步其中则街巷错综，变化无穷，其形态、空间、生活情趣吸引着国内外游客与学者。然而，如此美丽的街区却面临着地震的严重威胁（图 1）。喀什位于南天山地震带与帕米尔—西昆仑地震带的接合部，受西昆仑地震带的影响，其周围地区曾多次发生过强震和中震：1902 年 8 月 22 日阿图什城北发生 8.3 级强烈地震，影响喀什烈度高达 9 度，造成居民伤亡 500 余人，90% 民房倒塌。1985 年 8 月 23 日乌恰县发生 7.4 级强烈地震，影响到市区为 6 度。1993 年发生在喀什疏附县 6.0 级地震也殃及喀什市区。1996 年 3 月 19 日，伽师县发生 6.9 级强烈地震，从 1997 年 1 月 21 日～1998 年 8 月 27 日，前后发生 6 级以上地震 9 次。国家地震局将乌恰—喀什一带列为发生 6 级左

图 1　喀什老城区鸟瞰图

图 1

① 本文发表在 2009 年《建筑学报》第 1 期。

图2

图3

右破坏性地震可能性较大的全国十个危险区之一。目前喀什市抗震设防为 8.5 度，被列入处于高地震烈度区的城市。

2003 年 12 月 26 日，伊朗南部建于萨珊王朝的巴姆（Bam）古城在 6.3 级地震中全部被毁（图 2），死亡人数达 3 万多人，使世界及喀什震惊。2008 年汶川大地震又一次把喀什的抗震加固提到了迫在眉睫的地步。

2. 艰难的抉择

国家和新疆维吾尔自治区非常关注喀什老城区的抗震改造。1999 年 4 月国家地震局、国家计委、国家经贸委、信息产业部联合赴新疆喀什实地考察之后，2000 年起国家和自治区启动了抗震防灾的各种措施。到 2008 年 4 月为止，共计投入近 6 亿元用于改善其基础设施、加宽道路、高台民居的边坡支护和老城区人口疏散；建设用于疏散人口的 2 号小区、廉租房并增加了供水、供电等基础设施等。但到目前为止，喀什老城区的人口未减反增。

2 号小区的修建本意是疏散拆迁户，但建成后老城区的居民不愿意去，除了经济原因之外，主要原因是其布置方式同国内一般常见的小区一样，仅仅在单体的装饰上增加了当地建筑特色的符号，失去了当地居民所熟知

的生存空间，尤其是维吾尔族经商特性没有体现，也没有庭院以及庭院中的绿化、多功能的屋顶和露台、供邻里交往的夏季凉廊等。再加上老城区家族繁衍构成的居住结构被打乱等原因，使得他们仍然愿意住在自建的住宅中维持现状。

以"抗震加固"措施使民居达到 8.5 度设防标准是不现实的。80% 以上的老城区自建房为土木和砖木结构，基本上没有抵御 8.5 度地震破坏烈度的能力，实际上也无法对如此大量的民居（老城区建筑面积 400 万平方米）采用合理的加固措施来进行处理，况且危房已是处处可见，因此"抗震加固"无法实施。廉租房是一项很好的周转措施，但是由于基础设施太差，住户很难稳定。

改善基础设施、拓宽巷道、拆除过街楼、边坡支护、探明地道的工作很有意义，但是没有接触到老城区核心区风貌保护和抗震改造的实质。抗震加固不可行，但是大规模的拆除、重建与规划，除非在极端的情况出现，即发生毁灭性的地震灾害，在现实中也是不可能的。用新城区逐步蚕食的方法会让老城区丧失原有风貌（图 3）。震害何时来临无法预知，必须未雨绸缪，提前对震害发生的可能性作出相应的对策。我们不可能等到像汶川大地震这样的灾难之后才统一规划重建喀什老城区。

图2　巴姆古城震后
图3　新旧反差

3. 汶川大地震的启示与契机

汶川大地震使人们达成共识——"人的生命是唯一的，是最宝贵的。"尊重生命和强调人的安全得到了前所未有的关注。这给我们一个重要的启示和契机：古城风貌的保护不能忽视生命安全。现在投入资金防患于未然，比震后再去抗震救灾要有效得多。在解决喀什抗震改造问题时，必须把生命安全问题放在第一位，必须采取行之有效的可以在几年之内实施且易于被老百姓接受的方法。

喀什老城一直是一个巨大的建筑工地，几乎每户都储备有建筑材料，为满足不断变化的需要而"修补更新"，却形成了独特的具有不同时期特色的建筑风貌，是一个具有生命力的不断繁衍的细胞体。由过去的土木到砖木、砖混，家家都在改造。图4是喀什一处高台民居在1981～2007年之间的变化。它们都是具有典型喀什特色的民居，风貌保护主要是保护喀什老城区构成肌理和空间形态，保护的是形成这种喀什民居独特空间的因素，而不是保护原物、保护危房。大部分民居不是文物，不可能也没必要长期原封不动地保存，而应着重于风貌保护。

4. 喀什民居的历史文化价值

喀什老城区的规模和特色在我国是少有的。它在历史文化、建筑艺术、城市空间、环境场所、人文风俗等各方面都有其重要的价值。

1）穆斯林在生活中从不抵制世俗活动，尤其擅长经商。喀什老城区中居住、手工业、商贸结合在一起，不仅解决了居住问题，还提供了生存、取得生活资源的空间。

2）喀什老城区的形成不是权力意志的体现，而是由商业、宗教、地形、气候、城市聚居的脉络自然生成的有机体，处处显示出其合理性。

3）喀什老城区的居民中绝大部分是穆斯林，大街小巷、院内院外形成完整的穆斯林生活场景，成为研究我国伊斯兰文化及人文风俗的博物馆。

4）巷道是喀什老城区民居中极为重要的空间，它们蜿蜒曲折，其中又有过街楼的穿插，空间结构丰富多变，又是城市的客厅，可供休息、交往、儿童游戏、小商贩往来，是一幅极富人情味的风俗画。

5）庭院是老城区民居中的核心，不管住户面积大小，每户都有庭院、花草树木、带廊

图4 高台民居一个入口处近三十年之间的变化

1981年

1986年

2004年

2007年

图4

柱平台的"苏帕","阿以旺"组织了每户的功能空间。尤其喀什干热气候特点使得户外活动大多集中于庭院。

6）住宅空间根据地形、位置、需求和场所布置，自由多变，形体丰富，对空间的利用非常巧妙。地下室、半地下室、屋顶等空间都发挥了较大的功能作用。

7）老城区民居中的装饰有非常浓厚的喀什特色，其木雕、柱式、柱廊、石膏花雕、室内壁龛、彩画、工艺装饰等都有独特的艺术性。

8）由于多年来的就地取材和因地制宜，当地建筑形体丰富多变，但建筑外表的材质和色彩相当统一，外观基本上是砖红、土黄两种色彩，对形成喀什的特色起到很大作用，给人以强烈的印象。在外表统一协调的同时，建筑内部和细节中蓝、绿及各种绚丽色彩的应用，使建筑内外有别，格外生动。

以上风貌特征使喀什民居具有浓郁的地方性和特殊品质，具有社会价值、文化价值、美学价值、历史价值。这些价值并没有消亡，仍具有生命力。老城区的风貌保护其实就是对这些价值的保护。图5是对上述风貌改造的一些意向图，其中新与旧、过去与现在的穿插表现出喀什的独特风貌。

5. 调查的启示

喀什老城区的民居早在20世纪60年代就曾引起重视，1961～1965年原建筑工程部建筑科学研究院建筑理论历史研究室和新疆建筑设计研究院组织人员对喀什民居进行了实地测绘；80年代，天津大学、新疆大学也组织学生进行测绘和调查。上述调查结果有的已整理出书，有的还在各种学术讨论中被引用，是一批珍贵的资料。

但上述资料的最大缺陷是其中大部分为单体建筑的资料，缺乏街区、城市整体的场所资料。为此，2008年我们组织人员对阿热阔恰巷和霍古祖尔巷组成的街坊（以下简称阿霍街坊）进行了实测和调查。该街坊位于喀什市中心东侧，总占地面积约为3499平方米，总建筑面积约为3502平方米，共计29户。街坊内有清真寺一座，居住总人口为132人（图6、图7）。

通过调查，以下几点对于我们很有启示：

1）100%的住户不愿意离开居住地，他们愿意建后回迁，不愿失去其居住环境。

2）调查显示，街坊内人均建筑面积在20平方米以上，每户建筑面积以100平方米以上居多，容积率为0.87，庭院绿化率为18.84%，说明用地还有潜力，原有用地可以满足返迁需要。

3）由于在过去漫长的历史中这些民居不断"更新"，有些空间和土地的利用也不尽合理，依然有提高使用率的可能。

4）原有的巷道及道路系统提供了局部改造的可能性。

6. 原址拆除返建的方法

通过调查与分析，为尽快解决地震的威胁并实施风貌保护，我们提出了"原址拆除返建"的方法与设想。居民基本不搬迁，重建后返回原址；每户的建筑面积不比原来的减少；每户都经设计单位设计，满足抗震要求（未经设计的自建房在汶川大地震中已有惨痛教训）；还要有满足消防疏散要求的道路系统；在设计和施工过程中，采取住户参与的方法；在保持老城区的现状道路与肌理的前提下，分块、分段实施，减少大规模拆迁；完善上下水、供电、采暖系统，

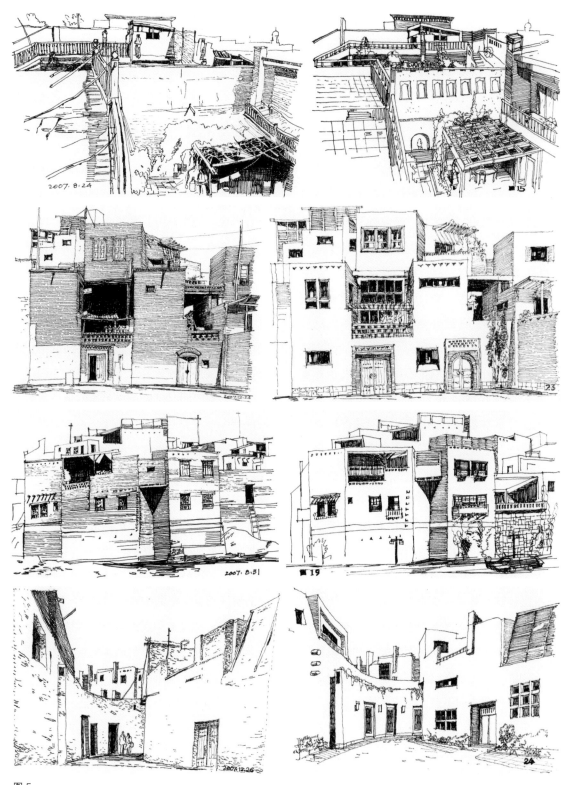

图 5

图 5 对喀什民居风貌
保护的探索意向图

提高居民的居住水平；在每户设计与建造过程中，充分表达老城区中有保存价值的空间构成与装饰的优秀传统风貌（图8~图10）。

重建方案中关键的创新是对单元、单元组合体和街坊赋予了新的定义：

1）单元：由数户民居组成，每户有商业门面房、庭院等，并有地域风貌。

2）单元组合体：由数个单元组成，总建筑面积小于2500平方米，按现行防火规范，属于一个防火分区，一般由二十余户组成，户与户之间为联体，这样既节约了用地，同时也提高了抗震性能。组合体之内的巷道宽度在2~3米之内，有过街楼、小型广场等，这样有利于形成传统风貌。

3）街坊：由数个四周道路宽度大于6米（满足防火疏散要求）的单元组合体组成，其道路尽量尊重原来的肌理，体现城市风貌。

根据以上设想，我们在原来调查的阿霍街坊的成果基础上，做了原址拆除重建街坊的方案。此方案共有34户，只保留了一座清真寺。街坊四周已有环路，其中一条宽度12米，正好用于施工通行。其他3条向内收缩，使其宽度大于6米。街坊中的每户均为单独设计，进行抗震验算。并进一步完善供水、电、燃气、排污等设施，提高居民的生活水平。至于供热的难题正在设法用被动式太阳能、燃气壁挂炉等方式解决。夏季降温的方案则采用英国诺丁汉大学的被动式向下蒸发制冷系统。经初步估算，土建造价约为1000元/平方米。此方案得到喀什市政府的充分肯定，并动员了新疆的设计单位对老城区的民居进行全部测绘，喀什市政府已与阿霍街坊的住户召开了几次动员座谈会，并准备以该街坊为试点。在市政府主导下住户参与设计与施工，力争在5年之内完成老城区的改造，从而在解除令人心悬的二十余

万生命安全重担的同时，也延续了古城喀什的风貌。

7. 低层、高密度、庭院、商住两用城市风貌保护住区的实践意义

低层、高密度、庭院、商住两用城市风貌保护住宅社区接近当地人的生活和生存形态，符合当地人的生活方式和风俗习惯，同时还保留传统老城区的城市风貌、肌理及住宅群落的空间形态。这种方式不仅在喀什老城区的改造中，在其他类似的地区也具有一定的实践指导意义。保持城市的特色与格调是每个城市在建设中必须要考虑的问题。在我国许多的历史名城中，不仅是传统建筑，新建筑也应在满足当代社会需求的同时反映历史名城的地域风貌与特色。

在新住宅区中居住与商业紧密地联系在一起，充分发挥庭院式住宅的独特优势，创造更好的居住环境，给每户保留一部分果园绿地。借鉴我国中小城市的传统民居低层、高密度的格局，在增加建筑空间的优势的同时还可以创造和传承城市特色。这些做法对于新建或者改造旧城区都有一定的实践指导意义。

我们在喀什市和鄯善县新建区做了两个规划及单体设计方案，都贯彻了低层、高密度、庭院、商住两用城市风貌保护的原则。对于住区中30%绿地率的要求，建议把一部分面积分到每户中作果园用。两个方案所在地相距两千多公里，一个在南疆，一个在东疆，传统风貌各不相同，例如喀什民居的庭院以柱廊"苏帕"为中心，而鄯善民居则将整个庭院置于有绿化的棚架之下，这些民居中的重要特点在这两个的方案中也得到了很好的诠释（图11~图16）。

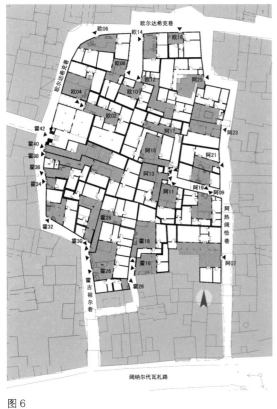

图 6

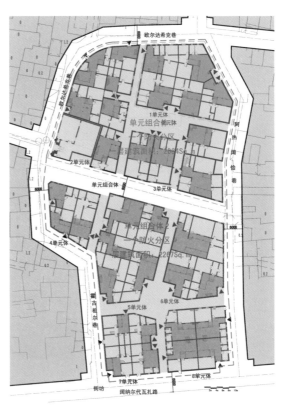

图 8

图 7

图 9

图 10

图 6　阿霍街坊现状测绘总平面图

图 7　测绘复原轴测图

图 8　阿霍街坊原址返迁设计总平面图

图 9　阿霍街坊原址返迁鸟瞰图

图 10　阿霍街坊原址返迁效果图

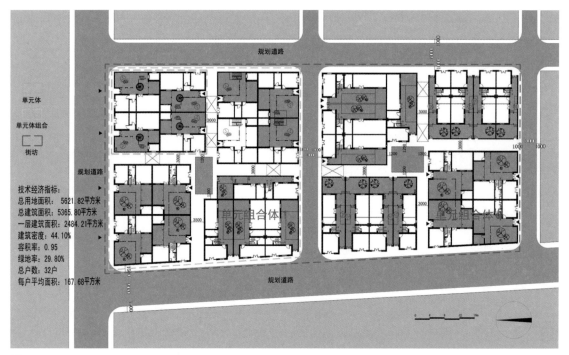

图 11

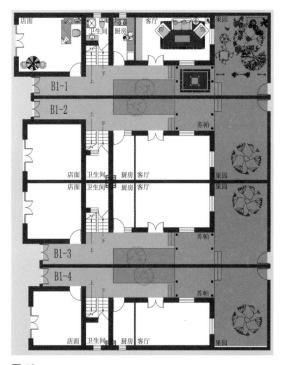

图 12

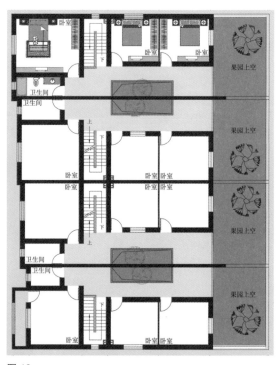

图 13

图 11 喀什方案中
街坊总平面图
图 12 喀什方案中
典型单元一层平面图
图 13 喀什方案中
典型单元二层平面图

图 14

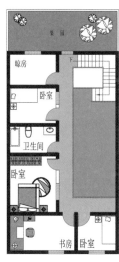

图 15

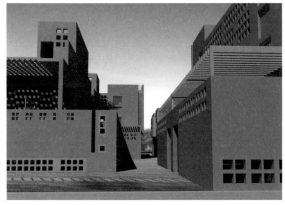

图 16

喀什市新建街坊规划设计用地面积为5621.82平方米，建筑密度为44.10%，容积率为0.95，平均每户建筑面积为167.68平方米，庭院绿化率为29.80%。鄯善县阿凡提文化区则由集中绿地、商业巴扎和家庭旅馆式住宅组成，其中高密度的街坊用地面积为75975平方米，由28个单元组合体构成，组成3个街坊。

容积率为0.94，平均每户建筑面积为130.50平方米，庭院绿化率为29.80%。

从以上两个方案的指标中可以看出，容积率、建筑密度、绿地率的要求都是可以满足的，只是建筑密度有些高了。不过这正是本方案的创新之处，况且在居住区规范中的指标也应该因地制宜、灵活采用才是。

图片来源

本文图片由作者自绘、自摄或由王小东工作室提供

图 14　鄯善县阿凡提文化区总平面图
图 15　鄯善县阿凡提文化区典型单元一、二层平面图
图 16　阿凡提文化区局部透视图

喀什老城区的空间形态研究①

胡方鹏　宋　辉　王小东

摘　要： 伴随着城市化的进程，城市的改造和更新在全国如火如荼地进行。城市的建设最终导致了许多城市缺乏个性，城市特色也因此消失殆尽。如何保留历史城市的传统特色就成为城市建设中所要面对的至关重要的问题。喀什作为 1986 年第二批中国历史文化名城，是新疆维吾尔自治区历史城市的典型代表和新疆的名片，因此，本文对喀什老城区进行了研究。本文从历史的角度介绍了喀什老城的形成与演变，根据传统伊斯兰城市规划的八个特点分析出影响喀什老城区空间形态的因素，总结出以清真寺为中心的"围寺而居"的聚居模式，并且还从宗教、住宅群、街巷走向、气候、商贸、城市安全防御及自然地理环境等方面逐一分析其对喀什老城区传统空间形态的影响，并提出对老城区的保护和改造的构想。

关键词： 喀什；清真寺；住宅区；空间形态

1　错误的城市规划对老城区的破坏

近年来在我国大城市中相继出现了"广场热""步行街热"等以改善城市公共活动空间为目的的城市建设活动，这些城市建设虽然在美化城市方面发挥了作用，满足了一些人的交流和对现代城市公共活动场所的需求，但其在城市建设的同时，一方面对城市风貌、文物古迹、历史街区甚至是历史文化名城等造成大肆破坏，使本来富有地方特色和人情味的旧城区变得"面目全非"，进而消失殆尽；另一方面又热衷于修建新的标志性建筑、城市广场等形象工程或是复制出一批假古董。正如前英国皇家建筑师学会会长帕金森所言："全世界

有一个很大的危机，我们的城市正在趋向同一个模样，这是很遗憾的，因为我们生活中许多情趣来自多样化和地方特色。"不幸的是，喀什还在学习许多城市多年前错误的城市建设模式，对具有传统维吾尔族风貌的历史街区进行大拆大建，城市原有的历史文脉被破坏，人性化的街巷被大广场、宽马路所取代；城市特色在渐渐地丧失，变得跟许多毫无特色的小城镇一模一样，城市的旅游价值也在逐年下降，现在只剩下老城区还保留着当地传统的城市形态，但它也将面临被拆毁的命运。

传统的伊斯兰城市主要由清真寺、街道、住宅群、市场等构成特有的城市风貌。而城市风貌恰恰是一座城市在文化、历史、自然、人文方面的外在反映。如果一个城市没有历史，

---

① 本文发表在 2010 年《西安建筑科技大学学报（自然科学版）》第 1 期。

则这个城市是没有底蕴、特色和内涵的，有了历史的东西存在，才会让人感受到其真正的文化价值。一个城市的历史和社会演变及自然的结合是出现城市风貌的客观依据。城市是在历史中形成的，城市的每一地段都应反映城市的不同历史。保护好城市历史，延续好城市历史风貌，城市风貌也就形成了。

2　喀什老城区的形成演变

我国西部边陲重镇喀什是一座历史古城，是丝绸之路上一颗璀璨的明珠。它位于南疆铁路的终点，是我国西部地区的门户。喀什见于文字记载已有两千一百余年。约公元前128年，通西域的西汉使者张骞从大月氏返回途经此地，这里已是西域三十六国之一的疏勒国首府——疏勒国。公元10世纪，维吾尔人建立的喀喇汗王朝皈依伊斯兰教，其王城喀什噶尔的位置在汗诺依古城一带（"汗诺依"维吾尔语意为"皇宫"）。今日喀什市城区恰萨和亚瓦格两大居民区当时都为王都的卫星城。1264年，喀什噶尔遭受大规模洗劫，城区几乎沦为废墟。1438年喀什噶尔汗国建立，但王朝中心在吐曼河以南现址。喀什噶尔汗国后期即清初，喀什噶尔城已占有今恰萨和亚瓦格两街区地域，四周有土墙，城区"不圆不方，周围三里七分余，东西两门，西南两面各一门。城内房屋稠密，街纵横"，是喀什噶尔旧城，称"回城"[1]。其范围在今喀什市东北部，北临吐曼河西沿，今解放北路，南界为协尔克阿克奥达巷，今阿热亚路和阔纳代尔瓦扎巷。1759年，清朝平定大小霍加之乱，收复喀什噶尔，参赞大臣铁永保等奏请于南门外建盖房屋如关厢之制，迁内地商民居在此列市肆，并在旧城西北二里建新城驻防，新城（徕宁城，又称汉城）建于清乾隆二十七年（1762年），"周二里五分，高一丈四尺，底厚六尺五寸，顶厚四尺五寸"[1]开四门，城内建有仓库、衙署、兵屋以及万寿宫、关帝庙等宗教建筑，城南建校场、将台，汉民商铺也很多，乾隆赐名"徕宁城"。1839年，喀什旧城的阿奇木伯克（地方最高执行官）祖赫尔丁主持拓宽艾提尕尔清真寺以西以北地带，并开凿了南墙西门，把旧城与徕宁城旧址连成一片，形成以艾提尕为中心的城市格局。同治年间，喀什城为周长约八里的不规则多边形，周长较乾隆年间增加了两倍，使原来位于旧城城西的艾提尕尔清真寺成了城市的中心。光绪十年（1884年），正式设置新疆省，各地始行州县制；于是喀什噶尔改设"巡西四城兵备道"（即喀什噶尔道，辖喀什噶尔、英吉沙、莎车和田四城），道治设在疏附县（今喀什）。光绪二十四年（公元1898年）又在徕宁城旧址的基础上修建了半月形的月城，使喀什城的周长达到十二里七分。城内"房屋稠密，街衢纵横，规模宏大，气象雄伟……楼层层列、市场林立，犹如省垣"[1]。当时的迪化（今乌鲁木齐）城围仅十一里五分，足见喀什的城市规模在当时仍是全疆之冠。

喀什市区是经过三次发展才形成新疆解放初期的规模，最早的旧城是沿着高台土崖的边线构筑的，南边界为阿热亚路（维吾尔语意为"山崖之间"），艾提尕尔清真寺于1442年建成后，就成为古城中最大的清真寺，1839年第一次拓城就将寺院围在了城内；第二次扩城约在1898年，将吾斯塘博依街的西半部分容进去，由于徕宁城（清兵兵营）已有城墙，形成了乌龟状城市图形。徕宁城后为国民党旅部驻军所在地，另一处为东高营房，东西护卫城池。城墙随着扩城而修筑，城墙内面积为1.44平方公里，从而形成今日要保护的老城区的主体部分。从城市结构来看，艾提尕尔清真寺居城市中心偏西北部，道路均以通向它为主体趋向，呈辐辏状向四周延伸，并在中心广场处形成风车状交会。吐曼河和克孜勒河成为旧城的天然屏障，流经老城区（护城河）。1945年到1963年城市的主要变化在解放路（新开路）和人民路（胜利路）的开辟上，两条路的交会处被当地人称为"大十字"。从1963年到1983年城市格局变化不大，20世纪60年代的喀什城区以大十字街为中心，向四周放射状发展，呈现出无序的状态。至七八十年代城市围绕古城区及人民路（胜利路）以南地区（原古城南城门外的居民区）开发，初步形成了围绕古城的外环路，城市中心区的格局从此确定，至2000年初环路基本完善。

3 传统伊斯兰城市的规划特点

城市是人类活动的主要舞台，是政治、经济、文化的中心。伊斯兰城市融入了伊斯兰的教义和教理。西方学者伯内曾说："伊斯兰教是城市化的宗教。"斯潘塞曾说："伊斯兰城市体现了伊斯兰教的特色。"《圣训》提及城市时有："只有在城市中方可完成礼拜""只有在城市中才有主麻拜、五次礼拜，才有开斋节和宰牲节"[2]。伊斯兰城市是政治、经济、文化、教育、法律和其他社会活动的中心。伊斯兰教认为城市是建筑的综合体，建筑是社会活动的根本[3]。

关于伊斯兰城市的规划，伊本·拉比厄认为有8个条件："便捷的淡水供应；四通八达的街巷；供穆斯林相识礼拜的清真寺；随处可见的市场；部落居民各居一地，互不相扰；宽绰的王城和官府；城墙坚固安全；资有所长的学者、工匠满足居民的精神和物质需求[2]。"

城市的规划兼顾建筑、经济和社会等诸多因素，结合喀什建城的历史，可以看出这8个条件在城市形成中起到的作用：

1）"淡水供应"，即水源应充足。供水系统是城市规划的基础，如果规划不合理将危及城市的生存及发展。吐曼河和克孜勒河流经喀什市，成为城市的主要生活用水和灌溉水源。

2）街巷的构制应符合行人的需求。街巷的设计要具有长远的目光，准确确定街巷的类型和标准，规划主街、支街、小巷、胡同。

3）艾提尕尔清真寺一般建在市中心，用以方便居民前往礼拜。通往清真寺的街道走向是构筑城市结构的基本框架。清真寺成为伊斯兰城市的主要标志。

4）建市集、市场遵循教规，禁止欺行霸市。为方便顾客，出现了手工匠聚居的街区，如银匠区、花帽匠区、铜器匠区、珠宝匠区等。这些街区均由统治者根据需求来划分各自的范围。

5）避免教派间发生冲突。分区而居是伊斯兰城市规划的基本模式，基于不同的宗教、特殊的社会因素，根据血缘关系或教派实行分地块居住。

6）在老城区中，王城往往建在旧城中心略偏北的位置上。

7）每当王城落成，就必须砌筑城墙。城门连接主要街道和城区。

8）城市规划中应考虑社会和经济因素。为满足城市居民对服务和文化业的需求，向业有所长的学者、工匠和商人分封采邑，让他们定居从业。

喀什老城区的城市形态完全符合上述条件，对研究伊斯兰城市的空间形态具有重要的参考价值。

4 影响喀什老城区空间形态的因素

传统伊斯兰城市的空间形态主要受所在地区的气候、地形、安全、贸易、材料、技术手段、宗教、资源等因素的制约。喀什市是我国唯一一座现在仍保持中世纪伊斯兰文化的历史文化名城，在世界上这种格局遗存较多，但在中国仅此一处，极具研究和旅游价值[4]。老城区的城市公共空间是由二十余条迷宫式街巷纵横交错构成，传统民居建筑参差不齐，鳞次栉比，街巷布局和建筑群灵活多变，曲径通幽，以艾提尕尔清真寺为中心向外作辐辏式延伸，呈现出一种伊斯兰文化在城市空间上的"迷宫式"特色。形成这种空间形态的原因具体如下。

4.1 清真寺的组成及作用

目前在老城区保存下来的大小清真寺有112座。新疆维吾尔族的清真寺一般可分为五种类型：艾提尕尔清真寺、加曼清真寺、街巷清真寺麻扎清真寺和耶提木寺。艾提尕尔清真寺主要建在穆斯林的文化中心城镇。"艾提尕尔"阿拉伯语的意思是"节日场所"。这类艾提尕尔清真寺主要供重大节日举行大规模集体会礼时用，故其建筑规模宏大，样式考究，殿堂宽敞，彩绘精细。加曼清真寺，波斯语意为聚礼、会礼的场所。即除每日使用外，主要为每周五主麻日正午集体礼拜时使用，因此这种清真寺规模较大，在喀什市有78所。艾提尕尔清真寺和加曼清真寺是较大的清真寺，寺前广场不仅有巴扎（集市），摊棚林立，人流如潮，各种农产品和手工业产品在此交易，还有宗教聚礼及聚会欢庆的作用。街巷清真寺主要供街区内的穆斯林做"居玛尔"使用。这类清真寺

分布广而多，街巷旁侧随处可见，与住宅群相毗连，寺门在街道内的位置突出，是该地段居民平时五次礼拜及沐浴、祈祷之所，对构成城市公共活动空间起决定作用。其规模较小，布局灵活，功能比较简单，是公共空间的主要组成部分之一。清真寺与穆斯林的日常生活是密切相关的，凡宗教祭礼、仪礼、文教社交活动、婚丧嫁娶，以至宰牲等活动都在这里举行。街巷清真寺门前的空旷地段具有小型广场的功能，它由于住宅围合在街巷交叉点放大而自然形成，是介于街巷和广场之间的形态，一般较封闭，含小店铺、早餐点、"馕坑"和取水处等。喀什老城区没有广场，每个清真寺大门前面都会形成大小各异的广场，担负起城市公共空间的作用。

4.2 宗教对伊斯兰传统空间形态的影响

《布哈里圣训实录》中有，穆罕默德在节日聚礼讲经时不走一条路，即从清真寺到广场来回走两条路。穆罕默德的做法影响了后人，在以后的伊斯兰城市规划中主街在城内一分为二，城市没有明显的一条主干道，喀什老城区的道路也如此。清真寺礼拜殿的方向正对麦加的方向，这样就建立起与伊斯兰世界的中心之间的联系，进而在更高层次上获得存在。因此清真寺不仅是穆斯林的精神中心，而且从日常生活看，它还是人们进行交往的公共活动中心，更是精神与物质生活的双中心。在喀什老城区居民住宅的客厅内，有一面墙在设计时必然朝向圣城麦加的方向，方便居民每天做五次功。住宅和清真寺的朝向是这种方向性的表现，也成为伊斯兰建筑的主要特点，揭示出伊斯兰建筑空间的精神特征。每座清真寺根据血缘或宗

族关系，确定了以清真寺为中心的街区范围，伊斯兰教义学家规定，街道两边的建筑，包括门户、胡同、房屋、走廊的高度都要超过骑马之人，以利路人行进。

4.3 住宅群对城市形态的影响

喀什的传统民居、高台民居是完整的庭院式和尽端式街巷的有机组合体，易形成狭窄、深邃的步行空间，连续且互相渗透，细胞状的庭院结构适于当地的自然气候、环境和民俗风情。在这里没有独立或中心点状的建筑，而庭院空间恰恰是住宅建筑的中心。每块地段的住宅布局及道路走向是通过有名望的阿訇或长者的调节而得以解决的，然后形成向心的具有不规则的几何状开放空间。因此，空间不是由建筑留下的而是经过设计的。在这种空间组织中，以庭院为中心，庭院的内部空间成为建筑的外部空间。这种街道的整体性和秩序感，再加上宗教和民族特色，会显示出它的魅力。这种生土住宅集合的整体，强有力地限定了街道，结果就连清真寺也成为街道整体环境中的一部分。

4.4 街巷的走向对城市形态的影响

老城区的道路宽度与两边的房屋高度构成1：2的比例关系，城区内街巷道路宽度一般在2.5～4米之间，最短处为1.5米，按照类型分为街、巷、尽端巷三种。街指形成居住区或居住邻里界限的街道或居住区内较宽的通道，交通流量较大，两旁设有店铺、作坊和住宅等，是集市交易的场所，也是市民社会交往活动的场所，属于城市公共空间的组成部分；尽端巷是指朝该巷开门的住户所共有的交通和

储藏空间，具有较强的团体私密性；巷是指介于街与尽端巷之间的团体公共通道空间，两边多为住宅的院门及院墙，除供居民的交通联系外，也是聚落内邻里交往的重要场所，在一定意义上是邻里间居民共同占有的空间。喀什老城区的街道由"街—巷—尽端巷"和"巷—尽端巷"这两种基本组合形式构成，而且街、巷之间较少成十字交叉，呈树枝状结构，形成通而不畅的格局。街道宽度有规定，从清真寺到节日聚礼广场的主要街道宽10腕尺（约合5米），形成次要街道宽5～7腕尺，建筑外形各异。次要街道分布于居民居住的城区，以方便前往清真寺。街道的规格尺寸与城市规划、地理位置、气候以及伊斯兰的价值观、社会传统习惯有关，伊斯兰城市街道也如出一辙。历史、文化和考古学家给伊斯兰城市街道的通常定义是"街道狭窄、蜿蜒曲折"。还有人指出，为追求街道的一致，穆斯林不惜破坏征服城市街道的布局，网格状道路从古罗马殖民地向伊斯兰城市逐步过渡。喀什城市中的次要街道和胡同的宽度一般要比主街窄，说明街道宽窄取决于街道的重要性和行人的流量，如果街道由宽变窄，就会引来多人的排揎。

4.5 气候对街巷布局的影响

喀什市地处沙漠、戈壁的边缘，干旱、少雨、炎热、沙尘暴多是它的气候特点，一年四季光照时间较长造成喀什主街呈南北纵向发展，使得多数街巷全天有阴凉庇护，并能够充分地利用流行的北风。城市建筑受到气候影响，所以形成特殊的街巷布局。建筑相依毗邻，临街建筑的高度与街道的宽度之比为2：1～4：1之间。屋檐和廊道突出主要起到遮阳的目的，在老城区里，过街楼、楼顶楼层层叠叠、密而有

序。这种街巷格局就形成了适合喀什地区特有的气候条件，并满足人们生存空间需求的复杂街巷形态。

4.6 国际贸易对喀什老城区的影响

喀什曾是"西域三十六国"之一疏勒国的国都，曾作为我国通往亚欧诸国著名的丝绸之路南道和北道的交会区以及丝绸之路葱岭段要道，也是我国最西端的一座古城，千百年来始终是天山以南著名的政治、经济、军事、文化的中心。随着中西方贸易、文化交流的兴起，喀什逐步变成丝绸之路上最活跃的一个中枢城郭，成为古代丝绸之路的重镇，丝绸之路从东向西进入塔里木盆地后分南、北两道西行，绕过塔克拉玛干大沙漠又在喀什交会，然后从几个山口翻越帕米尔高原，通往现印度及西亚、欧洲等地，以喀什为中心，南到印度，西通中亚、欧洲，东与丝绸之路的南道、北道衔接，喀什成为几条通道的汇合处和中转站，百物丰饶的喀什为商队的集结提供了优越的物质基础，可见喀什在历史上的商贸地位是何等重要。自汉代至明末，疏勒市场"街衢交互，廛市纠纷"，在这里发育了最古老的国际市场之一。喀什的东巴扎和艾提尕尔清真寺广场就是最好的例子。

随着贸易的发展，出现了手工匠聚居的街区，如吐玛克多帕巴扎巷（帽子集市）、再格来巷（金银集市）、艾维热希木喀巷（丝绸集市）、帕合塔巴扎巷（棉花集市），许多街巷就划分成专门的区域来满足贸易的需求和居民的需要。

4.7 城市安全对城内街巷布局的影响

喀什城市街道受城防设施影响。城墙决定城市面积的大小，也对街道的标准和走向产生直接作用。城门的尺寸和形式影响了街道的宽窄、高低，以利路人行走或阻碍敌军的进攻。城门既注重防御，又考虑路人通行，城门的高度要容一人骑马扬鞭，接通城内外的街道的尺寸由城门大小决定。喀什城市的面积受制于城防设施，故寸土必用，房屋相依，街道狭窄，蜿蜒曲折，覆盖顶棚，一为行人遮风挡雨，二在外敌来犯时便于抵抗，还可密切街坊邻里的关系。为增加空气流通和照明，房屋高层开天窗、壁窗。王城与城市间由街道相连，其构制可保证统治者安全，可于事变时控制城区。

4.8 地形、资源、技术手段对城市形态的影响

喀什北依天山山脉，西靠喀喇昆仑山脉。吐曼河、克孜勒河一北一南绕城而过，东湖位于城中。喀什古城建在吐曼河和克孜勒河交汇的高山上，陡坡、河流形成了天然屏障。喀什市区地形北高南低，层层叠叠的民房顺山势而上、高低错落。有些地方后面的民居小院与前面的住房房顶取平，又由于顺山势蜿蜒而建，故上下、左右、前后、高低在中心庭院型控制下形成不规则的格局，使得房屋的造型各异，空间复杂。由于喀什地处沙漠、戈壁边缘，缺少木材和石料，盛产石膏、生土，当地人就以生土为原料建造城市，形成由生土建筑组成的大都市，室内外的装饰大量运用石膏，制成各式的精美图案。

5 老城区未来展望

喀什古城是目前我国最典型的伊斯兰城市之一，充分展示出伊斯兰文化背景下的城市格局，其风貌和中亚、西亚、中东、北非伊斯兰文化背景下的城市格局形态类似，其文化价值、历史价值、艺术价值之高，令人叹为观止。它是古埃及文明、古希腊罗马文明、古印度文明、古巴比伦波斯文明四大文明的荟萃点；是基督教、佛教、伊斯兰教三大宗教的碰撞与借鉴荟萃点；是东西方建筑风格融合升华的荟萃点；是东西方物质文化交流的荟萃点；是生土建筑的生态性的典范，是最迷人的迷宫式街道，是世界生土建筑文化典型的大都市，是中世纪生土建筑城市的活化石，是生土生态建筑的精彩呈现，是维吾尔族优秀文化集大成之都。我们的责任是对这种少数民族璀璨的文化的继承与发扬光大，尊重每个少数民族的生活方式、生存空间和风俗习惯，各民族才能团结，国家才能繁荣昌盛。

参考文献

[1] 董鉴泓. 中国城市建设史（第3版）[M]. 北京：中国建筑工业出版社，2004.
[2] 刘一虹，齐前进. 美的世界：伊斯兰艺术 [M]. 北京：宗教文化出版社，2006.
[3] 斯皮罗·科斯托夫. 城市的形成——历史进程中的城市模式和城市意义 [M]. 单皓，译. 北京：中国建筑工业出版社，2005.
[4] 王小东，胡方鹏. 在生命安全和城市风貌保护之间的抉择 [J]. 建筑学报，2009（1）：90-93.

喀什高台民居的抗震改造与风貌保护^①

王小东　刘　静　倪一丁

摘　要： 本文通过对喀什老城区改造的探索，针对高台民居的特殊性，以全面保护民居的完整性、保障居民合法权益为原则，提出高台民居保护性改造的方法和策略。

关键词： 喀什高台民居；风貌保护；改造

2009 年对我国历史文化名城喀什来说是一个非常特殊的年份，经过多年的探索和实践，喀什老城区改造工作的新阶段开始启动。6 月初，联合国教科文组织委派以卡贝丝女士为代表的考察组到喀什考察后，认为喀什老城区改造方式值得赞扬，体现了以人为本的精神。

喀什老城区改造的指导思想是把生命安全放在首位，把老城区危旧房屋改造和抗震防灾结合起来，与扶贫帮困和改善居民生活结合起来，与继承和弘扬维吾尔族历史文化结合起来，与城市远期发展结合起来。在具体实施过程中采用就地翻建的方式，广泛征求居民意愿，一对一地逐户设计。在建造过程中尤其在后期装修中，屋顶、栏杆、楼梯、柱式、门窗等由住户参与实施。通过各方论证，国家补助 20 亿元，自治区筹资 10 亿元，再加上地方财政配套，预计总投资 70 亿元。这在世界上也是罕见的。

随着改造工作不断推进和总结经验，2009 年 9 月，对喀什老城区最有特色、最有代表性的高台民居的改造工作的研究启动。

由于其在喀什的地位，我们先后共投入十余人，历时 4 个月，对高台民居的现状和 454 户民居进行了实测、访谈，并完成整体和每户民居的三维数字模型图库。在此基础上，从总体布局，单栋改造，道路系统，水、暖、电、燃气市政管网，边坡支护、结构、构造等各方面提出了达千页的研究成果。本文就是对研究成果的简要阐述。

1　高台民居独有的形态和魅力

在喀什有一句"不到喀什不算到新疆，不到高台民居不算到了喀什"的流行语，生动地说明了高台民居在喀什的地位（图 1、图 2）。

高台民居的维吾尔语名称是阔孜其亚贝希，意为高崖土陶，因这里的千年制陶工艺而得名。高台民居依势建于老城东南端高二十多米、长四百多米的黄土高崖上，毗邻吐曼河和东湖公园。现有住宅多为 1902 年大地震后建设，百年老宅处处可见。居民绝大部分为维吾尔族，主要从事维吾尔传统手工艺制作，这里集中体现了维吾尔族的民族特质与生活特色，展现出独特的魅力。

---

① 本文发表在 2010 年《建筑学报》第 3 期。

图1

图2

1.1 建筑群肌理脉络的生长

民居群呈现出生长性,建筑密度非常高。由于早期高台上的巷道都是排水道,因此巷道均没有人为的规划,顺应自然地势,自由延伸。逐渐形成了现在民居群落依高崖坡势而建(图3),层层叠叠的不规则空间。

1.2 街巷空间的生命延伸

巷道随着地势的变化形成台阶或缓坡,过街楼犬牙交错,连续的天井形成了丰富的空间变化,同时也营造出具有可识别性和归属感的场所意向(图4)。

1.3 院落空间布局的因地制宜

建筑空间充分利用地形和空间修建,如有一户民居在崖上建有3层,崖下4层,从崖上、崖下都可进入,是一种在有限的范围内极大程度利用空间的建筑。可以说这是高台民居建筑的主要特色(图5)。

1.4 叠落的庭院

由于地形变化大,庭院随之变化,形成了大小、高低、形状各异的生活空间。加之回廊、栏杆、装饰、绿化以及半露天的平台——苏帕,使得空间更为丰富,生活更有情趣(图6、图7)。

1.5 建筑第五立面——屋顶

坡地形成了不同层面与标高的屋顶。屋顶平坦,常围以栅栏,既可贮藏、晾晒、养殖,还可以用于夏季纳凉、眺望。在景观上,无论从高处俯视,或从远处平视,屋顶都是极为重要的空间构成(图8)。

1.6 整体可视性

由于街巷、民居布局在独立的山崖上,从城市的每个角度都可以看到,色调统一且体型丰富,沿崖下环行一周,可欣赏其时时变化的场景(图9)。

2 高台民居保护性改造的特殊性和难点

高台民居在喀什老城区中有代表性意义,其规模大、完整性程度高,所以对其传统风貌的保护要求更高。在改造方案中必须保持原有的整体风貌,街巷和住宅尽可能按原状恢复,尤其对于丰富多彩的庭院和装饰应尽量保持原貌。

图1 高台民居东南段全景(2008年)
图2 高台民居在喀什的地理位置(卫星图)

图 3

图 4

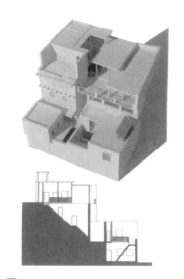
图 5

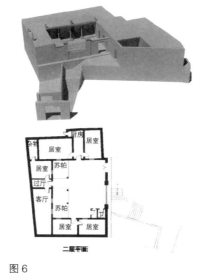

二层平面

图 6

图 7

图 8

图 9

在喀什其他老城区的改造中，由于历史原因，现代楼房和原有民居呈现咬合状态，无法形成成片的规模。而高台民居保存完好，通过对于高台民居进行整体研究，可提出整体的改造方案。拆迁的准确性、道路系统、市政管网系统都要在同一系统中综合平衡解决。

目前高台民居居民 1552 人，其中从事手工业及小生意的有 393 人，企事业单位职工与退休人员 155 人，学前儿童 106 人，学生 276 人，待业 616 人。其中待业人员在总数中占比例最高为 39.69%。居民从事手工业生意有服饰、花帽及维吾尔族铁器、土陶器、乐器、木器等制作。由此可见，高台民居的保护与改造不仅涉及建筑和规划，还关系到整个地区的社会生

图 3　民居群层叠而上
图 4　随地势变化的街巷（实测数字模型）
图 5　沿坡地而建的156 号民居（数字模型）
图 6　丰富的庭院布局（553 号民居数字模型）
图 7　庭院空间（左）及装饰实例（右）
图 8　标高变化下的屋顶层次
图 9　东、北视角下的高台民居全景（实测数字模型）（上：高台东立面；下：高台北立面）

态与结构体系。保护与扩大就业、便利生意也是其中极为重要的一环，大翻大建、迫使外迁、破坏原有的手工业、商业以及人际关系结构的方式，在这里是不可取的（图10）。

喀什的地质属自重湿陷性黄土，承重性能较差。目前高台的四周已经露出了坡度陡峭的边坡地带，原来边坡上已有的民居，大多傍坡而建，坡高最大的达到13米，大部分在6～9米。这些民居基本上都没有经过正规的设计，现况几乎没有抗边坡滑移的能力，更不要说抗震。就是正常使用，边坡的稳定也没有保证，随时都有发生滑坡的可能，严重危害着高台居民的生命安全（图11）。

高台民居早期的房屋主要为土结构，质量较好的房屋用木柱、木梁、生土填充墙，楼板为木质密肋小梁，沿街外墙大多用土坯砌成，抹上麦草泥，数十年甚至百年依旧如故。近十几年再建的房屋外墙逐步改用砖木结构，少数用砖混结构。可以说，高台民居的抗震性能均未能达到8.5度的抗震设防标准，何况民居不是文物，时刻处于建造改造之中，只有拆除重建才能保证居民的生命安全。

3 高台民居保护性改造方案要点

采用尽最大限度减少改动的原则，保持历史街区的特殊风貌。由于高台四周的建筑基本被拆除，高台成为绿地和公园中的孤岛，可视性极强，要特别维持其完整性（图12、图13）。

3.1 保障住户居住权的合法性

在原来的454户中，除去愿意外迁的83户和坍塌迁走的10户外，经调查调整，最后在高台保留了412户民居。在这412户中，原

住户一再要求不想拆除重建的有23户，原址返建的322户。在规划设计方案中特别体现了保护居民利益的思想，这是在不断总结老城改造经验的过程中形成的。最初我们认为为了合理满足道路、市政的需求，只要在一个街坊内，就可以在保证每户建筑面积不减的前提下，对布局和户型作出我们认为"合理"的改动。但这一设想在实践中根本行不通，因为居民合法保护自己的私有财产是正当的要求，不能以低价拆迁剥夺世居于此的居民的居住权。更何况几百年来形成的街巷及民居空间有它的丰富性、历史感，更能体现历史街区的风貌。

3.2 以人为本，公众参与

通过调查我们发现，每个居民心中都有对自己的家的建造设想，这些设想是在他们日常生活中积累的，富有生活特征。每户居民自己参与设计，专业人员提供技术指导，打破以往传统的改造模式，创造了民居改造与保护的新模式。为了保持风貌、充分发挥住户参与的能动性，施工单位仅完成建筑主体以及市政配套设施的建设，至于屋顶、栏杆、柱廊装饰、门窗、楼梯等均由住户自己完成。一年来的试点中这种方式很受欢迎（图14）。在发挥住户的聪明才智和审美情趣的同时，不少原建筑拆除下来的门窗、装饰构件还可以再次利用，是一件一举两得的事情。

每户民居的设计都要反复征求住户的意见，用地范围实测后要进行公示，得到每户居民的认可后，才能开始设计改造。可以说这在建筑设计史上是没有过的。在喀什，设计师要面对面地设计几万户民居，难度之大可想而知。以致联合国教科文组织派工作人员来调查后也说，这是世界性的难题。

图 10

图 11

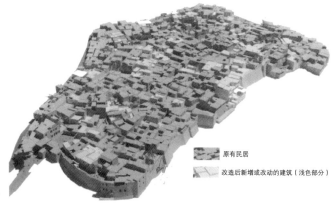

图 12

高台民居总体经济技术指	改造前	改造后
总户数（户）	454	412
总建筑面积（平方米）	41433.22	40959.3
基底建筑面积（平方米）	27879.05	26882.51
建筑密度	60%	57.85%
容积率	0.89	0.88
户均占地面积（平方米）	102.34	112.77
户均建筑面积（平方米）	91.26	99.41

图 13

■ 原有民居
■ 改造后新增或改动的建筑（浅色部分）

图 14

3.3 整合空间，查漏补缺

为了拓宽和打通道路、增加广场等，移动了6户，适当修改了17户，新建或合并44户。这样，基本上保持了高台民居的原状肌理及巷道空间，尤其在边坡地带，我们尽可能保持每户的空间结构。适当修改、移动、新建

与原有肌理结合，形成一个完整的历史街区的更新格局。

3.4 充分结合地形，完善基础设施

原有道路系统中有死胡同，为了满足观光和疏散要求，尽可能地打通巷道，高台外部环

图 10 制陶人家的陶艺展示
图 11 边坡上岌岌可危的民居
图 12 高台民居改造方案
图 13 高台民居改造方案（总体及局部空间意向）（数字模型）
图 14 2009 年末老城区改造中正在新建的民居

形道路是城市道路，宽9米，内部道路有可供消防车通行的环路（宽度大于3米）及人行步道（宽度大于2米），内部道路上都有过街楼。为了疏散、交往、旅游及商贸需要，还增加5个小型广场，几处观景平台，并适当增加了绿化，同时把东湖纳入高台范围内，使景观在区域内形成系统。

在改造的高台民居中，除了412户民居外，还有清真寺3座（原有），特色商业点18处，特色民俗旅馆3座，过街楼28处（新建）。新建旅馆的空间构成与民居的空间构成相似，以供游客住宿以及切身体验维吾尔族的生活，并可直接解决住区部分就业问题。为满足社会需要还增设了公共卫生间、饮水点、电话亭、报刊亭、邮政信箱、公交车站、出租车站等。

3.5　加强边坡稳定性

如何解决高台周边陡峭边坡的稳定问题是结构方面最大的难题。对高台民居的改建而言，由于台太高，坡太陡，民居的改建又要保持原有的形态不变，加固有相当大的难度，需要针对不同的部位采用重力式挡土墙或上部有锚拉下部嵌入土中板桩等结构体系，保证边坡稳定。

3.6　消防及市政设施改造

消防及给水排水：为了保证现有建筑和巷道的原貌，沿高台民居东侧和北侧的外围住户，消防车可利用环形道进行消防，在街巷内部加强室外消防给水管网的系统设置，增加小型消防摩托车的使用，以保障高台内部街巷的消防安全。鉴于高台民居的特殊性，消防给水系统应和民居的建设同步进行。由于高台民居巷道宽度的限制，地下也不允许埋设更多的管道，因此设置生活（生活、绿化、浇洒道路）、消防合用系统，为环枝状管网，两个给水入口，从市政管网的不同管段上引入，在两个引入管上均应装设倒流防止器。喀什年降雨量很少，在高台仅增加雨水口就能解决雨水排水系统的问题。生活污水的排水系统根据地形坡度可分为3个排水区域，每个排水区域都为重力流，不需提升，在流速过大处设置跌水井以便于消能。

电力、供热：在高台民居外设置一座10千伏的中压配电站为民居内的预装式变电站供电。高台民居主要采用集中供热采暖系统进行供热。

通信方面：通信系统（电视、电话、广播）由室外通信网络的市政接口引光缆至高台民居内部的弱电机房。

项目主持人：

王小东

参与人员：

倪一丁，钟　波，胡方鹏，刘　静，宋　辉，杨　亮，帕孜来提·木特里甫，毛　健，戴　佳，马思超，秦占涛，刘　磊，马　雷，苏　艳，阿孜古丽·艾山，亚森江·买买提，茅晓峰，张振东，丁新亚，王邵瑞，刘　鸣，赵祖录，董　超

图片来源

本文图片由作者自摄或由王小东工作室绘制

保留＋重构＝再生

——喀什老城区阿霍街坊保护改造[①]

宋　辉　王小东

作品简介
项 目 名 称：喀什老城区阿霍街坊保护改造
设 计 单 位：新疆建筑设计研究院王小东创研室
设　计　师：王小东、倪一丁、帕孜来提·木特里甫
建 设 地 点：新疆喀什市中心东侧
总 占 地 面 积：3499 平方米
总 建 筑 面 积：3502 平方米
所 获 奖 项：第二届中国建筑传媒奖之居住建筑特别奖

喀什老城区阿霍街坊保护改造项目是新疆喀什的一个老城改造项目（图1）。阿霍街坊（由阿热阔恰巷和霍古祖尔巷组成的街坊，"阿霍"为两条巷子的简称）位于喀什市中心东侧恰萨、亚瓦格历史文化街区，由奥然哈依巷、阿热阔恰巷、阔纳代尔瓦扎路、霍古祖尔巷围合而成，总占地面积为3499平方米，总建筑面积为3502平方米，共计29户。街坊内有清真寺一座，居住总人口为132人。

恰萨、亚瓦格街区北至吐曼路，南至人民东路，西至解放北路，东至吐曼路，是老城区民居保存最多、最密集的地区，其道路网络如蛛网，很有代表性，它和高台民居是旅游者主要参观的街区。居民绝大部分为维吾尔族，主要从事维吾尔传统的手工艺制作，这里集中体现了维吾尔族的民族特质与生活特色，表现出独特的魅力。

设计背景：基于地震威胁与安全隐患

喀什位于南天山地震带与帕米尔—西昆仑地震带的接合部，受西昆仑地震带的影响，其周围地区曾多次发生过强震和中震。仅1900年以来，喀什及周边地区发生6级以上地震45次，现在的喀什市老城区基本上是在1902年大地震的废墟上建立起来的。国家地震局将乌恰—喀什一带列为发生6级左右破坏性地震可能性较大的全国十个危险区之一。目前喀什市抗震设防为8.5度，是位于高地震烈度区的城市。

喀什老城区主要指艾提尕广场西侧的吾斯塘博依、西南侧的库代尔瓦孜、东侧的恰萨和北侧的亚瓦格四个街区。现有住户65192户，约22.1万人，占喀什总人口数的近1/2，是以

---

① 本文发表在 2013 年《广西城镇建设》第 11 期。

图 1

维吾尔族为主，汉族、柯尔克孜族、塔吉克族等13个民族共同生活的聚居地。老城区人口密集，人口密度高达2.6万人/平方公里，民居呈现出低层、高密度的整体风貌。在密集的民居群中大多是居民自发搭建的土木、砖木、砖混结构的房屋，并且时至今日仍在不断地扩建、翻建，像生长的细胞一般永不停息地繁殖。房屋纵横交错、参差不齐、拥挤不堪，抗震能力极差，部分甚至直接建造在台边坡之上，有随时垮塌的危险。此外，喀什市地质结构为湿陷性黄土，老城区居民在20世纪70年代曾在底下挖了许多深浅不一、纵横交错的土地道、防空洞（目前已探明的总长为36公里），加之居民随意在地下采掘陶土留下的大量洞穴，使得老城区的民居如同架在"空蛋壳"上，这些地道、洞穴长期浸泡在雨雪中曾导致大量的

图 1 老城改造现场

民居倒塌开裂，安全隐患十分严重。

自1999年开始，尤其是2008年汶川大地震以后，喀什老城的改造与更新成为备受关注的问题。2009年对我国历史文化名城喀什来说是一个非常特殊的年份，经过多年的探索和实践，喀什老城区改造工作的新阶段开始启动。

设计理念：原址回迁，保留风貌

"原址回迁"是保留喀什原始风貌特色的方法之一，主要是针对那些整体建筑风貌不佳且结构质量较差的片区，在广泛调研和实测的基础上，采用"先拆除，后在原址按原貌重建返迁"的方式进行设计。确保每户的建筑面积不减少，原有片区的空间肌理和街道格局基本

不变，更新片区内的物质空间环境。阿霍街坊的改造与更新就是在这种理念指导下的实践：保留了老城区现状道路和肌理，更新了居住区中单元、单元组合体和街坊的概念；在实施过程中，分区、分阶段拆除街区内的建筑，在原址上按每家每户原有的建筑风貌重新建设，且建好后居民仍返回居住（图2）。

实践中，依照我国《建筑设计防火规范》GB 50016-2006中关于"防火分区"的要求，根据地段功能、交通组织等需求将数个单户民居组合形成"单元"，单元与单元之间的巷道设计为宽度4米或6米的人行通道，在巷道之上又对原有的"楼"空间进行复建；再由数个单元组合形成"单元组合体"，单元组合体的面积应小于2500平方米，按1个防火分区计，

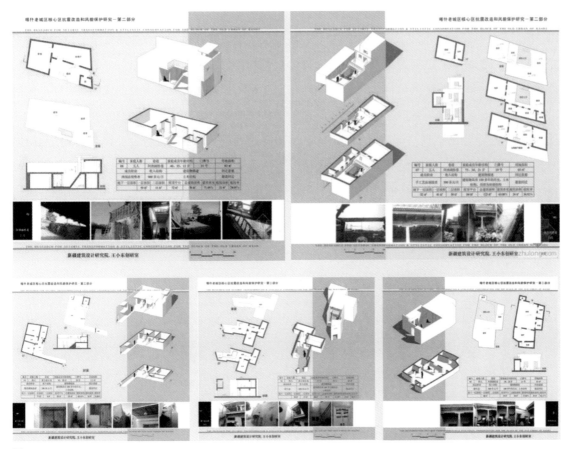

图2

图2 几户民居的改造方案

图3

单元组合体之间的街道宽度设计为6米，便于消防车的通行；"街坊"由2个以上的单元组合体形成，街坊与街坊之间的道路纳入城市道路系统统一规划设计，形成以"街坊"为核心，以"单元组合体"为城市风貌保护的载体，以"单元"彰显民族特色的"新型喀什民居"。除此以外，还保留了原有的清真寺。设计过程中采用设计师进入每家每户，让居民参与自家设计——"一对一逐户设计"的新设计理念（图3），以求达到"微循环、渐进式"的改造和更新目的。为了延续传统喀什民居自主建设、自成系统又各不相同的特点，设计仅对建筑的主体结构和空间体量有所控制，并未对民居的色彩、具体的门窗形状以及建筑的装饰作严格的限定，以期营造色彩斑斓、丰富多样的街巷界面，保留喀什民居灵活多变的特征。

老城区改造就是在生命安全与风貌保护之间抉择的过程，同时老城区的风貌是一种建筑、生活习惯与民族习惯混合而成的集合体。民居不是文物，它处于一种动态发展的过程，在这个过程中新意识、新科技、新方式不断地与原有集合进行混合，这个是设计师力求在整个改造中着重体现的。

图3 住户主动参与民居住房的改造装修

喀什民居的生态适应性①

宋　辉　王小东

摘　要： 近年来，生态环境的恶化，使得人们越来越重视建筑的能耗问题，而我国至今保留着大批具有高效、节能、生态等特点的传统民居，其先进经验为今后建筑的可持续发展提供了方向。喀什民居不仅在地区的适应性上表现出其生命力，也在生态建筑技术方面具有一整套科学的、地方性的技术经验，且至今仍被广泛应用。这些技术和经验使得传统民居可持续发展，为现代建筑设计提供了"雏形"元素，也为地域性建筑创作和城市风貌的塑造提供了一种新的阐述。

关键词： 民居；喀什；生态建筑；地域

随着全球化的加速、能源的匮乏、人们认识水平的不断提高，全球生态环境的问题也越来越受到人们的重视，"生态""可持续发展"的观念更是现代建筑设计追求的目标。但在我国现已建成的建筑中，有95%都是高能耗建筑，建筑的能耗已占到全社会终端能耗的30%，与具有相同气候的发达国家相比，单位建筑面积能耗更要高出1至2倍。反观传统建筑，尤其是传统的"生土民居"，其不仅自发形成，并因低能高效、可持续发展而长期存在，为人们提供了舒适的使用空间，这些都是值得我们现代人学习和借鉴的宝贵经验。例如，新疆的喀什民居就是在自由的状态下，建立起特有的内在逻辑关系，为我们展示传统建筑魅力的同时，述说着传统建筑中生态技术的应用。

1　影响喀什民居的自然、社会环境

由于喀什具有典型的地形地貌和气候特征，以及有木材可用，因此，当地建筑除了采用生土等建筑材料外，木材也被广泛使用。这种特殊的原始绿洲型经济形态对人们的衣食住行、家庭结构、社会结构、民族性格和意识形态等方面都有深刻的影响，对喀什传统民居的形成与发展都起到了决定性的作用。

1.1　自然环境

人类聚居在一个地区，其实就是不断地认识当地自然条件的过程，使得建筑技术与空间

---

① 本文发表在2013年《干旱区资源与环境》第1期。

组织满足当地人的生活习俗，从而形成我们常说的地域建筑、地域文化。也就是说，城市的风貌和建筑的地域特征首先取决于地理因素，如地形、地貌、气候、水土等自然客观环境。喀什的传统民居就是这一类的典型代表，在人们的不断认知中发展，在存在中生长。

1.1.1 喀什的地形地貌

喀什位于新疆维吾尔自治区西南角塔里木盆地的西缘，北有天山山脉，南有昆仑山脉，西有帕米尔高原，东部紧邻塔克拉玛干沙漠。流经喀什市域范围内的两条河——克孜勒河和吐曼河蜿蜒曲折，分别在城市的南部、北部和东部环绕。城内人口众多，但三角洲的平原上土地面积有限，所以在喀什城内多见低层、高密度式的民居布局方式。

1.1.2 喀什的气候

长期的民居研究成果表明，气候与建筑有

图1 民居中下厚上薄的土墙

图1

着密不可分的关系，建筑的朝向、布局，采用的立面风格等，都是气候对建筑的外力作用。喀什四季分明、干旱少雨、日照充沛、热量丰富、无霜期长，其传统民居的建造也正是适应这种暖温带大陆性干旱气候条件下的真实反映。

1）日照。喀什的日照时间长，年平均每天可光照 6.6 ~ 8.8 小时，年日照百分率 63% ~ 84%，年均总辐射量可达 140 千卡/平方厘米[1]，在全国范围内仅次于青藏高原。尤其是在炎热的夏季，日平均光照达 9.9 小时。因此喀什民居就采用高棚架、过街楼、檐廊等多种形式的遮阴空间，利用建筑物相互间的遮挡关系，塑造阴凉的小气候，以提高人体的感官舒适度。与此同时，强烈的日照也为喀什采用现代生态技术——被动式太阳能供给能源提供了前提条件。

2）温度。喀什多年来的平均气温为 11.7℃，属于我国的寒冷地区。由于地理条件的限制，夏季非常炎热，常有高温天气出现（7 月平均气温为 32 ~ 34℃，极端最高气温 40.1℃）。冬季短但不冷（1 月平均气温在 -11℃ 以下，极端最低气温为 -24℃）。正是由于日照时间较长，造成白天温度较高，而到了夜晚温度则会降低 13 ~ 15℃，最大日夜温差可达 25℃。因此，喀什民居从建筑的修建开始，就要解决热在空间中的传导和流失。例如，民居的外墙多采用 500 ~ 1500 毫米厚的土墙，下厚上薄。夏季厚土墙可以阻挡室外热量进入民居内部的使用空间，使室内温度降低 5 ~ 10℃（图1）。相反，冬季则在厚土墙的保护下，可以减少民居的室内热量向室外流失。

3）风沙。喀什沙尘暴日多，主要发生在春、夏季，年平均出现 10 天左右，最多可达 36 天。所以，民居中所呈现的高密度、紧凑型聚落布局方式也是适应这种气候的结果。因此，可以通过建筑设计和建筑技术，选择适当的构造和组织方式，更好地调节人体舒适感，调整室内外温度、热量、通风和朝向。例如，蒸发冷却技术可以调节室内温度，被动式太阳能技术可以用于供暖，而根据风的速度和方向采用自然通风，更是提高人体舒适度的具体方式，使得生土民居成为喀什真正意义上的生态建筑。

4）降水。喀什的降水少，蒸发量大，年平均降水量为 63.8 毫米，蒸发量 2487 毫米，蒸发量是降水量的 30 ~ 90 倍[1]。由于水资源的匮乏，喀什民居在选址时，尽可能地靠近水源，沿袭中国古代城市"临水筑城"的选址原则，但也有所不同——靠近水源但并不远水。例如，阔孜其亚贝希传统街区就紧临吐曼河南岸，依高台土坡顺吐曼河水流就势而建，建筑群体完全顺应地势，沿溪顺路自然曲折生长排列，形成喀什特有的民居与山、水、河的关系（图 2）。因当地气候的影响，喀什民居街巷内树木罕至。院落因势围合成丰富且具有浓厚生活气息的小庭院，庭院内的绿化多以耐旱、蒸腾量小的植被为主。

1.2 社会环境

喀什既是东西方文化的汇合与交流之处，也是维吾尔族文化最重要的发源地，其文化遗产丰富，遗存种类多样，有著名的艾提尕尔清真寺、阿巴克霍加陵，还有大批的维吾尔族民居，是我国 1986 年公布的第二批历史文化名城之一[2]。现约有城市人口 43 万，其中非农业人口约占 70%，是维吾尔族、汉族、柯尔克孜族、塔吉克族等 13 个民族的聚居区，其中 75% 的人口为维吾尔族，信仰伊斯兰教[3]。手工业和养殖业是他们的主要生活来源，开朗、善良、好客、能歌善舞是他们的性格特点，城

内的大街小巷到处洋溢着典型的维吾尔民族风情，有"维吾尔活文化艺术博物馆"之称。

2 喀什民居的生态建筑技术

喀什特有的自然环境和社会环境孕育了独特的异域文化。在建筑方面，为满足当地居民的使用功能和精神需求，经过长期的积累和不断的探索，喀什民居在营造方面也形成了一整套既具有科学性，又富有地方性和民族特征的建筑经验。这些经验一直沿用至今，被当地居民广泛使用。

2.1 遮阳和防辐射

炎热、日照强烈、干燥、风沙大、缺少绿化是喀什的整体环境特点，为减少日辐射热量进入室内，遮阳的处理便必不可少[4]。

2.1.1 完整的遮阴系统

喀什民居打破了中国传统民居中封闭、私密的意识形态，将室外的部分空间纳入平时生活起居中，最大限度地利用空间，是民居自发形成的一大特色。那么，在这种紫外线照射强烈的特殊气候影响下，对于房屋室外处理就尤为重要，所以，在喀什的民居中，房屋内部的

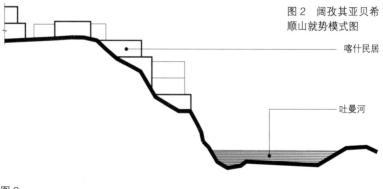

图 2 阔孜其亚贝希顺山就势模式图

——喀什民居

——吐曼河

图2

庭院和街巷空间的外部形成了房前檐廊遮阴、庭院内高棚架遮阴和街巷遮阴三种相辅相成、互为补充的完整遮阴系统。

1）檐廊遮阴。在喀什的民居里主要依靠屋顶面的挑出，提供前廊的遮阴空间。在空间中，形成室内外的转换，减少房屋直接裸露在室外部分的外墙面积，使建筑最大限度地处于阴影之下，形成我们常说的"灰空间"。这样的空间在民居中主要有两个作用：第一，形成人的视线从外部刺眼的阳光直至阴暗室内之间的过渡；第二，增加庭院空间的层次感，形成丰富的光影变化。所以，在喀什民居的房屋与庭院之间常见增设或出挑宽大、深远的披檐，形成1.5～2.5米的檐廊，在维吾尔语中称之为"庇夏以旺"或"阿克塞乃"的空间（图3）。

2）高棚架遮阴。大多数的喀什民居在庭院内立柱，用木板搭设起高高的棚架，木板的顶棚可以阻挡直接射入庭院内的紫外线，形成的空间也可用于栽种耐干旱的瓜果和花草树木，通过这些植物的蒸腾以及与空气间的对流，调节民居内的小气候，起到降低热辐射、减弱光线、增加庭院内空气湿度的作用，可以在小区域内缓解干燥给人带来的不适感，提高人体的舒适度（图4）。

3）街巷遮阴。喀什民居中另一个要解决的重要问题就是来自于地面的热辐射，解决此问题的方法有多种，其中，过街楼、半空楼和高墙窄巷是喀什民居中最为典型的特点(图5)。民居聚落中街巷空间的高宽比常在3∶1～2∶1之间[5]，在阳光的照射下，街巷内部易形成

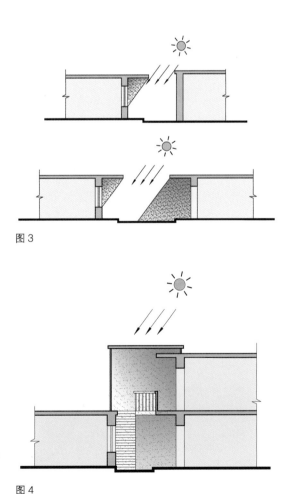

图3

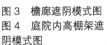

图3　檐廊遮阴模式图
图4　庭院内高棚架遮阴模式图
图5　街巷遮阴模式图

图4

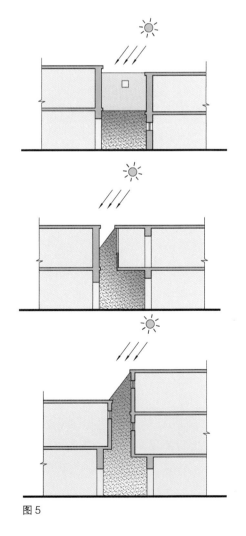

图5

阴影，自发成为天然的遮阴空间，加之位于高墙窄巷上的过街楼和半空楼，构成街巷内遮阴系统的再一次有效补充，为人们提供舒适的外部"会客厅"，构筑居民日常生活由室内向室外的又一次延伸。过街楼和半空楼，其实就是喀什民居空间扩大的一种方法，位于街巷两旁的高墙之上，下部空间可以通行，上部则多是卧室或储藏间，是室外街巷的屋顶[6]。既不影响街巷通风，也易在街巷中形成灰空间，增加建筑立面的变化，丰富街道空间的景观，提供一次遮蔽，减小街巷暴露在阳光中的面积，形成更大的阴影区域，减弱阳光辐射带来的升温效应。

这些都是喀什城内形成的完整遮阴系统，室外温度虽高，太阳的热辐射虽强，但院内、街巷间仍然使人感觉很凉爽，是居民纳凉聚会的理想场所，为生活空间的有效延续提供了可能。

2.1.2 低层、高密度、紧凑式的布局

喀什民居多采用1~3层的紧凑式布局，建筑外墙的表面积露出较少，阳光直射到房屋的表面积随之减小，通过太阳辐射进入房屋的热量也相对较少（图6）。夏季房屋得热较少，冬季房屋较少失热，使得室内温度处于在一个相对恒定的状态。除此以外，所有房屋都环绕内部庭院布置，采用厚重的建筑外墙，保持民居的室内温度，提高建筑聚落内部的热效率。

以喀什的阔孜其亚贝希传统街区的306号为例，为适应当地的气候特征，除了采用传统新疆民居的"阿以旺"布局方式外，还对建筑内部以"庭院"为主的空间布局方式进行了特殊的处理，分别布置有"冬房"和"夏房"。"冬房"位于庭院的南部，厚墙包裹，对外开窗少，空间小且层高低，房屋的热损失较少，

是民居中较为暖和的空间。"夏房"则是提供给人们夏天起居生活的空间，常常为了避免强烈太阳光的直射，而选择位于庭院的北部，空间大且高，以利于通风纳凉，也利于最大限度地创造阴影区的面积。

2.1.3 以庭院为中心的平面与立面布局

庭院作为喀什民居的最基本组成单元，没有统一的形式，因个体单元生活方式不同而千差万别，其鲜明的随意性正好体现出当地民居的地方特色。从建筑的平面布局上看，房屋一般前后错搭、高低错落，组织较简单，讲究可直达性，各个房间环绕开敞的庭院布置，以最小表面积面对室外，减少太阳光直射建筑的范围，有效地阻挡强烈阳光的直射，最大限度地减少热的辐射和传递，从而降低室内温度。另一个鲜明特点就是在建筑的外墙上很少设置窗户，即使设窗，窗户面积也相对较小，以防止热的传递和辐射。如果需要在外立面上开窗，则多采用高侧窗的方式，使阳光能够射入建筑的面积有限，因此产生的热辐射最小。而面对内部庭院的房屋立面，则开大面积的窗户，以利于房屋的通风采光，有效控制空气的流通及热的辐射和传递（图7）。

2.2 通风与防沙

对于人类居住的场所，从人体舒适度考虑，"自然通风"在设计中应尽量满足。但喀什风大，沙尘暴日较多，风沙灾害又较为严重，民居在布局时，也会有针对性地规划与设计。

2.2.1 主导风向的利用

喀什民居主要依靠大量的自然通风来降低房屋内部的温度，最为有效的措施就是使

图6

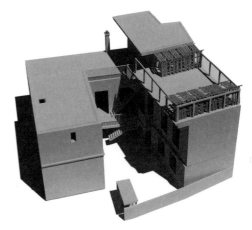

图7

建筑设置在适应常年主导风向的方向上，畅通而简洁地组织气流。例如，庭院大多布置在朝东的方向，西北方向则多采用厚墙围合成房屋，用于阻挡来自全年主导风向——西北方向的风沙。

2.2.2　高墙窄巷的组织

高墙窄巷的布置从西到东，既能通风又能阻挡强风时的灾害，使其真正成为维吾尔族的"室外会客厅"。在炎热的夏季，不仅可以有

效地抑制街巷上部热空气与下部冷空气之间由于对流作用而产生的热交换，而且由于下部空气的流动速度相对较快，更易形成令人倍感惬意的"冷巷风"效果。另外，街巷狭窄曲折，"迷宫式"的路网错综复杂，避免在街巷内产生"穿堂风"，便于防风防沙。到了寒冷的冬季，丁字街、尽端式的街巷结构布局可以在客观上起到降低风速、减少外墙面热量流失与改善环境的效果（图8）。

2.2.3　适宜的窗户设计

值得注意的是，整个聚落还在外立面的开窗上有所处理，西南方向上少有开窗，甚至是不开窗，而东北方向开高侧窗，这样气流既能有效地流通，也能避免阳光和风沙带来的灾害。而外立面上的高侧窗、房屋顶棚的天窗以及朝向院落内部的大窗，既解决了较为封闭的室内空间的采光问题，也易形成气流间交换，是解决炎热干旱地区房屋通风问题的重要手段。还有关于窗户本身的设计，当地人也有自己的经验总结。位于外墙上的高侧窗和顶部的天窗都能启闭，采用内外两层不同材质布置，内层为玻璃，外层为不透光的木板。夏季，白天关上隔热，夜晚打开通风。冬季，可以打开木板，

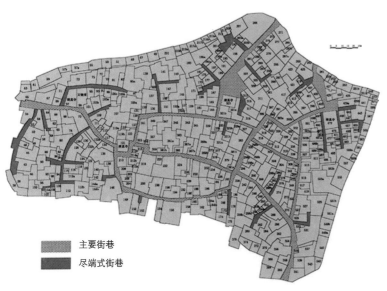

主要街巷
尽端式街巷

图8

享受阳光，但又有一层玻璃阻挡室内的热流失，双层设计提供给人们多项选择的可能性，减少室内的热效应，以及空气对流和风沙对室内的影响，以达到"既通风又避风"的目的（图9）。

2.3 隔热与低热容处理

喀什地处干旱地区，当地资源较为单一，但这些并未影响当地居民在建筑方面的探索。他们结合现有资源，创造性地使用了适合当地气候环境的建筑结构和材料形式。

2.3.1 以土、木为主的建筑材料

从建筑材料上看，喀什民居采用有隔热效果的土、木等生土建筑材料，建造方式多种多样，有土坯砌筑、木骨泥墙、烘焙砖砌等，均与木材、芦苇、干草等材料配合，达到就地取材、因地制宜的效果。以土为主的建筑材料，白天吸收大量的热能，但因其材料本身传热速度慢，因此具有良好的隔热效果；而在夜间则会将白天吸收的热量慢慢释放，从而减弱日温差对室内的影响。现在，许多喀什民居往往还

在建筑砖墙的外皮包裹泥土，以达到再次隔热的目的。夏季里，厚重的土墙可以减缓热传导的速度，高大、错落的墙体可以有效地增加院落内阴影面积，减少紫外线对室内的负面影响；在冬季，厚重土墙可以阻挡寒冷而强劲的大风，起到很好的保温作用。更重要的是，这种构筑方式做到了在有限的空间和资源下，最大限度地取得冬暖夏凉的舒适效果。

2.3.2 建筑构件和结构的使用

从建筑的结构与构件上看，由于气候干燥且温度较高，喀什传统民居的平屋顶在房屋的隔热中起到举足轻重的作用，平屋顶在夏季常被用作卧室，而在冬季则是平台，往往一层的平屋顶就是二层的庭院，在空间上没有丝毫浪费，平屋顶也就此成为气候调整住屋形态的重要元素。在干旱地区，平屋顶的使用可以有效地减少太阳直射，降低局部气温，还易于在结构上架设高棚架及出挑檐廊，在不影响院落通风的同时，又阻隔了室外直射所带来的部分热量，并以最小的体量避免热量的积累以及产生再辐射。有的民居还在屋顶上建有高出平顶的

图9　窗户的设计

朝向庭院的双层窗

顶棚上的天窗

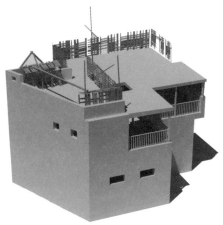

立面上的高窗

图9

天窗，不仅可以采光、通风，还可以达到空间散热的目的。

3 结语

1）民居是一切城市规划和建筑设计的"本原"，喀什民居则充分表现出"生土建筑"所具有的生态适宜性，与现代建筑理论对于低耗能高效率、可持续发展的要求相一致，引发人们对现代设计理论的深刻思考。

2）庭院、过街楼、半空楼、高墙窄巷等要素围合的空间是喀什民居地域性的具体表现，也是民居中充分利用各种建筑材料、结构组织、布局方式，提高人们生活场所舒适度的一系列手段，使得民居更好地满足节能、生态的要求，也是民居建筑能够长期存在和发展的基础。

3）根据现有的气候条件，喀什民居中的建筑布局、建筑空间和建筑元素之间互为补充，且采用当地的材料和技术手段，从实际出发，根据功能需要，因地制宜、因势利导，力求达到防风、隔热、防沙、自然通风的目的，形成构筑喀什民居整体风貌的直观反映，对现代建筑设计有一定的借鉴意义。

参考文献

[1] 阿不都热西提·阿吉，王时祥. 喀什市志［M］. 乌鲁木齐：新疆人民出版社，2002.
[2] 张宁，宋金平，姜晔，栗敏. 喀什市旅游资源评价及开发措施分析［J］. 干旱区资源与环境，2011，25（2）：178-182.
[3] 王小东，胡方鹏. 在生命安全和城市风貌保护之间的抉择［J］. 建筑学报，2009（1）：90-93.
[4] 全峰梅，侯其强. 居所的图景［M］. 南京：东南大学出版社，2008.
[5] 李塬，李齐，李晓东. 新疆鄯善地区现代居住建筑设计探讨——以新疆鄯善新楼兰街区设计为例［J］. 建筑学报，2011（2）：99-103.
[6] 王小东，刘静，倪一丁. 喀什高台民居的抗震改造与风貌保护［J］. 建筑学报，2010（3）：78-81.

图片来源

本文图片由作者自摄或由王小东工作室绘制

保留·重构：再生

——新疆喀什老城区的改造与更新[①]

宋　辉　王小东

摘　要： 本文通过对新疆喀什老城区改造与更新策略的回顾，发现在改造和更新的过程中，不能忽视现状环境和人文变迁，要在适应社会发展的同时，保留和重构城市整体风貌，使老城区在新的城市秩序中再生。针对喀什老城区，提出"微循环、渐进式、多元化"的改造与更新思路，并在实践中采用"原址回迁和原址加固"的方法，在原址上保留城市风貌；采用"毗邻旧址和另辟新址"的方法，在新址上重构城市风貌，使城市特色得以传承，城市风貌得以重塑。

关键词： 城市风貌；民居；改造；更新；喀什

喀什是国家级历史文化名城，位于新疆维吾尔自治区西南角塔里木盆地西缘的三角洲冲积平原上，是我国西部的边陲城市。喀什历史悠久，曾是"西域三十六国"之一疏勒国的国都，古代丝绸之路南北两道的交会点，是名副其实的国际商贸大都市。文化底蕴深厚，民族特色浓郁，素有"五口（岸）通八国，一路连欧亚"之称。

喀什老城区主要指艾提尕广场西侧的吾斯塘博依、西南侧的库代尔瓦孜、东侧的恰萨和北侧的亚瓦格四个街区。现有住户 65192 户，约 22.1 万人，占喀什总人口数的近 1/2，是维吾尔族、汉族、柯尔克孜族、塔吉克族等 13 个民族共同生活的聚居地。老城区人口密集，人口密度高达 2.6 万人 / 平方公里，民居呈现出低层、高密度的整体风貌。密集的民居群中大多是居民自发搭建的土木、砖木、砖混结构的房屋[②]，并且时至今日，仍在不断地扩建、翻建，像"生长的细胞"一般永不停息地繁殖。房屋纵横交错、参差不齐、拥挤不堪，抗震能力极差，部分甚至直接建造在高台边坡之上，有随时垮塌的危险。自 1999 年开始，尤其是汶川地震以后，喀什老城区的改造与更新成为备受关注的问题。

1 喀什老城区改造与更新策略回顾

对于喀什的改造与更新主要集中在老城区内建筑密度高达 70% 以上的大量民居中，曾经有两种更新的倾向：一是实行原物保护，把每个民居都当成文物，长期原封不动地保存；

[①] 本文发表在 2013 年《城市规划》第 1 期。
[②] 截至 2009 年的调查结果：自建房屋总面积为 84.57 万平方米。其中，土木结构的 37.51 万平方米，占 44.35%；砖木结构的 34.12 万平方米，占 40.35%；砖混结构的 12.94 万平方米，占 15.30%。

另一种是彻底拆除，重建现代小区式的新型住宅。对于前一种的保护方式，由于老城区各类公共基础设施严重不足，造成当地群众的生活环境与现代文明的发展极不协调。加之，近年来受地震影响，建筑受损程度不一，部分房屋已经倒塌，给居民生活带来不便，部分街区出现"人去楼空"的景象。后一种更新的方式忽略了当地的历史文化及地域特征，使得城市在新的社会秩序面前丧失活力，城市风貌和城市建筑毫无特色可言。如上两种城市改造与更新的方法显然都缺乏对喀什老城区的现状环境和人文变迁的分析，缺乏对老城区整体风貌的研究。

近些年来，针对喀什的改造与更新，国家和地方也出台了一系列相应的政策和指导文件。

1）1999年建设部提出《关于解决新疆喀什市老城区抗震防灾与历史文化名城保护问题的请示》，正式拉开喀什老城区改造与更新的序幕。

2）2001年国家计委《关于新疆喀什市老城区抗震加固及部分基础设施改造项目可行性研究报告的批复》以及新疆《自治区计委关于喀什老城区抗震加固及部分基础设施改造项目初步设计的批复》，都是针对老城区内民居更新问题的指示。

3）2003年，为了疏散老城区的高密度人口，修建了廉租房2号小区，但建成后的入住率不足房屋总数的1/10，究其原因是小区的单体建筑仅仅是添加了地区建筑的特色符号，其他布局与国内常见的小区一样，缺乏当地民居传统的生活空间——商铺、庭院、平屋顶等交往场所，打破了老城区以家庭为单位、家族式繁衍的基本生存结构，使得当地居民仍旧愿意住在原先自家自建的房屋中生活。

4）2006年4月中国建筑科学研究院工程抗震研究所专家在喀什调研后提交的报告中指出："对少量年代较久的有文物保护价值的民居进行加固保护，其他的一般民居因结构形式不规范、构件材质较差、规格不一、抗震性能差、基本无加固价值的可结合抗震救灾规划进行就地拆建。"自此，喀什进入了大拆大建时期，许多现代高层建筑拔地而起，严重破坏了喀什老城区及其周边区域的整体风貌。

5）2007年喀什市人民政府联合天津大学城市设计研究所编制了《喀什市历史文化街区保护详细规划》，对部分历史街区的保护政策进行了严格的规定。

6）2008年，喀什老城区又进入新一轮的"抗震加固改造"过程，开始实施"新疆喀什市老城区抗震加固及部分基础设施改造项目"，相继公示了《项目实施情况报告》和《中期评估专家组意见》，但显然这些规定都还仅停留在减灾防灾的技术阶段。

尽管从各个层面都对喀什的改造与更新进行了理论和实践上的探讨，但想要以"抗震加固"的技术措施完成老城区内民居的改造显然是不现实的，居民自建的房屋无法抵抗8.5度地震烈度的破坏，在实际操作中也无法对如此大量的民居都采用合理加固的措施进行处理。加之，随着建设的加快，老城区逐渐被"蚕食"，周边林立的高层现代建筑已使老城区犹如孤岛一般，极大地影响到老城区的整体空间形态。

2 喀什老城区改造与更新的思考与实践

在喀什老城区的改造与更新过程中，如何使老城区保留自然、历史和人文环境？如何重构新建环境，并与老城区风貌协调一致？如何在保证人们生命安全的前提下，保护好人类的遗产，使得民居得以再生？这些都成为我们深入思考的问题。

《北京宪章》指出，旧城的改造与更新应遵循"新陈代谢和可持续发展"的原则。因此，喀什老城区的改造与更新不应该仅仅涉及一条街、几栋民居，而应是一个系统的、整体整合的过程。在这一原则的指导下，我们提出在喀什实行"微循环、渐进式、多元化"的改造与更新的思路。"微循环"指的是整个老城区的动态有序循环，历史街区本身不应是舞台布景，保护应是自发的、可持续的，同时要将老城的保护或更新对象"微型化、具体化、条例化"，从而实现城市传统风貌保护与现代化发展的良好契合；"渐进式"是指要从城市整体发展部署出发，分期、分步骤、分片区，依具体情况及时调整，逐渐实施，这样才能保留老城内的人文要素和生活结构，使其持续不断发展，从而焕发新的活力；"多元化"要求老城区改造与更新的模式多样化，不能拘泥于一种或几种方式，要针对不同片区，一片区一设计，要针对不同业主，一户一设计。基于以上思考，我们针对喀什部分地区进行了规划设计和实践上的探索，力求保护原有的基本街道肌理、空间格局以及人文气氛，并着眼于喀什城市的整体风貌特点，通过"保留"和"重构"的方式，使得老城区达到"再生"的目的，从而促进喀什城市整体风貌体系的建设与发展。

2.1 原址回迁，保留风貌

"原址回迁"是保留喀什原始风貌特色的方法之一，主要是针对那些整体建筑风貌不佳且结构质量较差的片区，在广泛调研和实测的基础上，采用"先拆除，后在原址按原貌重建、返迁"的方式进行设计。确保每户的建筑面积不减少，原有片区的空间肌理和街道格局基本不变，更新片区内的物质空间环境。

老城区内阿霍街坊（指恰萨、亚瓦格街区中的阿热阔恰巷和霍古祖尔巷街坊）的改造与更新就是在这种思想指导下的实践：保留了老城区现状道路和肌理，更新了居住区中单元、单元组合体和街坊的概念；在实施过程中，分区、分阶段拆除街区内的建筑，在原址上，按每家每户原有建筑风貌重新建设，且建好后居民仍返回居住。实践中，依照我国《建筑设计防火规范》GB 50016-2006中关于"防火分区"的要求，根据地段功能、交通组织等需求将数个单户民居组合，形成"单元"，单元与单元之间的巷道设计为宽度4米或6米的人行通道，在巷道之上又对原有的"楼"空间进行复建；再由数个单元组合形成"单元组合体"，单元组合体的面积应小于2500平方米，按一个防火分区计，单元组合体之间的街道宽度设计为6米，便于消防车的通行；"街坊"由2个以上的单元组合体形成，街坊与街坊之间的道路纳入城市道路系统统一规划设计，形成以"街坊"为核心，以"单元组合体"为城市风貌保护的载体，以"单元"彰显民族特色的"新型喀什民居"（图1）。除此以外，保留了原有的清真寺，设计过程中采用设计师进入每家每户，让居民参与自家设计——"一对一逐户设计"的新设计理念，以求达到"微循环、渐进式"改造和更新的目的。为了延续传统喀什民居自主建设、自成系统又各不相同的特点，设计仅对建筑的主体结构和空间体量有所控制，并未对民居的色彩、具体的门窗形状以及建筑的装饰作严格的限定，以期营造色彩斑斓、丰富多样的街巷界面，保留喀什民居灵活多变的特性。

| 基本户拼合成单元 | 单元构成组合体 | 组合体构筑街坊 | 规划设计鸟瞰 |

图1

图1 阿霍街坊改造原址回迁规划方案

2.2 原址加固，保留风貌

"原址加固"是较为精准地保存当地的典型民居，保留城市历史风貌的又一方法。但必须注意的是，在喀什老城区的改造中，保护与更新是并存的，而且必须要保证其相互促进，才有可能可持续地发展。所以，必须要先确定具有保护价值的具体物质空间形态要素，对具有维吾尔风情的典型喀什民居片区，逐一进行分类整理，逐一制定抗震加固方案，然后采用"渐进式"的改造方法，逐一实验，逐一实施。必须在确保原始居民不流失的基础上，植入少量现代生活的新功能，以求达到老城区"微循环"自我运作的目的。我们对高台民居片区的规划设计思考，就属此例。高台民居又名"阔孜其亚贝希"，意为"高崖土陶"，位于喀什老城东南端高二十多米、长约四百余米的黄土高崖之上，已有千年历史，因其上的土适合做土陶而得名，是喀什民居的典型代表。高台上千年的院落随处可见，大部分的建筑仍保留着当地传统民居的典型空间布局，结构以土木、砖木为主，也有少量砖混和框架结构的建筑，

大多数是在原有建筑的基础上扩建、加固而形成的。在调研中发现二三十米高的土台下，有20世纪60年代挖掘的地道，据不完全统计，长度可达47公里，距地面6~7米高，对其上的民居抗震威胁巨大。所以，抗震加固改造就成为这个片区更新的主要手段。在方案中，着重考虑高台的重要历史价值，在不改变厚墙窄巷、过街楼、平屋顶等物质空间形态元素相互依存的关系的基础上，在部分房屋倒塌的地块植入现代规划的新功能，对片区内的历史建筑给予整体保护，通过抗震加固技术对其下的黄土高崖进行加固处理，并对片区内新建筑的外形和尺度进行严格控制，以确保原有片区的整体风貌。此外，在尊重原有历史肌理形态特点的基础上，优化交通联络关系，将中心交通环线的街道扩宽至3米，以满足疏散要求，其他巷道保持原有宽度，并在街巷系统的整体设计上加强连通性，使清真寺、吐曼河等公共空间密切关联。同时，将部分优秀的民居串联并组织在交通环线的两侧，使得整个片区成为城市旅游的吸引点（图2）。

2.3 毗邻旧址，重构风貌

"毗邻旧址，重构风貌"是指在旧有民居片区旁边的空地上，为满足现代人生活的需要，适当植入现代城市的新职能、新内容，成为老城区内的现代化配套服务区域，完善老城区的自我循环系统，重构老城区的整体风貌景观。

喀什老城区东部的吐曼河休闲旅游度假中心毗邻老城区内的高台历史风貌保护区，位于市中心南部的吐曼河沿岸，建成后将是喀什最重要的旅游基地。在吐曼河休闲旅游度假中心的规划设计中，注重建筑空间的建构、布局以及与老城区物质空间肌理的协调，注重其内部道路格局与老城区的贯通。在整体层面上，采用低层数、窄街巷、过街楼、高悬崖、"苏帕"等物质空间要素，与老城区构成较为统一的片区形态基底，延续老城区内建筑布局自由灵活、沿街巷紧密连续排列的特点，构成有序但又不失多样性的街巷界面，在形成丰富的空间变化的同时，营造出具有识别性和归属感的场所意象。在建筑设计层面，首先，在每个建筑体块内重构民居特有的以庭院为主的单元个性；其次，重视在建筑高度、屋檐线、屋顶轮廓、柱廊顶部高度、立面开窗位置等方面的设计，力求与邻近历史建筑相协调，构建新旧协调一致的城市整体风貌景观，成为适合现代功能需要的"新生喀什建筑"，成为喀什老城生长出来的"新细胞"（图3）。

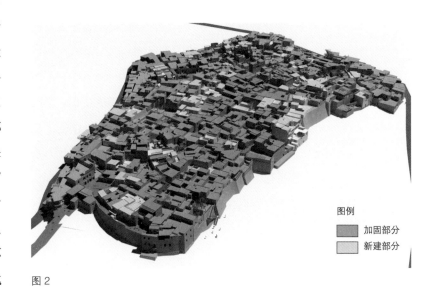

图例
■ 加固部分
□ 新建部分

图2

图2 高台民居改造原址加固规划设计方案
图3 吐曼河休闲度假新村毗邻旧址规划方案

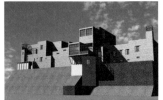

紧邻老城区的现状照片　　　　规划设计鸟瞰　　　　规划设计街巷和立面意象

图3

2.4 另辟新址，重构风貌

随着喀什老城区人口的不断增加，原先以家庭或家族为聚落单元的庭院模式被打破，一些居民甚至在已经划定的保护区内乱搭乱建，出现多户杂居一院的现象，严重影响了城市风貌的整体保护。所以，老城区需要外迁一定数量的家庭，采用"另辟新址"的方式，重构与喀什城市风貌协调一致，并能长期稳定发展的新型小区。在重构的过程中，除了重视对喀什老城民居低层、高密度、紧凑的物质空间形态的延续，还应重视对其融洽的邻里关系、空间氛围等居住文化和生活方式的延续，使得老城的整体风貌在重构的过程中仍然"亲切化、平民化"。

我们在香妃墓旁的空地上按此原则进行规划设计，形成一个新住区，以满足老城区外迁居民的日常生活。住区内设中心绿地，以满足住区内居民的公共活动要求。住区用地划分为4个组团，每个组团内都规划公共景观绿地1～2处，组团间的道路为主干道，设计宽度为9米。在每个组团的内部，分别以"2342"展开布置，即每个组团包括2个街坊，每个街坊由3个单元组合体构成，每个单元组合体又分为4个单元，每个单元为两两双拼户型。两街坊间的道路宽度设计为6米，单元组合体之间用宽度4米的道路隔开，单元组合体内设置宽度3米的十字街，每户民居沿街处设计有店面，在庭院中展开布置房间，满足维吾尔族特色的生活和就业方式的需求，将居住和手工艺制作、商贸和住区紧密结合，形成适应喀什人现代生活的"新型住区"（图4）。

组团鸟瞰　　　　　　　　　　　　　　两两双拼户型鸟瞰

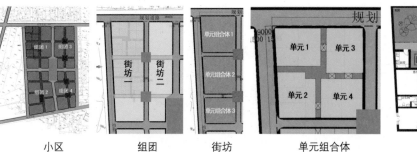 

小区　　　　组团　　　　街坊　　　　单元组合体　　　　单元

图4

图4　香妃墓旁另辟新址设计方案

3 结语

对于具有鲜明地域特征的喀什历史文化名城，采用"微循环、渐进式、多元化"的改造与更新原则，保留原有的街巷空间尺度和保存完好且坚固美观的民居，整合原有的节点空间和院落内部空间，重建那些已经倒塌或受灾害威胁较大的房屋，以保证当地居民长期稳定的生活；重构喀什民居的传统空间，在不改变空间特质的基础上，应用现代的材料和技术手段复原原有的空间组合，以达到喀什老城再生的目的。而在城市新区的规划和建筑设计中，强调与老城区的协调关系，使城市风貌得以突显，城市特色更加鲜明，以保证城市历史的延续性和原真性。

参考文献

[1] 王小东 . 喀什老城区抗震改造和风貌保护研究 [R]. 乌鲁木齐：新疆建筑设计研究院王小东建筑创作研究室，2008.

[2] 王小东 . 喀什高台民居抗震加固保护性研究 [R]. 乌鲁木齐：新疆建筑设计研究院王小东建筑创作研究室，2009.

[3] 王小东 . 喀什吐曼河旅游度假中心规划、建筑方案设计 [R]. 新疆：新疆建筑设计研究院王小东建筑创作研究室，2011.

[4] 王小东，胡方鹏 . 在生命安全和城市风貌保护之间的抉择 [J]. 建筑学报，2009（1）：90-93.

[5] 任晋锋，吕斌 . 基于类型学方法的北京四合院的保护和再生 [J]. 城市规划，2010（10）：88-92.

[6] 宁学军 . 平遥古城环城地带风貌格局恢复初探 [J]. 城市规划，2010（9）：73-77.

[7] 方榕 . 新加坡的历史街道保护策略——以 Chinatown 历史街区为例 [J]. 规划师，2011（9）：120-124.

[8] 孙忆敏 . 我国城市旧住区更新发展研究——渐进式更新模式的理论与若干实践 [D]. 上海：同济大学，2009.

[9] 宋璇 . 北京南锣鼓巷地区改造与更新案例研究 [D]. 北京：北京建筑工程学院，2011.

图片来源

本文图片由作者自摄或由王小东工作室绘制

新疆喀什高台民居地域营造法则①

宋　辉　王小东

摘　要：随着全球化和当代城市建设快速发展，建筑自身的文化失语现象已愈加严重。本研究通过逐户调查、测绘，探讨在特定文化和环境中自适生长的喀什高台民居的空间本原，得出当地聚落空间的基本构成要素和 5 种地域营造模式，发现当地正是在自适应调节下形成迷宫式内向型居住建筑群落。并结合民居中蕴含的地域营造智慧，推演其形制背后的生成规律和衍生逻辑，在为城市及区域建筑的发展提供建筑语言表达的同时，也为我国西部少数民族地区传统聚落的保护与发展奠定理论基础。

关键词：住区；高台民居；地域营造；空间本原；衍生逻辑

一、引言

　　"地域主义建筑是一种关系到当地人民种族、地域和当地方言的建筑语言。②"即地域主义建筑是适应当地自然环境、宗教习惯，以及文化需求的产物。我国当代建筑以"钢筋、水泥、玻璃"为主材，长期以来，存在全球通用、孤立无援、文化身份缺失等问题，建筑自身的文化失语现象愈加严重。要解决这一问题，必须回归传统。而我国至今尚现存大量的传统民居，这些民居恰是在自适中自然生长的产物，所以厘清传统民居的地域性表达特征及其背后的逻辑关系能够为当代建筑的建设发展提供理论依据。其营造智慧中所蕴含的个体与系统之间的双向互动属性，以及衍生发展中的自适性生成逻辑与深层结构关系，是建筑自我生存、

繁衍的活模板，更是解读旧有建筑更新与历史文脉、复杂环境因素、地域空间原型逻辑互动关系的范式。新疆喀什高台民居的空间本原及其衍生逻辑就表现出建筑、群落与环境整个系统不同有机体或子系统各要素间的"共生"关系，以及在这个动态系统中的自适应性法则，这种自适应性使建筑的空间形态、结构形式以及构造方法等都适应其所在的环境、气候、风土等方面的特质，都是民居在地域因素影响下互动衍生的集中体现，空间本体形态丰富。

二、高台民居的本原与衍生逻辑

1. 高台民居的生长法则

　　"人类的居住分布，与人类的社会属性分不开，同时也与人类的生产生活分不开。因此，

---

① 本文发表在 2020 年《住区》第 4 期。
② 保罗·奥利弗（Paul Oliver）在《世界地域主义建筑百科全书》（*Encyclo-pedia of Vernacular Architecture of the World*）中对地域主义建筑的定义。

人们便利用各种有利的自然条件，构成聚居的建筑群体。[①]" 即民居聚落的形态本原是风土、水文和地理条件等综合因素影响的结果。

1）顺水流而筑，就高势建屋

新疆喀什高台民居处于干旱少雨的沙漠绿洲之上，水是绿洲生命赖以生存的基本保障。"逐水而居、临河而筑、近水建屋"就成为聚落生命延续至今的前提条件，而位于高台民居之下，依偎在高近二十米，宽约三百五十米的高崖土台两侧的河流——克孜勒河和吐曼河——冬季水量充足，夏季依靠雪山的冰雪融化，顺流而下，满足当地人最基本的水量要求。这种"顺水流而筑，就高势建屋"的原则是高台民居能延续发展至今的重要条件（图1）。既能满足当地居民取水用水需求，给通航货运带来方便，也利用河湖水系的蒸发，有效地调节干旱少雨地区的局部温湿度，辅之以在民居院落内栽种蒸腾作用显著的花草树木，净化居住环境内外的空气，构建沙漠绿洲宜人的小环境和自我循环体系。

"择高建房"是高台民居就地势选择的结果，一方面利于防灾减灾、减少水患威胁，另一方面则出于因地制宜、就势利用的原则。就防灾而言，正是由于房屋建于水边，季节性的河水溢出不可避免，所以充分利用高崖土台的高势就成为房屋选址的最佳选择。和古来的尼雅遗址避免勒尼雅河（流经河流）泥沙堆积而导致河水溢出的洪涝灾害一样，该区域房屋的选择以高处为宜。高台民居不仅房屋高筑，而且沿河面的房屋多为厚墙，少有开窗。另外，由于构筑民居其下高崖土台的天然材料——色格孜土——质地细腻、黏性较强，被先民们发现是制作土陶的基本原材料，所以这里最早起源于以手工业生产为主的制陶产业，挖土制陶，挖土后形成的剩余空间经加筑后建房，至此先民们在此聚居落脚、繁衍后代，并逐渐发展成今之规模，形成喀什原住居民紧邻东城门的生活聚居中心。

2）团状紧凑聚，高密集中布局

喀什古城的占地面积约 4.25 平方公里，是现在喀什市面积的五分之一。常住人口 25160 户、12.58 万人，约占城市人口的 41%，平均每平方公里人口 3.5 万人，这样的人口密度实属罕见。而高台民居的占地面积为 0.04 平方公里，不到喀什古城的 1%，常住人口 438 户，共计 1552 人，约占喀什古城人口的 6%，平均每平方公里人口 3.88 万人，高于喀什古城人口密度，是该地区人口集中之处。《古兰经》中有："天堂在母亲的脚下"，讲求孝顺父母，实行女子长大成婚后不分家即分居不分家的习俗。因此在高台民居中，多数家庭的人口数量只增不减，导致居住所需的建筑空间不断扩大。面对匮乏的土地资源，房屋只能密集地沿地面向四周延展，形成竖向、横向双向的最大利用

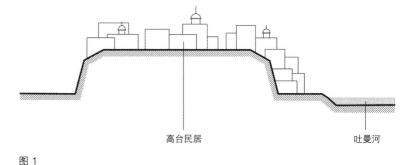

图1 "顺水流而筑，就高势建屋"的模式

高台民居　　　　　　　　吐曼河

图1

---

① 丝绸之路中国段沿线的多数城镇已经随着丝绸之路的衰落而凋敝。魏晋后北道的高昌、中道的玉门关与楼兰、南道的阳关与米兰都已成为湮没在戈壁中的废墟。现存城镇除阿克苏、喀什以及后来在焉耆西侧发展起来的库尔勒外，各城镇人口均在 10 万以下，多数不足 5 万；南道现存城镇除喀什外，人口均不足 10 万，多数人口仅 1 万～2 万。

原则——寸土必争、寸空必用，呈现出户连户、家挨家、肩并肩、背靠背、楼架楼的高密度集中组团。这种内向、封闭的团状紧凑空间格局，使得单体建筑通过搭接、咬合聚集成片状整体，小方块积聚成大体量，彼此依托、互为支撑，有效地降低每个独立建筑的"不稳定度"。空间要素的相互遮挡不仅易于形成整体，提高房屋的抗风、抗震能力，还能有效地为居住场所遮阴避阳，营造舒适的生活环境。另外，清真寺的设置也体现出高密度集中的团状紧凑布局。高台民居内部有清真寺4座，外围紧邻1座，共5座，远低于喀什古城内30～40户设置一座清真寺的原则。也就是说高台民居内的近百户居民共用一座清真寺，这是高密度人口聚居导致的必然结果。另外清真寺作为细胞核，民居作为细胞质集聚在清真寺周围，形成以清真寺为中心的向心式聚落空间组织方式，构建出"清真寺—街巷—民居"的原型空间，体现出少数民族聚集地的内聚特征（图2）。

除此之外，高台民居还是中国少数民族"聚族而居"模式的典型代表，共同的维吾尔族族缘、早期以土陶手工业生产为主的业缘，以及以大家庭为基本模式单元的血缘，构成"族缘＋业缘＋血缘"的紧密邻里关系。正是这种交杂

的邻里关系，使居民们具有了更为稳定的社会角色，聚居区内的内聚力更强，可更为有效地抵御各种灾害。这些都是由特殊的地理环境、浓重的宗教文化传统以及少数民族生活风俗习惯等长期、自然形成的地域自适性法则，延续着典型的古西域重镇空间营造智慧。

2. 高台民居的繁衍规律

进化论早就指出，物种经历了优胜劣汰的自然适应法则后繁衍生息，人类的发展离不开子孙的繁衍，而传统的聚落恰恰是承载人类活动、发展演变的场所，其衍生原则和规律也反映出当地人最原初的、最本质的地域营造经验。

1）细胞繁殖多，同构裂变活

正如前文所述，高台民居中蕴涵的伊斯兰教的道德规范和社会秩序有利于形成稳定的居住生活，反映出自发有机生长过程中的内生逻辑。而在有限的资源条件下，根据使用者的要求调整、营建房屋内外环境，并在逐渐生长的过程中，通过不同层次、不同规模地重复、连接、覆盖普遍存在的"细胞"，形成"细胞式繁殖生长"的聚落。也就是说，同一户人家，在不同时期，不仅建筑格局在悄然变化，而且在结构、建筑材料等方面也因更替发生改变，但核心的原型空间贯穿始终。例如高台民居的"阿以旺"用于采光的顶部天窗从原来突出的木质镂空高侧窗变成封闭围合的玻璃窗，用以解决室内光线昏暗的问题。天井庭院内庇夏以旺、阿克塞乃、苏帕等变形空间形成后，犹如一个个细胞，不断繁殖、修复、更新，又成为聚落特征构成的新细胞要素，承载着当地特有的地域文化和历史记忆。

原住居民随着家族人口数量的增加，通过在有限用地范围内增建新屋解决子孙的居住需求，这样后砌的房屋就密密匝匝地垒砌在原有

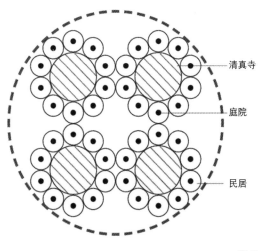

图2　以清真寺为中心的团状集中格局

图2

清真寺

庭院

民居

房屋的"头顶"之上，聚落形态犹如一株未经修剪的老树，枝桠不由分说地随意生长，形成建筑、街巷与地形密切配合的三维动态立体空间建构网络，相互间联系的过街楼和悬空楼架空构筑、横跨街巷，聚落内部空间打破传统居住建筑的竖向限制，自由灵活生长（图3）。就功能而言，高台民居房屋的功能也是灵活多变的，例如餐厅既可用作厨房，又可用作冬天的客厅或卧室；过厅既可作仓库，又可作水房，还是连接庭院、楼梯等的核心交通空间，所以高台民居中的房屋往往是多功能合一的场所。因此房屋内不摆放家具，需要作客厅时，只需铺块地毯，放上小桌，就可盘坐聊天、议事；当需要餐厅时，就铺上一块大布，使客厅瞬间就转化为餐厅；而撤掉小桌，空间亦可进行歌舞弹唱表演，瞬时又变成家人、朋友娱乐集会的场所。这种单一空间的多功能应用，正是高台民居空间灵活多变的体现。此外，高台民居的许多空间虽分内外，但与我国其他地区的传统民居相比，界限并不明显，半室外的天井庭院亦可用于载歌载舞、做饭吃饭，也可用作手工艺品的制作作坊；室外街巷既可用于组织交通、自家休憩，也具有邻里交谈、儿童玩耍等功能；而清真寺前的街巷广场和其内部的庭院也会不时用作信徒礼拜的场所，是礼拜大殿的空间延伸。这些多功能综合、易转换的空间，也是高台民居空间灵活性的体现。另外，根据季节和日气温的变化，高台民居还有"冬屋"（暖房）和"夏室"（凉房）之分，供居民在不同的季节或一天之中变换功能，以适应"早穿皮袄午穿纱"式的气温变化。人们夏季多在凉爽的天井庭院活动，有时还将屋顶用作晚间的卧室，冬季才进入室内围绕炉火活动。一天之中在屋内、天井庭院、屋顶间"转移"的生活方式是适应大温差的当地气候环境所致。同

图3-1　　　　　　　　　　　图3-2

时这种"转移"也与维吾尔族先民们"居无定所"的游牧生活习惯有关，体现出当地民居在空间和功能上多变的生命力。

无论房屋在空间和功能上如何变化，其聚落的整体形态仍浑然一体，除外部统一的土黄色与周围协调一致外，内部的形态也具同质性，例如街巷中有顶界面与无顶界面的间隔出现，就是同质重复的空间表达。再如民居内的单栋房屋都有一个以上的天井庭院，再由这些天井庭院串联各个房屋，天井庭院作为家族的公共活动空间，成为聚落的细胞核，在聚落内反复出现，形成"网状细胞核的同构"（图4）。

2）因地势造屋，自我循环内建

充分利用地形营建房屋是传统民居节地的营建方式，高台民居亦是如此。例如高崖土台边坡上的房屋，一户房屋崖上建1～2层，沿坡又修筑2～3层，分崖上和崖下2～3个出入口，最高形成上下7层的爬坡民居，即在极为有限的用地范围内充分利用空间，通过叠落和大小变化，形成高低、形状各异的生活空间，成为"因势造屋"的范式。

"自我循环"模式是高台民居营建过程中

图3-1　过街楼
图3-2　悬空楼

图 4

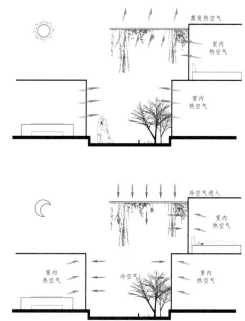

图 5

最重要的节能方式,表现是多方面的。例如早期居民在高崖旁的吐曼河取水以供生活、生产之用,而用过的水又会洒在内庭院或屋顶上,浇灌花草、抑制沙尘,在给干燥的气候带来片刻湿润的同时回归自然,形成人们适应生态环境的一次循环。再如先民们最早因高崖下的土材(色格孜土,烧制土陶制品的上好材料)就近聚居、制作、买卖,而这些土陶制作的各种用具又能回收、掩埋,再次使用,形成"生产—销售—使用"的内部循环,这些都是高台民居中自发形成的传统节能方式。还有天井庭院内支起的半封闭空间——花架子,其下用于种植花木。白天,利用植物的蒸腾作用,通过蒸发一部分从屋内传出的热空气,达到散热的目的;夜晚,冷空气进入天井庭院,加上光合作用,和新鲜的氧气一起,通过对流进入房间。如此循环往复,通过花架子空间传导,引导气流在房屋内流动,形成民居内部气流和温度的"自我循环"(图5)。除此之外,在民居的建构

元素之间也存在着有效的"自我循环"。例如屋顶的卫生间,面积为1~2平方米,仅容一人使用,是无水、无顶的旱厕,木制蹲架,下放干泥土,用以吸水和蒸发,每日更换。而更换的粪土是上好的绿肥,可作为庭院植物最好的养料,形成"泥土+粪便—粪土—养料"的自我循环体系。

3)单一要素显,外简内精现

一个个立方体的房屋积聚,形成外观层层叠叠的高台民居整体景观,而其内部,充分利用砖或木材的特性,表现出民居秀丽灵动的一面。绿色、蓝色、白色、红色和黄色交织,色彩丰富,极具表现力,与外部的简洁硬朗、粗犷豪迈形成对比,创造出"外粗内秀、外简内精"的不同感观(图6)。

土坯材料的使用是高台民居保留至今的又一大特色,无论是夯土墙体,还是砖结构墙体,甚至是屋顶表面,表皮都覆盖一层厚厚的抹泥,形成内外空间上的划分,除尽可能利用土的热

图4 以天井庭院为中心的民居屋顶
图5 高台民居空气流动模式图

图6

效性能外，还与大漠风沙的外部环境相适应。聚落中"高墙窄巷"随处可见，即街巷的宽度远小于两侧房屋外墙的高度，外墙表面则多用土坯抹泥，形成狭窄曲折、错综复杂的街巷空间，是喀什古城街巷的典型代表，也是我国目前唯一保留完整的伊斯兰文化特色迷宫式城市街区典范。而屋顶设计，由于喀什地区雨水少，所以房屋均采用平屋顶。清代时林则徐曾作诗："夏屋虽成片瓦无，两头檩角总平铺。"这种屋顶形式便于上一层房屋的院子直接承托在下一层房屋的屋顶之上，楼上楼、楼外楼、层层叠叠的聚落景观就此形成。与坡屋顶相比，平屋顶空间被解放出来，成为居民生产、生活的重要场所。平坦的屋顶既是晾晒的场所，亦是圈养牲畜的地方；在炎热夏季的傍晚，是当地人纳凉、休息的理想场所之一；在严寒冬季的正午，则又成为当地人沐浴阳光的露台，以及邻里间聊天的平台；还可以作为生产加工的产地，与天井庭院一起，承载着丰富的起居内容，成为当地居民生活的又一个多功能中心。在最大限度地利用空间的同时，减少太阳光的直射时间，降低房屋的局部温度。屋顶的饰面仍采用抹泥的形式，使得竖向划分与水平划分得到统一、浑然一体。

三、结论

喀什高台民居的地域营造智慧是在一定的技术条件下适应生活需求发展的最终聚合物，不仅能够代表当地文化和建筑风格，更是当地自然与人文因素的复合体，是当地建筑发展的真实记录，蕴含着当地的历史文脉。其中自主演化形成的地域营造法则，是单元体、整体与外部环境之间协同演化机制的集中呈现。

1. 在特殊地理条件的影响下，通过建筑要素的建构调节空间的感知，形成具有特质的建

图6 高台民居天井庭院

筑空间和建筑组合体，例如高台民居聚落通过平屋顶、向庭院开敞、不规则街巷的构筑方式，有效缓解室内空间阴暗、狭小等实际问题。这些都是为了协调建筑形体与有限自然条件的矛盾而演化出的特定处理方式，也是建筑空间自适应的一种地域表达。

2.高台民居在有限的土地上集聚了高密度的人口，所以各户的建筑体量受到制约，各建筑单元的边界并不十分清晰，土地集约利用矛盾突出，形成的具体建筑空间紧凑、灵活、形式多样，体现出邻里间的协同演化关系，是特定族缘、业缘和血缘分化衍生的结果，展示出当地民居复杂多样但却有机的地域营造模式。

3.新疆是我国少数民族聚居区，孕育着特有的文化和民俗风情，由手工制陶业兴起的高台民居更是这一特质的见证，形成"产（生产）—商（商铺）—住（居住）"一体、迷宫式的内向型居住建筑群落，是城市发展原型模式的地域表达。

参考文献

[1] 王小东，宋辉，刘静，等.喀什高台民居［M］.南京：东南大学出版社，2014.
[2] 乌丙安.中国民族学［M］.沈阳：辽宁大学出版社，1999.
[3] 王学斌.新疆喀什维吾尔族传统街区的形态特征及成因［J］.规划师，2002（6）：49-53.
[4] 王小东，胡方鹏.在生命安全和城市风貌保护之间的抉择［J］.建筑学报，2009（1）：90-93.
[5] 王小东，刘静，倪一丁.喀什高台民居的抗震改造与风貌保护［J］.建筑学报，2010（3）：78-81.

图片来源

本文图片均为作者自绘或自摄

城市特色研究框架系统的建构①

宋 辉 王小东

摘 要： 通过对乌鲁木齐城市特色的研究，提出城市特色的建构要素和框架系统，为城市特色营造提供依据，并引入熵值的概念，搭建评价和实施信息管理的平台。

关键词： 城市特色；建构；框架；系统；数字化

对城市特色的研究日益受到重视，但对于什么是城市特色，包括哪些建构要素，尚无确切的范畴。近几年，我们基于"乌鲁木齐城市特色研究"②课题的成果，认识到城市特色就是与城市空间有关的特色因素的总和。如维吾尔族的歌舞、艺术、绘画、文学等，似乎与城市特色无关，但它们的展示空间却是形成特色的要素之一。在全球化的背景下，城市特色已经成为城市发展和立足的根基，所以研究城市特色的要素形成、建构，以及框架系统就成为当务之急。

1 我国"城市特色"研究的现状分析

我国古代有许多城市在规划之初就注重城市特色的营造，如象天法地的隋唐长安、商贸重镇北宋汴京、中轴严谨的明清北京城等，为今天城市特色的营造提供了典范。我国关于城市特色的营造与研究始于 20 世纪 90 年代，许多城市虽作了不同程度的研究或实践尝试，但其框架和建构要素并没有形成明确的概念。大部分的研究仅限于城市特色的某一子课题，如"建筑特色""城市空间特色""城市建筑色彩研究"等（表 1）。所以，为了更全面、更深入地营造城市特色，建立特色研究的框架系统就十分必要。

2 城市特色研究的建构要素与框架系统

通过研究，我们认为城市特色的建构要素为城市定位、城市格局、自然生态环境、历史文脉、城市建筑、城市公共空间、城市色彩七大体系，每个体系下又有各自的城市要素子系统，现分别简述如下（图 1），以下各系统的拼音及数字符号为数字评价及管理中的代码。

2.1 城市定位（DW）

城市定位对城市特色的形成起至关重要的作用。例如，拉萨定位为"山青水碧、天蓝城靓的高原生态绿城，底蕴深厚、人文荟萃的历史文化名城，景观独特、风光旖旎的国际旅游

---

① 本文发表在 2012 年《建筑学报》第 7 期。
② 详见 2008 ~ 2011 年由新疆乌鲁木齐规划局委托王小东院士主持完成的"乌鲁木齐城市特色研究"课题。

表1　我国直辖市和部分省会（首府）城市关于"城市特色"研究的重点摘要①

城市	实践与研究
北京	注重传统风貌保护，更新城市街道空间，提出建筑立面色彩控制，推进"人文北京、科技北京、绿色北京"的中国特色首都建设
上海	保护历史文化，塑造人文风貌，探讨城市色彩和旅游特色空间，构筑"生态上海、绿色上海"
天津	探讨建筑风貌和特色街区保护，制定历史名城保护规划，编制城市色彩规划，明确提出城市文化与特色相关
重庆	突出巴蜀文化、山水文化，以及在近代的地位和作用，召开讨论会，成立城市雕塑建设领导小组，研究总体城市设计中的城市特色控制，完成主城区城市色彩总体规划研究
沈阳	重视旧城区的历史文化遗迹保护，突出"工业游"特色，研究城市色彩、城市格局和城市风貌
哈尔滨	突出冰雪之城、北国江城景观，保护近代历史文化遗存，发扬传统城市文化，构建冰雪、文化、都市旅游区，提出城市风貌特征和城市色彩规划控制研究
长春	构建绿色宜居城市，保护中心城区，完成景观规划，重新粉刷、清洗部分街道两侧的建筑，讨论城市建筑风格
呼和浩特	突出自然要素与历史文化特色，完成伊斯兰建筑特色景观街建设，打造蒙元文化特色
石家庄	打造革命传统教育基地，完成重点地区夜景照明规划与设计工程，研究地域文化，确定城市主色调
济南	确定城市色彩定位和格局，打造"泉城"特色
太原	突出晋阳文化，构筑城市保护体系，研究特色文化、城市风格，完成城市色彩研究
郑州	完善道路交通系统，构建生态绿化廊道，建立历史文化片区保护框架，研究城市色彩和文化资源
西安	建设西部中心城市，保护古都特色，确定城市主色调，打造城市文化产业，提炼城市表述语
合肥	打造城市特色街区，提出城市色彩及建筑外立面规划管理暂行规定
福州	突出山水城市的建筑特色，保护历史文化遗产，研究城市色彩
武汉	注重旧城更新，体现山河交汇、湖泊密布的城市景观特色，划定历史地段，实施建筑色彩技术导则，完成城市风貌特色和城市特色规划研究纲要研究
兰州	打造文化旅游，保护山形水态格局，提出城市新十景，研究建筑文化风格，通过色彩研究规划
西宁	构筑高原名城，建立历史文化保护区，突出山水特色，彰显人文自然特色
拉萨	打造旅游圣地，构建青山、碧水、绿脉、林卡的绿地系统，突显民族风貌特征，维护传统风貌
银川	研究文化建设，打造旅游特色，重塑"塞上湖城"的历史风貌，出台城市色彩规划原则
乌鲁木齐	完成乌鲁木齐城市特色研究
成都	建构园林绿地系统，保护历史格局和传统风貌
昆明	出台建筑设计高度规划，构建高原湖滨特色生态城市，完成国家森林城市建设总体规划
长沙	保护历史文化风貌区和人文特色景观，控制城市天际线，执行城市色彩规划
南京	保护城市大环境、历史建筑和老城整体风貌，控制城市天际线，确定部分地区建筑色彩控制导则
贵阳	打造生态文明城市，保护历史建筑和历史街区，举办市中心城区建筑色彩专项规划和城市形象推广大赛
南昌	突出红色之都，塑造"一江两岸"的新格局和国家园林城市，保护历史文脉，确定色彩规划主题
南宁	明确绿城、水城定位，构建旅游总体构架，探讨城市雕塑的地域文化，完成城市风貌设计
杭州	建立城市生态基础网架，保护山水环境与历史文化遗产，突出旅游文化建设，执行主城区建筑色彩专项规划和城市建筑色彩管理规定，召开城市特色营造与建筑设计专家讨论会
广州	构建山水城市，保护骑楼文化，营造现代文化风貌，公布城市色彩规划草案
海口	打造热带滨海城市，保护府城，召开城市风貌和建筑特色研究研讨会

---

① 根据各城市总体规划总结整理。

圣地，人民幸福、社会和谐的现代繁荣都市"，特色营造就应以定位为基准点建设。银川定位为"国家历史文化名城，西北地区现代化的区域中心"，就应充分挖掘其自身特色内涵，发挥旅游产业优势。又如，哈尔滨定位为"我国东北地区重要中心城市，国家重要的制造业基地，历史文化名城和国际冰雪文化名城"，乌鲁木齐定位为"面向中西亚的经济、贸易、文化中心，以及多民族的聚居地"等①，都在总体上确定了城市特色的基本点（图2）。

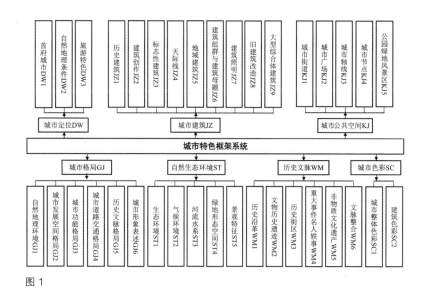

图1

2.2 城市格局（GJ）

城市格局指城市组成要素的总和关系，是城市形态的概括与提炼，是千百年来历史形成的总体具象。它包括了自然地理环境格局、城市发展空间格局、城市功能格局、城市道路交通格局、历史文脉格局、城市形象表述6个方面，并可引申（图3）。以城市形象表述为例，它是城市的名片，是人们对城市总体印象的叠加，并在感觉基础上经过艺术思维的再创造。如昆明大观楼的长对联②中，上联描述了滇池的位置、规模、植被、形态和景观特色，下联则是对历史文脉最好的追忆与咏叹。几百字概括了滇池的格局和形象，而成为千古绝唱。西安市规划局在2010年对西安的总体形象用十分顺口又切题的"西安味道"③来描绘。两个城市都是用简洁的语言，表述城市特色。

2.3 自然生态环境（ST）

每个城市，虽起源不同，但都与一定的自

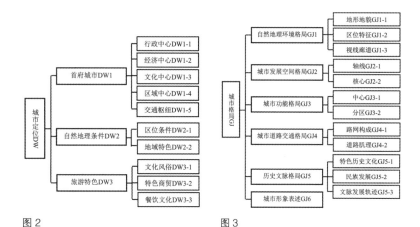

图2   图3

然环境有密切关系，是在自然环境的不断"适应"与"磨合"中成长起来的。应充分利用城市的生态环境、气候环境、河流水系、绿地形态空间和景观特征，塑造城市的特色景观。其中，生态环境包括生态系统、生态防护网络，以及生态平衡。日照、温度、风沙、降水（雨雪）和灾害天气是城市气候环境的衡量标准。河流水系的营造重点是河流、湖泊和水库3个城市空间要素。对于绿地形态空间的控制要注

---

① 根据各城市总体规划总结整理。
② 昆明大观楼因面临滇池，远望西山，尽览湖光山色而得名。在临水一面的门柱两侧垂挂着一副长联。上联为"五百里滇池，奔来眼底，披襟岸帻，喜茫茫空阔无边……"下联为"数千年往事，注到心头，把酒凌虚，叹滚滚英雄谁在……"
③ "西安味道"的表述为"曲江池畔，悠然入画。水韵长河，纺织新城。光耀三秦，城市地标……翘首明天，西安福地。"

图1 城市特色研究框架系统
图2 城市定位分解系统图
图3 城市格局分解系统图

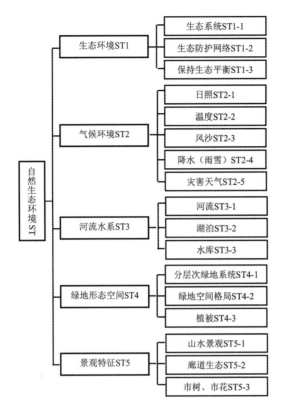

图4

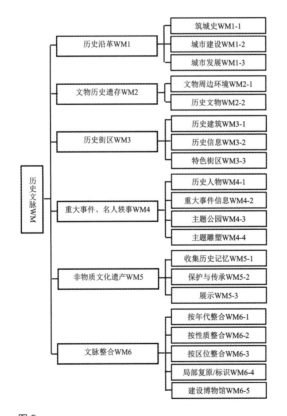

图5

图4 自然生态环境分解系统图
图5 历史文脉分解系统图

重分层次绿地系统、绿地空间格局和植被的设置。在景观特征中注重塑造山水景观、廊道生态和市树、市花的种植等（图4）。

在当前城市道路、设施与建筑同质化的倾向中，自然生态环境是城市特色中极为重要的一环。

2.4 历史文脉（WM）

历史文脉是城市特色形成的内在表现，是城市内涵和精神的所在，是城市的灵魂，当前已被我国大多城市重视和关注。在特色的营造中，将历史沿革、文物历史遗存、历史街区、重大事件名人轶事、非物质文化遗产等内容，按一定的逻辑关系进行有效整合，使历史文脉在城市中得以突显（图5）。例如，在城市空间中，根据不同的主题，为非物质文化遗产的展示提供街道、博物馆、展览馆等演艺和展示场所。在保护和传承非物质文化遗产的同时，收集城市的历史记忆，形成历史记忆地图，使用各种方法呈现并形成各种廊道。

2.5 城市建筑（JZ）

建筑是人们对城市的第一印象，也是城市发展的见证，在城市特色中扮演着重要的角色。但目前，人们共享先进的建筑技术，在建筑变得更为高效和舒适的同时，城市形态趋同，城市空间风貌与建筑风格雷同，地域风貌失落，乡土特色消亡，城市历史文化日趋淡化。因此，在新的语境下，建筑在城市特色中的角色发生了变化，而转向历史建筑、建筑创新、标志性建筑、天际线、地域建筑、建筑组群与建筑母题、建筑照明，以及旧建筑改造和大型综合体建筑9个方面（图6）。在特色的营造中，应该保护历史建筑，提倡有特色的建筑创新，有计划地建造标志性建筑，营造独特的天际线，倡导地域建筑，重视母题建筑与建筑组群的基本特色与和谐，利用新的科技手段，展示城市夜景的魅力，改造旧建筑，提升文化品位等。例如西班牙毕尔巴鄂的古根海姆博物馆不仅是标志性建筑，也是创新建筑，成为该城市最大的特色。又如北京的798艺术区、上海的新天地等旧建筑改造与更新项目都已成为构筑城市特色的新出路。

2.6 城市公共空间（KJ）

城市公共空间是城市建筑实体间存在的开敞空间，是城市内供居民日常公共使用的外部空间，是进行各种公共交往活动的开放性空间场所，包括城市街道、城市广场、城市轴线、城市节点和公园绿地风景区。（图7）。城市公共空间也是人类与自然进行物质、能量和信息交流的重要场所，是城市特色的表现重点，被称为城市的"起居室""会客厅"或"橱窗"等。在塑造时，应突出城市的地域文化，采用现代的规划思路，综合城市交通及城市公共空间内部交通流线，对区域内的交通进行重组和梳理，结合现代生活方式进行再设计，使城市特色得以充分体现。

当代城市公共空间的概念与建构正在急剧变化，自然景观、大型建筑等都可能成为城市空间，它们是城市中的"巨无霸"，在特色营造中不能忽视。

2.7 城市色彩（SC）

城市色彩不仅指建筑色彩，还应包括城市的整体色彩，即城市内所有视觉元素的总和。

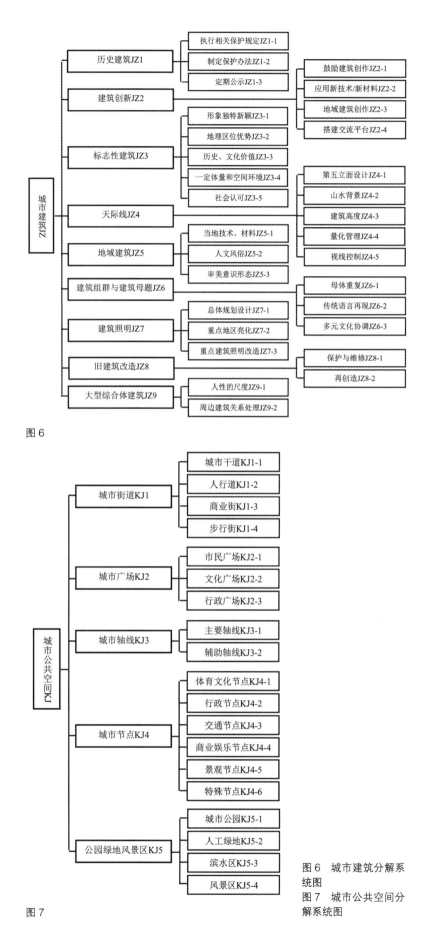

图6

图7

图6 城市建筑分解系统图

图7 城市公共空间分解系统图

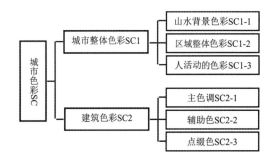

图8

其中，城市整体色彩包括城市的山水背景色彩和区域整体色彩，以及城市中人活动的色彩。而建筑色彩设计则着重于主色调、辅助色和点缀色的合理使用（图8）。

对于城市建筑是否要有主色调虽有不同的见解，但美观、和谐的要求是一致的。我国许多城市都确定了城市色彩营造的主色调。例如北京以灰色为主色调，长沙曾定位为红橙色，广州以黄灰色为主色调等[1]。由于乌鲁木齐冬季阴暗，夏季明朗，加上有雪山、植被等背景，建筑色彩应与之相互协调、映衬，所以乌鲁木齐的城市主色调应为陶红色系。对城市建筑色彩的管理不能局限在单栋建筑上，更应注意街区、城区色彩的主色调，在彩度、明度上进行控制。另外，在管理上还应以《中国建筑色卡》为基础，加入材质、肌理的内容，进行数字化动态管理。

3 城市特色评价与实施的信息管理

为了让城市特色框架系统能够更好地适应"数字化"信息时代的发展要求，我们以乌鲁木齐为例，搭建了乌鲁木齐城市特色评价与实施的信息管理系统[2]，以便于相关管理部门评价和制定乌鲁木齐城市特色发展规划。并引入热力学中"熵"（Thermodynamic Entropy）的概念，将城市的形成和演变、人口的变化、城市社会意识、自然资源环境等诸多因素的改变都视为熵值变化的一个子系统，以熵增、熵减原理为基础，通过熵值曲线，评价城市特色的发展状况，发现城市特色的发展是一个变化和稳定交替的过程。只要及时分析城市特色中直接和间接影响熵值变化的因子，与城市特色框架系统中的各要素相对应，得出城市特色发展变化的轨迹，就能够建构城市特色的控制系统模型。而由于城市特色是一个复杂的巨系统，利用适应城市特色发展的熵增原理，构建了稳定城市特色发展的5个维度，即经济维度、社会维度、文化维度、环境维度和管理维度，以之为主体建立了"五维一体"的城市特色模型：

$$E = K \cdot f(ec, s, c, en, m)$$

城市特色系统的总熵值（E）与5个维度（ec, s, c, en, m）存在函数关系，且城市间的差异系数（K）也会影响熵值的大小。若熵增远远大于或小于负熵流，即熵值越大，则城市特色处于无序和紊乱状态；若负熵流与熵增抵消越多，即熵值越小，则城市特色发展处于自适状态，表征明显。再根据系统模型确定城市特色发展指标评价体系，划分城市特色实施等级，其数值结果也能用于评价和找出城市特色营造过程中各要素的基本关系。通过信息

① 2001年9月，《北京城市建筑物保持整洁管理规定》提出"北京城市建筑物外立面装饰主要选择以灰色调为本的复合色，以创造稳重、大气、素雅、和谐的城市环境"。2009年12月，"长沙市城市色彩规划研究项目"通过评审，"素雅的暖色调"被定为长沙主色调，即主打红橙色。2007年3月广州市公布了城市色彩规划草案，建议广州市的建筑主色调为黄灰色。
② 详见2008～2011年由新疆乌鲁木齐规划局委托王小东院士主持完成的"乌鲁木齐城市特色研究"课题。

图8 城市色彩分解系统图

080 · 一个建筑师的梦 ·

化、数字化的织补、连线，形成交通廊道、视线廊道、旅游廊道和文脉廊道等多廊道交叉的城市空间脉络，结合乌鲁木齐城市特色发展中的问题和未来发展目标，分析乌鲁木齐当前城市特色发展的路径，搭建城市特色的数字信息库平台，实现现代化的城市特色控制与信息管理功能。

最后，利用计算机在已生成的图形图像浏览模块、数据查询与检索模块，以及图形图像库管理模块的数字信息平台上，进行城市特色相关资料与管理控制查询、审批以及信息评价，以保证城市特色在营造中的可持续、动态整体控制与管理。

本文所述的城市特色框架系统的建立具有可操作性，不仅适合乌鲁木齐，对我国其他城市的特色营造也有参考性，用以制定系统原则，充分利用城市的特色资源，使城市特色的营造、评价、管理更加有益而高效。

图片来源

本文图片由王小东工作室提供

历史舆图中的乌鲁木齐

——清代至今城市建设发展过程梳理[①]

王小东　　谢　洋

摘　要：通过对乌鲁木齐城市形成与演变的分析，尤其通过对近年来发现的诸多清代及清代之后历史舆图的研究，梳理城市发展的历史脉络，并为今后城市的发展提供一定的借鉴。

关键词：乌鲁木齐；城市；形成与演变；历史脉络；空间特色

乌鲁木齐是一个既古老又年轻的城市。称其古老，是因为乌鲁木齐地区作为丝绸之路北道上的军事重镇，人类活动的历史和古代军事城堡的建设史都很久远；称其年轻，是因为乌鲁木齐以地名形式出现以及大规模城市建设和开发时间则是从清代才开始的。

据考古发现，在距今1万年到4000年前的新石器时代乌鲁木齐地区就有人类（姑师/车师人）活动的足迹[1, 2]；而可考证的乌鲁木齐建城的时间是640年（唐贞观十四年），其遗址就是现在乌鲁木齐以南的乌拉泊古城，有学者考证其为唐轮台。另外，乌鲁木齐地区沿交通要道的河谷地带还有夏热嘎古城、东河坝古城、潘家地城堡、峡口古城等汉唐遗迹[1]。

这一时期乌鲁木齐地区的城堡主要以保证丝绸之路的畅通和安全为军事目的，其大体上可分为五大军事重镇文化圈：达坂城军事重镇文化圈、潘家堡军事重镇文化圈、唐轮台军事重镇文化圈、鱼儿沟军事重镇文化圈、古牧地军事重镇文化圈。

清帝国建立后，逐步建立中央政权的统治地位，确立了中国版图。此时乌鲁木齐地区从军事重镇逐渐形成中国传统的封建城市，其地理位置从上文所论述的五大军事重镇文化圈之一的古牧地军事重镇文化圈逐渐向南发展，最后城市的中心位于古牧地和唐轮台军事重镇文化圈之间。

1　新疆建省前

1.1　军事重镇城市布局

1.设乌鲁木齐关

乌鲁木齐作为地名在历史上的首次亮相，也是乌鲁木齐大规模建设开发的起始时间是清乾隆二十年（1755年），即清政府平定准噶尔贵族叛乱之后。由于军事的需要和地理位置的重要性，1755年乾隆皇帝在乌鲁木齐设关，名乌鲁木齐关，并在九家湾明故城的废址上建

---

① 本文发表在2014年《建筑学报》第3期。

起一座军事堡垒，将这里作为一个军事基地，统管天山北部和南部的军事。

2. 筑屯城

屯城遗址在今解放南路与新市路（俗称财神楼）以北，龙泉路及爱国巷（山西巷）以南。当年屯城北门的位置是现在乌鲁木齐市解放南路与新市路十字路口处；屯城南门的位置是今天的解放南路与龙泉街、山西巷交会处的十字路口，现在这个地方依然沿用了"南门"这个称呼，也称"老南门"。因迪化屯城在之后兴建了迪化汉城的南关，故又称为"南关土城"或"迪化屯城"。

清乾隆二十二年（1757年）十月，乾隆帝下令筹备乌鲁木齐屯田事宜，要在乌鲁木齐长期驻扎军队。乾隆二十三年（1758年），在红山之南，乌鲁木齐河（今河滩路）东筑土城（位于今南门一带），"周一里五分，高一丈二尺"[3]，此即为乌鲁木齐城市的雏形。这一城址的选择，符合中国古代城市选址原则。它居天山之阴，地当孔道，可谓交通便利；又有红山、妖魔山及乌鲁木齐河等山水环绕，地形有利，水资源丰沛。土城城内驻军，城外住民，为一个典型的军事城堡。

此城是在清乾隆平定准噶尔部之后，为恢复地方秩序、巩固军事成果，实行屯垦与对外贸易的需要而建。自乾隆二十三年（1758年）始建至民国31年（1942年）拆除财神楼为止，历时184年。虽然，南关屯城初建时极为草率，规模很小，周长只有0.82公里，占地面积4公顷，但是它对于巩固边防、发展经济的作用是不容忽视的。

3. 建驻军城堡群

据清史料记载，迪化城城址选点原定在"东

山之麓"。后有一名观城的遣戍人员，鉴于清乾隆二十七年（1762年）修筑伊犁固尔扎城缺水的教训，"议移今处"；而后因"卜道通津，以就流水"，可无缺水之虞，故选定红山东侧。然而此地地形复杂，有"半城高阜半城低""地势颇卑""登城北岗顶，城中纤微皆见"之虑，深恐城北丘陵为敌占据威胁城内[3]。故清乾隆二十七年（1762年），乌鲁木齐办事侍郎旌额理奏请清政府准在乌鲁木齐周围建筑小型城堡作为守城营，并派都司永海、总兵吴士胜领兵督建，先后建军事屯田城堡7处，同时添设镇标中营，互为犄角之势，以确保城内安全。这样，军事屯田城堡以乌鲁木齐为中心向西北、东北渐次展开，诸多城堡随着屯田的发展在乌鲁木齐周边建立起来。

1.2 "双子城"城市布局

1772～1886年，乌鲁木齐出现汉、满双城并立的城市布局，中间除了因老满城被毁，出现短暂的回、汉双城布局，很快又恢复到汉、满（新）双城并立的局面。不同的是，新满城比老满城规模要小很多，且距离迪化汉城距离更近，但这种双城并立的时间较短。

1. 汉、满（老）双城

汉、满（老）双城中的汉城是指迪化城，满城为巩宁城，两城中间隔了一条乌鲁木齐河，相距约十里，形成了地域并列的"双子城"，且其功能也不相同。由"满城清肃汉城哗，都统尊崇远建牙。文武风流成省会，商民云集俪京华[4]"可看出当时的满城是军城，而汉城是商城。

1）迪化汉城雏形

迪化城以现乌鲁木齐大十字为中心，南至

人民路，北至民主路，西至红旗路，东至和平北路。乾隆二十四年（1759年），乌鲁木齐屯田日益扩大，加上商业贸易逐渐兴起，1758年修建的土城城堡便由纯军事设施转变为兼具农屯及市场职能的城堡。乾隆二十五年（1760年），陕甘总督杨应琚奏请清政府设乌鲁木齐提督（主管军事）、同知（管理地方行政，隶属甘肃安西道）、通判（掌管司法）以及主管农业及粮税等一批官员。至乾隆中期，迪化屯城已由农业转向商业城镇。《乌鲁木齐市志 第六卷 文化》记载，"到乾隆二十七年（1762年）已有肆市500间向官方缴税。当时塔城的黄金，和田的玉石，乌什、鄯善、吐鲁番的畜产品都集于此贸易，成为早期茶、马匹、丝绸等物的贸易集市。[1]"此时清政府派内廷侍卫安泰以副都统衔总理乌鲁木齐屯田和贸易事务。乾隆二十八年（1763年）二月，乌鲁木齐添设镇标中营及城守营，和原设的左右二营共成四营。至此，清政府对乌鲁木齐的统治机构已臻健全[3]。

随着大批的军队和各级行政官员进入乌鲁木齐，驻防与屯田人口不断增加，原有的土城已显狭窄，不敷使用。于是，乾隆二十八年（1763年）八月，乌鲁木齐办事副都统侍郎旌额理等人呈报朝廷，欲将土城"城垣加高一丈六尺，厚一丈，添建四门，八月内即可告竣"。土城改建之后，乾隆帝赐名"迪化"，寓意启迪教化边民。四城门为东惠孚、西丰庆、南肇阜、北憬惠。因此城是随征清军中汉族兵丁及其部分家属的住所，故称汉城。其任务是驻兵镇守巡防，储备军械粮饷，并兼办与哈萨克族的贸易事务。

乾隆二十八年（1763年）十一月十三日，清政府派遣驻军及家属迁来乌鲁木齐，共522户，1796人；乾隆二十九年（1764年）十月，

清政府招募肃州、张掖户民518户，敦煌190户起程赴乌鲁木齐。十二月，巴里坤提督移驻乌鲁木齐，其提标营制议定额设眷兵4000名，除已到驻的外，其余将陆续补足。大批兵民进入乌鲁木齐后，旧有的迪化城已难以满足发展的需要，扩建或增建新城已成当务之急。乾隆三十年（1765年）十二月，清政府在迪化旧城北约一里之外筑迪化新城，至乾隆三十二年（1767年）九月竣工。迪化新城"周四里五分，高一丈二尺五寸，底宽一丈，顶宽八尺，城濠周四里八分，宽、深各一丈"[3]。新城建好后，乌鲁木齐办事大臣温福奏准将旧城并四门名称移于新城。

乾隆三十八年（1773年），清政府为了便于管理，将旧城与新城合并，并统一将"迪化新城"和"迪化旧城"并称为"迪化汉城"，但由于习惯上的称谓，很多人依然将迪化旧城沿用"南关屯城"的叫法。合并后迪化城进一步扩建，周长达九里余，旧城以及旧城与新城之间的部分成为新城长约二三里的南关厢的组成部分，为商民所居，发展为商业区，但迪化巡检衙署仍驻旧城西街。

2）老满城（巩宁城）

乾隆三十六年（1771年），清政府决定在北疆增设驻扎满营官兵，"移驻满兵乃万年久远之鸿规"，以"壮军威而隆营制"。年底动工修建兵房和城池，次年建成。该城"周九里三分，墙连垛口高二丈二尺五寸，厚一丈七尺，御赐城名'巩宁城'，城门四，东曰承曦，西曰宜稼，南曰轨同，北曰枢正，书满蒙回汉四字体于门端"[3]。满城是座大军营，衙署、营房、盘查哨卡、军械、火药房等占主要位置。按照八旗的传统制度，各旗进行屯驻、行军、演习、狩猎、祭祀等活动，均应遵守固定的方位。正黄、镶黄在北，正红、镶红在西，正白、

镶白在东，正蓝、镶蓝在南。"满城"亦按上述方位布局而建。

2. 汉、回（皇）双城并立

同治三年（1864年），回民起义，"二城（巩宁城、迪化城）均陷"。光绪二年间（1876年）大军克复后，"巩宁城灰烬之余，仅存废址，唯迪化城略加修葺，谓之汉城，周四里五分"[4]。同治三年（1864年）八月，陕西回族阿訇妥明（字得磷）来迪化参与回民起义，并自封为"清真王"。同治四年（1865年），征抽各族群众劳力，大兴土木，由马升、马忠等督建，在乌鲁木齐南区建宫殿，修筑城堡，群众俗称其为"皇城"。

3. 汉、满（新）双城并立

光绪二年（1876年），清廷决定收复新疆，同年七月二十二日清军直抵迪化城，盘踞城内的阿古柏侵略军弃城逃走，清军当即收复了迪化。收复此城时，城墙角楼、门洞均已倒塌。光绪七年（1881年）防军重修迪化汉城，光绪八年（1882年）九月竣工。

光复新疆全境前一年，清政府为恢复满营，刘锦棠于光绪六年（1880年）又在迪化城东北半里许扩建新满城，"周三里三分"。竣工后，乌鲁木齐都统令驻迪化城的满营官兵及眷属迁驻新满城内，满汉两城相邻。新满城有4条大街，城市中心修建了一座鼓楼（今建国路北端与前进街交会十字路口）。满城内西南侧为住宅区，区内有南北走向的满城中街（今前进街西端南侧一带），东西两侧各有东西走向的8条小巷，南大街（今建国路南中端）的东西两侧有东西走向的24条小巷和24块住宅区，布局相同、大小统一，非常整齐。城内西门附近还有练兵的小校场、火药库等设施。

2 新疆建省后

2.1 "一城三区"城市布局

1876年清廷收复新疆后，百废待兴，旧体制瘫痪。1878年左宗棠请奏新疆建省，1882年清政府批准刘锦棠主持准备建省事宜，1884年11月17日决定建省，次日，公诸全国，刘锦棠为首任巡抚，定乌鲁木齐为省会，从此其城市的性质与职能发生了根本的变化。为配合建省，刘锦棠首先对乌鲁木齐等地的驻军体制进行改革。光绪十一年（1885年），他第三次上奏，由于东疆乌鲁木齐、巴里坤等地的旗营在战后所剩无几，"旧制万难规复"，提议将巴里坤和乌鲁木齐的满洲八旗官兵移并古城，并将"新疆改建行省，治迪化州城，所有省会应设各官自应分别添改"[5]。于是，清政府于光绪十二年（1886年）将迪化州升为府，设知府一员，治迪化城，增置迪化县知县一员。迪化作为省府后，满汉两城分隔的格局已不适合，所以刘锦棠将满汉两城合并改造提上日程。他提出"迪化州城前经定为新疆省治，该处原建满汉两城，只西北隅向有垣墙，迤逦相接，其东南一带势若箕张，不相联属，且城身低薄，于省城要地亦不相宜。现饬印委各员会同履勘，拟将汉城东北之便门及满城之南右门一律划平，即于汉城之东南隅起接至汉城南门止，展筑城基，使两城合而为一。并于旧城三面增高配培厚，使与新筑城身一律完固"[6]。并增辟三座城门，即新东门"惠孚"、新南门"丽阳"、新西门"徕远"。合并后的迪化城，平面呈五边形，周长十一里三分，方圆二千七十四丈五尺，共十五座城楼，七座城门，分别为大南门、小南门、大西门、小西门、大北门、大东门、小东门。由此，迪化城的规模从此定型[3]。

新疆建省之初，虽然合并后的迪化城已不分汉城、满城，从地域空间上二城合一，但是内部空间上却形成了不同的居住区，即汉人居住区（原迪化汉城）、满人居住区（原新满城）和以维吾尔族、回族人为主的居住区（南关，即原南关土城）。据当地的老人回忆，这三个地区的四周筑有相当坚固的草泥围墙，四面都有门，看起来的确像一座座独立的城堡。

2.2 "一城四区"城市布局

1881 年中俄不平等条约《伊犁条约》签订后，1884 年迪化又被定为新疆省省会，此后中外商家竞相兴起，外商洋行尤为风靡。根据条约所给予的特权，俄国商人可以在天山南北随意经商而不纳税。1895 年俄政府又以"保护俄商权益"为由，强使新疆当局在迪化南关外洋行集中区划定"贸易圈"，即"洋行街"。之后，在"贸易圈"内有很多外国人（以俄国人为主）居住和经商，由此城市从"一城三区"变成了"一城四区"的结构布局。

3 民国时期城市的发展与演变

1917 年沙俄帝国覆亡后，20 世纪 20 年代初"贸易圈"内的治外特权被新疆当局正式收回，将其纳入城市的市政管理当中，并改名为"洋行街"并沿用至新疆解放前。从此"贸易圈"正式成为乌鲁木齐城市地理空间的一部分。与此同时，维吾尔族居住区与俄国侨民区界线逐渐模糊，融为一体，而城内满族营区也逐步和汉人区融为一体，但由于迪化城的城墙依然没有拆除，故乌鲁木齐以南门城墙为界，从"一城四区"演变为成了"一城两区"。

3.1 杨增新、金树仁主政时期

1911 年辛亥革命后，官僚军阀杨增新主政 17 年的时间里（1912～1928 年），以及金树仁执政的 3 年里，乌鲁木齐城市特质的工业、商贸也都没有太大起色。城建方面，除在督署修建了一座高 3 层的镇边楼和 1918 年动工营造、1923 年建成的"鉴湖公园"（后命名为"同乐公园"）外也无建树，市容破烂不堪。但 1917 年俄国十月革命后，苏联在新疆的贸易有了很大的发展，致使乌鲁木齐苏联领事馆一带成了商贸一条街，街道从南门一直延续到三甬碑，长达 2500 米，对城市格局产生了较大影响。

3.2 盛世才及抗日战争时期

1933 年盛世才通过政变取得了对新疆的统治地位。由于当时特殊的历史、地理条件，盛世才打出"反帝、亲苏、民平、清廉、和平、建设"六大政策的旗号用于巩固自己的地位，客观上在一定程度上推动了乌鲁木齐城市建设的发展，如修筑了乌鲁木齐到伊犁和哈密的公路，成立了新疆第一所大学——新疆学院等。尤其在中国工农红军西路军于 1937 年 5 月进入后，乌鲁木齐就成为中国和苏联联系的中转站。此时交通运输已经非常发达，使得乌鲁木齐在之后的抗日战争中发挥了独特的作用，城市记忆和遗存也很多，是城市历史文脉的丰富资源。

其中值得一提的是，1940 年乌鲁木齐成立了迪化市政委员会，毛泽民兼任委员长，1941 年 2 月编制了第一版城市规划《迪化市分区计划图》（图 1），一直到新疆解放初期乌鲁木齐城市格局仍基本遵循着这一规划发展，这在当时中国的其他城市中也是少见的，尤显珍贵。这份规划里，红山以南全部是住宅、都署、公园、报社、市场、图书馆等；红山以北，近处为田园区、教育区、文化区、保健区，然后从南向北为一、二、三期工业园区，还有电灯公司、电车总站、水塔、测候所等，说明也同样重视市政设施。

3.3 新疆省民族联合政府时期

从 1944 年开始，新疆在国民党的统治之下，先后经历了吴忠信、张治中、包尔汗三任主席，其执政纲领虽然动听，实施却难。但这一时期也进行了一些市政建设，如在乌鲁木齐筑和平渠（至今保留其名），引红雁池水库之水灌溉青格达湖一带十万亩良田。这一时期按照民族平等、团结的原则，由中共党人组织规划，对城市进行了改造。其中一个重要的举措就是按照民族平等的原则，拆除了南关城墙。之后又帮助地方当局拆除了肇阜门、财神楼，并填平了护城壕，新修了一条碎石路从市区中心一直通到三屯碑。至此，乌鲁木齐的城市空间完全突破了城墙作为城市空间的隔离形态，

使乌鲁木齐整体上连成一气，奠定了现代城市空间发展的基础，并在一定程度上保留了城市发展的历史文脉。另外，屈武任迪化市市长时，对城市测绘很重视，如有屈武题字的"迪化市街图"1947 年（图 2）以及乌鲁木齐 1∶10000 的测绘图（图 3），都是很有价值的城市历史文脉和记忆的资料。

图 1

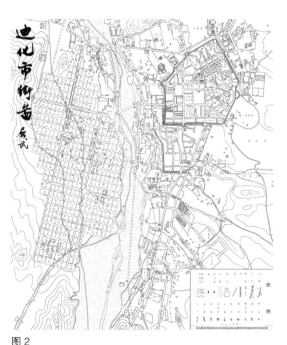

图 2

图 3

图 1　1941 年迪化市分区计划图
图 2　1947 年乌鲁木齐市街图（时任迪化市市长屈武题字）
图 3　1947 年乌鲁木齐的测绘图（市中心局部）

4 新中国成立后城市的发展和演变

新中国成立后，乌鲁木齐在1951年、1959年、1984年正式编制过3次城市总体规划，并于1994年对1984年编制的城市总体规划进行了修编，1996年通过评审；又于1999年5月按要求把规划延伸到2020年，2011年通过评审。

4.1 1951年的规划

1951年的规划是私营的联合建筑工程事务所做的，采取了对现有市区保持现状的办法，使道路系统格局和地形、现状吻合，并没有使用过多的直线、方格，城市格局向北呈扇形展开，和今天的城市规划思路一致。在功能分区上城东为工业区，城西为居住区，并划分有商业区、教育区、居住区、工业区、公园等。其中有些在今天看来很不合理，特别是火车站规划在市中心红山下就显得不合理。

4.2 1959年的规划

1951～1959年，乌鲁木齐在没有正式的城市规划部门的情况下建设了不少大型的项目，如机场、八一钢铁厂、七一纺织厂、新疆水泥厂、红雁池电厂、新疆工学院、新疆医学院等，这些对城市的布局和发展产生了一定的影响。

1959年编制的规划基本奠定了今天乌鲁木齐城市的基本格局。这次规划的优点是对老城区的现状没有做大的变动，道路系统比较合理，且铁路和火车站绕城而过，一直延续至今。规划中确定了城北新市区作为乌鲁木齐新的城

市中心，并做了比较详细的规划。不足之处是由于当时沿用了苏联的城市规划理论，规划弹性不够。

4.3 1984年的规划

1984年乌鲁木齐已成立规划局，首任局长王申正是新中国培养的城市规划专家，从20世纪50年代起一直在乌鲁木齐。所以1984年的乌鲁木齐城市总体规划在当时来说比较合理，内容也比较详细。

这次规划依然很尊重城市的自然地理及历史文脉现状，老城区的道路及功能都没有大拆大建，且没有在城市里安排大的工业区等，历史的记忆可以探迹寻踪。城北发展也保持了历次规划的格局和特色。不足之处是这次规划最大的，也是我国城市共同面临的问题是对后来城市的急速扩展估计不足，如对城市人口激增、污染工业的控制都始料不及；机场沿用20世纪50年代的基地虽然方便，但却严重阻碍了城市的北扩；过于保持乌鲁木齐"蜂腰形"的格局，忽略了东北、西北方向的发展。这些都成为后来城市发展的难题。

4.4 1999～2011年的规划

20世纪90年代末到21世纪初，乌鲁木齐城市急剧扩张，1996年通过的城市总体规划很难适应新的变化，于是由中国城市规划设计研究院和乌鲁木齐城市规划设计研究院从2008年开始重新编制了《乌鲁木齐城市总体规划修编（2011—2020）》。这次总体规划明确了2020年城市总人口为500万，制定了城市发展目标和发展战略，确定了城市性质是新疆维吾尔自治区首府，中国西部地区的中心城

市，我国面向中西亚的国际商贸中心；确定了"南控、北扩、先西延、后东进"的原则；在主城区以老城区到城北新区为轴心，在东西两侧增加了两个副中心；城市交通在原来道路的基础上增加新的网络，筹建地铁，建设兰新线高铁。应该说这是一个比较实事求是的规划。但发展的不可预见性依然困扰着城市的发展，如东北部的米东区和甘泉堡工业区成了乌鲁木齐的主要污染源，水资源不足，老城区的历史街区虽道路还在，但城市交通拥挤等大城市病很难治愈。

5 结语

从上述对乌鲁木齐城市发展过程的梳理可以看出，自然地理环境、政治、军事、商贸、交通这几个基本要素成为乌鲁木齐后来发展的根基。当前，乌鲁木齐的城市规模在中国并不算大，但对于只有两千多万人口的新疆来说已经集中了其 1/10 的人口。资源条件和三面环山的自然环境决定了城市发展的方向，并使得如何控制城市的过度扩展成为当务之急。同时，由于乌鲁木齐和米泉、昌吉即将连成一体，所以探讨多中心城市和城市群的规划，以及如何加强中小城镇的现代化程度以解决城市规模过大的问题成为新的课题。因此，在借鉴以往乌鲁木齐城市建设发展经验解决以上问题的时候，应着重注意以下几个方面。

5.1 尊重自然地理历史文脉

乌鲁木齐的水资源主要来自天山的融雪和冰川。水资源是城市的命脉，因此古代、近代的乌鲁木齐市区选择在乌鲁木齐河东是很明智的，这里是河流上游，不仅水源丰富，也避免了沼泽水涝和水质污染，而且海拔 800 米左右的高度是人类生存的适宜高度。清代纪晓岚有诗"半城高阜半城低，城内清泉尽向西。金井银床无用处，随心引取到田畦。" 这是最好的水系地势写照。同时，南郊作为乌鲁木齐的水源地，从地图上看现在仍然还有比较大的空间。乌鲁木齐的历次城市规划都能考虑自然地理环境因素，城市的肌理没有被野蛮地破坏，始终像细胞繁殖那样向北、东北、西北理性地发展，这是非常幸运的。

5.2 尊重城市发展历史文脉

城市道路的网络和肌理是城市的生命线。乌鲁木齐的历次规划中很尊重既有的城市道路格局，尤其对老城区的道路没有搞大广场、宽马路，甚至有些道路的名称也予以保留。虽然历史街区的面貌已荡然无存，但还可以从有关资料查证，这对保存和挖掘城市的历史文脉和记忆很有价值。

5.3 尊重民族融合历史文脉

从乌鲁木齐的历史发展证明，它是由多民族共同居住开发的产物，也是多民族的大家庭。由于历史的原因，清代在乌鲁木齐建立了满城、汉城、回城多元的城市分区，这在今天看来是不可取的，对城市的发展也不利，所以清末开始消除不同民族的城市分区是符合城市发展和民族融合大方向的。

参考文献

[1] 乌鲁木齐市党史地方志编纂委员会. 乌鲁木齐市志 [M]. 乌鲁木齐：新疆人民出版社，1997.

[2] 丁笃本. 丝绸之路古道研究 [M]. 乌鲁木齐：新疆人民出版社，2010.

[3] 乌鲁木齐城市规划设计研究院. 乌鲁木齐城市建设发展资料汇编 [R]. 2011.

[4] 永保修，达林，龙铎. 乌鲁木齐事宜 [M] // 王希隆. 新疆文献四种辑注考述. 兰州：甘肃文化出版社，1995.

[5] 马大正，黄国政. 新疆乡土志稿 [M]. 苏凤兰，译. 乌鲁木齐：新疆人民出版社，2010.

[6] 刘锦堂，刘襄勤. 公奏稿：卷 9[M] // 马大正，吴丰培. 清代新疆稀见奏牍汇编（上册）. 乌鲁木齐：新疆人民出版社，1997.

图片来源

本文图片由乌鲁木齐市城乡规划管理局提供

斯里兰卡遗韵

——杰弗里·巴瓦与地域建筑的实践①

王小东

摘 要: 本文记述了作者参观的杰弗里·巴瓦的几个建筑作品,介绍了巴瓦的其他著名建筑,重点分析了巴瓦地域建筑的基本要素。

关键词: 杰弗里·巴瓦;地域建筑;建筑实践;传统

2007 年 9 月,我在斯里兰卡首都科伦坡参加了亚洲建筑师协会第 28 届理事会和亚洲建筑师协会第 10 次建筑论坛。活动之后,斯里兰卡建筑学会安排参观了著名建筑师杰弗里·巴瓦(Geoffrey Bawa)设计的几个作品,使我感触良多。

巴瓦在全世界尤其是东南亚、南亚都有很高的声誉和深远的影响,曾经获得过"阿卡·汗奖",与印度的柯里亚、埃及的法赛·哈桑齐名。就是这么一位世界级的建筑师,在我国却知之者甚少,不能不说是一件遗憾的事情。

杰弗里·巴瓦(图 1)1919 年出生于今天被称为斯里兰卡的锡兰。锡兰是一个有悠久历史文化的国家,由于它地处欧亚之间的航海战略要地,过去与印度、中国及阿拉伯和欧洲地区的经济文化交流非常频繁。1505 年,锡兰曾沦为葡萄牙人的殖民地;1658 年,又成为荷兰人的殖民地;1796 年,英国人赶走荷兰人霸占了这片土地,经营至 1948 年锡兰独立;1972 年,锡兰改国名为斯里兰卡共和国。

所以,巴瓦出生的环境对他的建筑创作起了很大的影响。

巴瓦的父亲是一位有英国血统的穆斯林律师,母亲有欧洲人与当地僧伽罗人的血统。1938 年,巴瓦到英国剑桥学习法律。1944 年,他在科伦坡进入律师事务所。1946 年开始的旅行使他的人生之路离开原有的轨道,带他进入建筑设计的世界。这次旅行从英国开始,横穿整个欧洲大陆。在意大利的时候,巴瓦被那里的田园风光所吸引,一度计划购买一座别墅在那里定居。1948 年,由于他父母去世的原因,他回到锡兰处理财产。他在科伦坡与加勒之间一个叫仑甘尕(Lunuganga)的地方买下了一座废弃的橡胶园,打算在那里实现他的意大利花园的梦想。但是由于缺乏建筑知识,巴瓦在 1951 年到科伦坡的一家建筑事务所学习;1954 年,他到英国伦敦的建筑联盟学院(AA)学习;1957 年他

图 1

① 本文发表在 2008 年《南方建筑》第 1 期。

图 1 杰弗里·巴瓦

在自己 38 岁的时候获得建筑师执业资格。在当代建筑大师中，他可能是入行最晚的一位了。

1957 年，巴瓦回到科伦坡，接管了他最早学习建筑的事务所，并邀请许多艺术家参加。他们中间有画家、设计师等，他们的工作使巴瓦的事务所具有浓厚的传统锡兰艺术特征。1959 ~ 1976 年，他和丹麦建筑师 U. 普莱斯奈尔（Ulrik Plesner）合作；之后的 20 年，巴瓦与 K. 波罗加逊德拉姆（K.Poologasundram）合作。他们的事务所成为斯里兰卡最有名的建筑事务所，创作了大量的建筑，涵盖宗教、文化、教育、政府、商业、住宅、旅游等类型，形成自己独特的体系，成为斯里兰卡传统和现代相结合的样板建筑。

1998 年巴瓦中风，不能说话。即便如此，他仍然在同事和助手的帮助下继续工作，完成了一些项目。

2001 年，巴瓦被授予阿卡·汗奖，以表彰他在斯里兰卡从事建筑设计取得的成就。2003 年 5 月 27 日，杰弗里·巴瓦病逝于仑甘尕的园林庄园，享年 84 岁。

如今，巴瓦是斯里兰卡人们心中的"国宝"，许多人到斯里兰卡就是为了参观巴瓦的作品，他的每个作品几乎都是人们朝觐的圣地。

尽管巴瓦从 38 岁时才开始建筑创作，但他的作品却非常多。比较著名的就有八十多项，其中大部分建在斯里兰卡，其余作品分布在印度、印度尼西亚、马尔代夫、日本、巴基斯坦、新加坡、埃及等国家，作品内容覆盖面很广。

巴瓦的作品虽然被很多旅行社列为参观重点，但也仅仅是几处而已，要全面介绍巴瓦的作品并不是一篇文章可以说清楚的。本文重点介绍我参观考察的几个作品，它们分别是仑甘尕园、继续教育中心、蓝水旅馆、都齐尼住宅和荷里坦斯旅馆。

从仑甘尕园到荷里坦斯旅馆

■仑甘尕园（Lunuganga Garden）

仑甘尕园位于去加勒（Galle）的路上，离科伦坡大约六十公里，这是巴瓦从 1948 年开始一直到他去世的五十多年苦心经营的一块园林和住所，想要了解巴瓦就要了解仑甘尕园。

1948 年他还不是建筑师的时候，巴瓦买下这块废弃的橡胶园，它位于本托塔河（Bentota river）支流与伯杜瓦湖（Bedduwa Lake）之间。在几十年中，巴瓦对它进行了不断的修整、改造。山体被削出平台，更换植被，安置建筑。巴瓦的意大利别墅之梦在他漫长的后半生中被一步步实现，最终形成园林景观与建筑浑然天成、举世无双的"仑甘尕园"。

当汽车进入热带丛林，沿着只能单行的小路逶迤前行，我不禁想问那么大的花园会藏在哪里？道路急转，一个带铁门的小屋出现了，旁边是只能停几辆车的小广场。当铁门旁边的小门吱吱嘎嘎地打开时，仑甘尕园就躲在那门的后面……

沿着门后的小道向上望去，可见一幢 2 层的客房，粉白墙、红陶瓦，墙上的通风格栅窗，是巴瓦作品的标志。沿石阶向上，巴瓦的住宅就在坡顶，这里是整个仑甘尕园的中心，从各个方向都能看到它。带坡顶的小平房就隐在林间的平台上，粉刷的白墙、厚重的砖柱、带白色边框的深蓝色门窗扇，在挑廊处，有几根斯里兰卡式样的木柱（图 2）。住宅南侧是绿茵茵的坡地草坪。南面的主入口正对着远处的一个大陶罐。坐在住宅的客厅里可以看到一片草地之后远处的伯杜瓦湖，前景一座罗马风格的人物雕塑是视觉中心。客厅北侧门外有两棵巨大的鸡蛋花树（图 3），是巴瓦用了三个星期时间特意安排的，树形粗壮蜿蜒，枝多叶少，成为建筑的空间背景和前景，与建筑构成统一的形象。这两棵大树已经有三十多年的历史了，它们见证了这里发生的一切（图4）。

巴瓦住宅东南侧还有一座后来修建的"田园居"（Gardenroom），是一座带阁楼的房子，应该是巴瓦的工作室。一样的白墙、红瓦、坡顶，入口处屋顶伸出，用两根斯里兰卡式的木柱支撑。室内陈设极其典雅（图5、图6）。

1970年，在住宅东南台地的客房后面，巴瓦增加了一个叫"鸡窝"（Hen House）的小亭子。

仑甘尕园中的每一座建筑的造型都很朴实，建筑材料也很普通，但从进园开始，我便被深深地吸引，它们似乎很自然地从周围环境中长出来，而又是那么的优雅，表现出的是一种格调和风度。巴瓦长达50年的经营布置使这一切都经过了精心的设计和安排但不留痕迹。在这里自然、高贵、朴实、品位交织在一起，与奢华、气派、矫饰、庸俗毫无关系。

其实，巴瓦最初的目的是在这里修建一座意大利式的园林，所以台地式、度假式的特点依然存在，意大利式的风格随处可见，这对于受欧洲教育的巴瓦来说是自然地流露。这种欧式风格在仑甘尕园和当地的自然环境及斯里兰卡历史文化融合在了一起。

究其建筑的平面，完全是西方现代建筑语言，但在空间划分上结合了当地的气候特点，其空间是开放、半开放的，住宅客厅和花园中视野极为开阔。巴瓦的作品中很少用空调，所以组织自然通风的空间和建筑构造的细节处处流露出其"地域特征"（图7）。

最值得注意的是巴瓦室内陈设的特点。巴瓦本身就是一位艺术家，何况他又有很多艺术家朋友，价值观和判断力使这里的陈设达到了"艺术品化"。其中的桌、几、椅、沙发，几乎都渗透着艺术的品位，尤其是巴瓦钟爱的陶艺和铁艺，不但形成了巴瓦的特色，并使得建筑空间中的文化韵味更浓（图8）。

作为建筑师的我看仑甘尕园中的建筑，除了平面很合理外，其他都很朴实，不张扬，但

图2 仑甘尕园中巴瓦主宅
图3 仑甘尕园中从鸡蛋花树丛望伯杜瓦湖
图4 仑甘尕园线描图
图5 仑甘尕园中花园居正面入口
图6 仑甘尕园中花园居室内
图7 仑甘尕园总平面图

图2

图3

图4

图5

图6

图7

它们正是园中环境和景观中的"天人合一"。建筑分隔室外空间，景观又衬托出建筑，是建筑的延伸。在这里，建筑的形显得不重要了，重要的是引人入胜的生活空间（图9）。

我想象着巴瓦和他的朋友们在仑甘孓的田园中畅谈古今，纵论天下，远眺湖光山色；也想象着他孤独的身影留在园中某一个角落沉思静修。这一幕幕人、景与建筑组合在一起的多维空间，不正是建筑艺术的极致吗？这里没有矫饰，没有做作，没有浮华，没有鄙陋。这里蕴藏着巴瓦的灵魂。

身为建筑师的巴瓦又是园林景观的设计大师，仑甘孓园貌似自然的景观与环境是经过几十年整合而成。这里地形曾经改变，杂草乱树曾被清理，精心安排种植的树木已经没有了人工的痕迹，园中的每一条小径，每一座石桥、亭、廊，甚至铺地砖、路缘石都经过精心安排，并在园中点缀了许多的艺术品。这里的原型虽然是欧洲园林，但有东方园林的神韵：自然通灵，气质不凡。这里没有意大利园林的斧斤痕迹，更没有凡尔赛园林的五彩斑斓，这里只有无边无际的绿色，无孔不入、无所不在、无可遁形的绿色。那绿色随着时光变化，随着晨昏昼夜变化，随着春夏秋冬变化，随着风雨雷电变化。绿色是优雅美丽的，花园是优雅美丽的。巴瓦的生命之花在这优雅中生长怒放。他最后的时光就在仑甘孓园度过，英国查尔斯王子专程来这里拜会巴瓦，面对病榻中的巴瓦唏嘘不已。所有的一切，包括那些殖民地时期的遗存，包括精神上的和物质上的，都成为仑甘孓的回忆，回忆一样优雅美丽。

巴瓦去世到今年（2007年）已经有4年了，仑甘孓园的命运令人担心。建筑和园林最终会尘归尘土归土的，尤其是在热带气候条件下，如果没有精心的呵护，仑甘孓园也会消失。到目前为止，鉴于巴瓦"国宝"的声誉，加之斯里兰卡政府与民众对于文化遗产保护的重视，在"仑甘孓基金会"的努力维护下，仑甘孓园依旧保持着原来的样子。细细看去，青苔已经布满石阶，藤蔓也爬上粉墙。没有巴瓦的仑甘孓园也会老去。

仑甘孓园目前由两位青年建筑师管理，每周开放两次供人们参观，成为人们凭吊巴瓦的圣地。

■继续教育中心（Continuing Education Center at Panadyra）

巴瓦设计的继续教育中心位于距科伦坡不远的帕纳迪拉，基地在一块丘陵中的坡地上，是一处随地形而建、分散布置的建筑群，有教室、宿舍、阶梯报告厅、餐厅、公共活动厅等建筑，这些分散的建筑物用连廊连接。全部建筑分两期完成，第一期建于1978～1981年，包括两个会议中心、餐厅、教学中心等。1986年，在北侧入口处增建了一个阶梯报告厅、一个图书馆和北侧的宿舍。

巴瓦巧妙地利用地形，把建筑布置于一个山谷的两侧，而入口处是一个向下的山洞似的通道，通过它进入餐厅、教学中心和会议中心。餐厅四面有连廊，带有落地的木格栅窗，方便组织通风。带有弧形墙面的会议中心位于谷底，室内靠山墙的部位就是卵石砌筑的挡土墙，屋顶覆盖着葱郁的植被，于墙身交接处留有通长的宽缝，利于通风。装饰简朴但不简陋，就连普通一扇门都设计得别具匠心（图10）。

后来加建的阶梯报告厅，是一座四坡顶建筑，混凝土梁柱，钢屋架，四边开敞，除了讲台后面有局部的实墙外，其他三面就只有柱列，其实就是一座带屋顶的露天礼堂。这在不用空调的斯里兰卡是最适用的非技术手段了。坡顶阻隔热浪，四面通透有利通风，坐在阶梯之上凉风习习，四周是满眼的绿色。在这里学习还真有点当年孔子设坛杏林的感觉，学习，确实是快乐的（图11）。

各个建筑之间的空间过渡也非常自然，在台地、山坡之间游走，丝毫没有生硬不便之处。就连空间处理也是一点不放松，如有一个连廊转折的过厅中，几个通向不同空间的门洞和采光通风窗，布置如同柯布西耶式的构图风格，而巴瓦标志性的三角形洞口也不时有意无意地出现（图12）。

整个教育中心的建筑群似乎无序地散布在山谷两侧，人们在空间中自由行走，享受着变化的自然景观。园林中随处可见巴瓦喜欢的陶罐、石椅。在一个水池中，巴瓦还做了一个斯里兰卡的地图。他在每一个项目中都是这么注重每一个细部，用他的智慧诠释着建筑空间与自然的和谐之美（图13）。

■蓝水旅馆（Blue Water Hotel）

蓝水旅馆位于科伦坡市的南区，地段、环境都不理想，基地夹在一条铁路和岩石海滩之间。巴瓦采用围墙封闭的方法隔离出一方乐土。他把客房、餐厅和休息大厅面向大海，用连廊将分散的酒店各部分连在一起。这是他设计的最后一个旅馆，该工程建于1996～1998年，此时的巴瓦已经卧床，他指导助手完成该项目的设计。

酒店的入口在东面，进入大门之后是一条长廊，长廊两边都是水池，水池外是一片椰林。从长廊进入开敞的酒店大堂。大堂内陈设朴实，有黑色涂料的方柱、白色涂料的梁与顶棚，没有吊顶，顶棚上只有简单的覆斗形白色吸顶灯。室内的椅子、茶几都很有特色。墙上悬挂的黑色的艺术品在白墙映衬下很醒目。总台后面是一幅用灰色线条绘制的海洋生物的壁画。整个大堂色彩简单但每个色块都恰到好处，体现出的文化品位，和我国当前流行的金碧辉煌的样式形成鲜明对比（图14、图15）。

图8　仑甘尕中巴瓦主宅客厅
图9　仑甘尕中的陈列廊
图10　继续教育中心随地形变化的庭院与会议室
图11　继续教育中心报告厅内
图12　继续教育中心院内的地形与建筑
图13　继续教育中心斯里兰卡地图式的园林景观

图8

图9

图10

图11

图12

图13

从大堂向前，右侧是一排 3 层的客房，像巴瓦的许多建筑一样，三层悬挑而出，上面就是厚重的红陶瓦屋顶。只刷白色涂料的混凝土梁柱，局部是深色的栏杆，这就是外墙的主要色彩。

再向前则是酒店的休闲、餐饮区，色彩依然只是白色和黑色。厅内陈设还是巴瓦的简约风格，铁艺椅、木家具，墙上装饰着独木舟，惜墨如金，着手之处便是点睛之笔，与堆砌雕琢的装饰风格有天壤之别（图 16）。

蓝水旅馆还有一个最大的特色就是它的蓝色海岸线。客房楼最大限度地朝向椰林和海岸，从远到近设置不同的设施听海、观海。客房楼外侧设置一排重叠格栅的凉棚，再近则是戏水池、游泳池，最后椰子林与游泳池交融在一起，连接着远处的印度洋。人们置身其中，享受着海风吹拂，听着印度洋海浪的咆哮，这真是把建筑与环境结合在一起的杰作（图 17）。

蓝水旅馆是巴瓦的晚期作品，空间布置似乎更现代一些，但巴瓦优雅与内敛的风格一直在延续（图 18）。

■ **都齐尼住宅（Duchini House）**

都齐尼住宅位于本托塔的加勒路 87 号。这是一座园林式的住宅，进门后庭院很开阔，与其称为"住宅"，不如说是"园林"更贴切，整个园中只有三座小建筑。大门左侧是一座五开间的平房，造型有点像神庙，四根传统木柱支撑着外廊，房前有个石雕圆桌，右侧是一带敞廊的平房，在一片碎石和草坪后面，就是园中唯一的 2 层建筑。我们去的时候正在维修，原来屋面上的瓦拆下来了，只留下透空的屋架，红色的木构件露在外面，倒是有利于观察结构构造。像巴瓦的许多作品一样，屋面檩条直接压在窗过梁上（为了取得更好的通风效果），室内墙面为白色，门窗是普蓝色的，木栏杆、柱子是深褐色，双坡屋面是红陶瓦（图 19～图 21）。

图 14 蓝水旅馆通向大堂的走廊
图 15 蓝水旅馆大堂
图 16 蓝水旅馆客房与庭院
图 17 蓝水旅馆餐厅与休息厅
图 18 蓝水旅馆面海景观
图 19 都齐尼住宅正在维修的 2 层主宅

图 14

图 15

图 16

图 17

图 18

图 19

除了这三座建筑外，园中主要空间布满绿色的植被，有一个深邃的湖面，还有一座精美的石雕佛像、一处长方水池，点缀在园林中的还有石柱、石椅等。园中光影斑驳，深水如镜，树木参差。这里既有西方园林中的大气，又有东方园林的自然，又不同于中国园林的精巧，它的意境独立于世界园林之中（图22）。

■荷里坦斯旅馆（Heritance Hotel）

该旅馆位于距科伦坡70公里处的阿洪加拉（Ahungalla），是Triton系列酒店之一，它的客房一字排开面向印度洋，酒店的入口在东侧。休息厅、电梯厅的布置堪称艺术杰作。这个酒店给人印象深刻的是门厅和面向大海的休闲长廊（图23、图24）。

巴瓦的地域建筑实践

巴瓦在斯里兰卡是个多产的建筑师，本文前面所介绍的只是我参观的几座建筑，除了仑甘孕园、蓝水旅馆比较有名之外，其他几处并不是最有代表性的。为了从巴瓦的建筑创作之路引申到地域建筑含义，还需要简单介绍一下巴瓦的其他著名作品。

■西尔瓦住宅（Ena De Sliva House）

西尔瓦是巴瓦早期合作的蜡染艺术家。西尔瓦住宅始建于1960年，是巴瓦早期住宅的代表作。住宅抛弃了当地殖民建筑中那种带走廊的布局风格，根据当时人们对空间的需求布置了庭院、敞廊、开放与半开放的房间，构成了新的住宅空间。这里有罗马风韵，有室外庭院，空间丰富流动，流线妙趣横生，充满梦幻般的戏剧场景。这里是巴瓦"城市庭院"概念的最好范例。它地处都市，有精

心构思的空间。平面形状像巴瓦的大部分作品一样是长方形的，这是城市住宅用地为了出户数而形成"小面宽"的必然结果，类似于我国南方地区的竹筒屋。但这里的空间更具诗意：敞廊围绕的庭院、鹅卵石和沙砾、硕大的芒果树、红陶瓦屋面、可以坐在窗台上吟唱小夜曲的凸窗、一盘花岗石制作的石磨、古色古香的雕刻大门、光滑的传统木柱，还有那些巴瓦独特的家具陈设……是一个西化了的但又确实是斯里兰卡的新住宅。

■本托塔沙滩旅馆（Bentota Beach Hotel）

该旅馆位于科伦坡南约60公里处，和仑甘孕园相邻。这是巴瓦从业后的第一个旅馆设计。巴瓦在这个设计中把一个现代化的旅馆融入传统文化环境中。他没有通过对传统形式拙劣地模仿，或用浪漫和矫饰的做作去满足旅游者的求异需求，而是从建筑的环境着手，最大限度地利用环境资源，对建筑本身的几个景观角度都作了周密的安排。巴瓦为此亲自参加选址。基地面对着浪花飞溅的印度洋，一面是沙滩和棕榈树，一面是本托塔河的入海口。从科伦坡方向来的人首先看到的是昂首立于角岬上的客房。客房都围绕着庭院，每个房间都有朝向大海的阳台，这也是巴瓦风格。花岗石、陶土工艺品、木刻构件，以及由西尔瓦制作的极具传统风格的蜡染图案的顶棚、孔雀雕塑、装饰画等，都诉说着斯里兰卡的文化传统。但这些曾经存在过30年的风貌现在已经荡然无存了（图25）。

■新议会大楼（New Parliament）

斯里兰卡新议会大楼位于科伦坡以东10公里处的科特（Kotte），从1979年开始筹备，

图 20

图 21

图 22

图 23

图 24

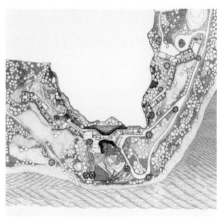
图 25

图 20　都齐尼住宅中主宅入口门

图 21　都齐尼住宅五间厅

图 22　都齐尼住宅园内水景

图 23　荷里坦斯旅馆主楼

图 24　荷里坦斯旅馆休息厅与电梯

图 25　坎德拉玛旅馆总平面图

1982 年建成。在此建设新的政治首都，是为了独立自主的政治需要。1979 年，当时的加耶瓦登（Jayewadene）总统邀请巴瓦设计新的议会大楼，并给予他创作的自由。这对于巴瓦来说是一个具有挑战的项目，他从来没有接过这么大的工程。他乘坐飞机在科特上空选址，利用河谷建造了一个大湖，新议会大楼就位于湖中的一个岛上。整个项目由坐南朝北的议会大厅和一些附属用房组成，东侧为接见厅，西侧为公众入口，西南角为工作人员厅，南侧为行政厅，东南角为餐厅。这五部分与水景和园林交织在一起。议会大厅的座位是东西向相对排列，南侧中间为主席台，二层为议员休息室，三层是记者和翻译席，四层是旁听席。巴瓦的构思是把现代民主政治的公开性和传统布局融合在一起，把庄严的议会

大楼置于湖光山色间。对于帐篷型大屋盖的选择，巴瓦自有见解：大坡屋顶在斯里兰卡传统建筑中是防暴雨、有利通风的最佳选择，同时也是人们广泛认同的传统建筑符号。巴瓦设计的屋面像是漂浮在湖面上。檐口出挑 3米，形成浓厚的阴影，屋面采用 6 米 ×6 米的格栅梁，上面用铜板瓦代替了传统的瓦屋面，斯里兰卡宗教传说中的圣殿就是用铜瓦覆盖。大楼中的装饰也是简朴、高雅的，处处展示出斯里兰卡多元文化的特征。在这里，巴瓦创造了一个现代的建筑，各种政治势力都能接受的建筑，象征民主政治和独立自主的建筑。它超越了动荡更迭的政治斗争与社会宗教的分歧，在地域性和全球化之间，以不确定和抽象的方式，完成了一项人们普遍认可的"标志建筑"。

■坎德拉玛旅馆（Kandalama Hotel）

该项目建设于1991～1994年，位于丹不勒，那里有著名的狮子岩（Sigiriya）和丹不勒佛像石窟，是著名的历史文化区。巴瓦拖着病体被人背着、抬着走遍这里的山山水水，最后把基地定在湖边的一条岩石山脊上。建成后的旅馆大堂比客房楼要高，人们需要沿着山岩逶迤前行才能到达自己的房间。建筑就镶嵌在岩石中间，岩石突入建筑内部，外檐的遮阳格栅上爬满藤蔓，使建筑外观弱化，融入自然中，处于"无立面"的状态。巴瓦没有刻意表现建筑，而是给游客创造一个步移景异的观景平台，成为追寻避世的桃源、远离喧嚣的乐土。巴瓦此时已经75岁了，他的建筑观念似乎还在不断完善，在使外部环境感受大于建筑形式的同时，也能看到他对现代建筑空间的创新和驾驭能力（图26）。

■灯塔旅馆（Lighthouse Hotel）

该项目位于斯里兰卡南部加勒（Galle），1997年建成。加勒曾经是荷兰的殖民地，保存有比较完整的荷兰风貌的小镇。灯塔旅馆紧靠公路和大海，入口对着荷兰建筑风格的古城堡，墙体为大块岩石。大堂中的楼梯是整个旅馆的亮点。巴瓦的一位雕塑家朋友在楼梯上放置了一组金属雕塑，表现的是荷兰人与僧伽罗人的战争场面。巴瓦在这座建筑中结合加勒的环境，创造出一种"后殖民建筑的风格"。

由于篇幅有限，本文难以更为详尽地介绍巴瓦更多的作品。我对巴瓦和他的建筑真有一种"相见恨晚"的感觉，对于这样一位世界级的大师几乎不了解，尤感惭愧。在"世界是平的"这一命题下，我国建筑界对巴瓦的了解竟然也不是太多，只有《世界建筑》中见到几篇相关文章，另外就是在张钦楠先生的《20世纪世界建筑精品集锦》一书中有对其几个作品的介绍。从斯里兰卡回来之后，我就到处搜集关于巴瓦的文字、图像，翻译、整理了资料，为我久久思考的"地域建筑"中增加新的章节。

关于地域建筑的由来，我国建筑界常以肯尼斯·弗兰普顿和亚历山大·楚尼斯等人的"批判地域主义"为标尺开展讨论。但从广义上来说，古代建筑师诠释过这个问题，现在也有相当多的建筑师在思考"地域建筑"的问题。弗兰普顿的理论只是想说明他提倡的"地域主义"是在现代建筑的躯体上增植一些环境、文化传统的"杂交"因素，使其对抗全球化浪潮。但任何理论都是有局限性、时间性的，尤其那种企图构建"系统框架"的理论，往往使人昏昏然而失去指导意义。何况在我国建筑界对软文化实力的思考往往与建筑无关，理论和实践脱离开来，这使我下决心去认真地阅读巴瓦。

回顾我国相关建筑创作理论，从"社会主义的内容、民族形式"到"神似、形似""继承与创新"，当然也包括了"后现代""解构"等。但建筑师们似乎不关心这些，倒是实用地摄取各种理论来解释自己的作品。这实际上是文化实力不足的表现，无探索的持续性。

反观巴瓦的创作道路，他一开始就把自己植根于现代世界和斯里兰卡传统的交会点上。

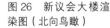

图26　新议会大楼渲染图（北向鸟瞰）

图26

他早期的作品中会发现柯布西耶的影子，到了后来他的创作在地域建筑领域中就挥洒自如了。但巴瓦并没有自己的"框架理论体系"，他是通过自己的作品，诠释着地域建筑的下述基本要素。

1. 对建筑所处的区位、现状、环境、历史、人文和社会等因素的敬畏与尊重

这是巴瓦一生恪守的一种精神。尽管他接受的是西方教育，也曾游历世界，但他始终没有离开他的国家。地域诸因素不是棋盘上的棋子，可以任人摆布。没有敬畏与崇敬之心，是很难做好"地域建筑"的。

2. 对建筑所处地域的自然环境的适用和协调，以及对传统建筑中有效的采光、通风等技术手段的借鉴

这在巴瓦的作品中体现得淋漓尽致，例如坎德拉玛旅馆位于山岩中，很多工程不用空调而是采用传统建筑通风方式降温。

3. 适应和满足建筑所处地域的社会发展、生活方式、经济条件等对建筑的需求

例如巴瓦在新议会大楼中就充分考虑了斯里兰卡的社会、政治、民族等因素。从具体情况出发进行建筑创作，是一个建筑师义不容辞的责任。经济条件的好坏并不能决定建筑的优与劣，巴瓦的西尔瓦住宅就是在低标准下的成功例子。

4. 借鉴当地传统空间的建构原型

这种原型在注入现代科技新生命的同时，仍有地域特点。人类社会发展中利用建构手段形成的建筑原型空间在不同的地域中经受了选择和考验，也是一种地域性的空间原型。巴瓦在他很多的作品中都体现了这一点。例如大坡顶有防雨、通风等功能，也是当地建筑普遍存在的建筑做法，巴瓦在新议会大楼中就采用了这一传统的屋面形式，是一个很好的范例。

5. 保存和再现建筑所处环境的历史记忆和遗存

记忆和遗存承载着人类社会的历史，它们会使人们生活在丰富的精神世界，是人类高度文化水平的体现。在巴瓦的作品中可以看到很多实例，例如新议会大楼的选址，就是记忆和遗存起了决定性的作用；灯塔旅馆中也充分利用荷兰殖民时期的遗存和记忆。

6. 当地传统工艺、艺术品和建筑的结合

建筑所处地域的传统工艺和工艺品在全球化的浪潮中是体现地域性的极佳元素。巴瓦深谙此道，所以在他许多作品中都可以看到对传统的表现。他多次使用木雕、石雕、蜡染、壁画等传统手段，并借此形成了"巴瓦风格"。

7. 文化群体如画家、雕塑家、文学家等对建筑活动的参与

这个群体可以说对巴瓦作品文化韵味的提高起了很大作用。如蜡染艺术家西尔瓦的作品在巴瓦的建筑中常常可以看到；灯塔旅馆中的楼梯金属雕塑是拉齐·塞纳雅克（Laki Sananayke）的作品，他是巴瓦的挚友；仑甘尕园中经常有文化人相聚，难怪巴瓦的作品中散发着浓厚的文化气息。

8. 对现代建筑观点和技术的肯定和接受，并且其作品首先体现时代性

应该说巴瓦所接受的教育是现代建筑理论体系，而且他频繁与欧洲接触，保持自己创作的先进性和前瞻性，所以其作品是现代的，只是被其中浓厚的地域文化韵味冲淡了。

9. 拒绝舞台布景式的和对传统的拙劣模仿以及由此出现的浪漫和矫饰

在巴瓦的作品中，人们会感到一种纯净和深厚，他不会哗众取宠，不屑模仿去追求浪漫和矫饰，这正是巴瓦地域建筑的"骨气"。

10. 在多元文化的碰撞中互相磨合与共生，

不刻意抵制多元文化

他对西方建筑空间的构成原理非常熟悉，在仑甘尕园中就能看到意大利式园林的手法，甚至安置了古罗马式的雕塑——大陶罐。他把西方建筑理论和当地地域文化、环境巧妙地融合在一起，反而形成了一种新的斯里兰卡式的建筑风格。

通过以上分析可以看到，巴瓦在实践地域建筑中已经涵盖了今天地域建筑理论中的大部分内容，但是巴瓦从来没有提出什么"地域建筑"的主张，他只是在实践，执着地实践。从另一方面讲，巴瓦的实践涵盖了建筑创作中的各个层面，绝不是什么"建筑形式"问题，什么所谓"形似""神似"，而是一个建筑师和他作品的全部。

当今在提及地域建筑时，似乎总把它置于全球化的对立面，认为其是弱势一方的对抗，这是一种误读。巴瓦在实践中，对于西方的建筑理论与潮流是熟知的，他平静地根据自己的价值观和鉴别力在取舍和选择，不存在孰强孰弱的问题。依我之见，在全球化与地域建筑磨合之中应持这种心态才是。我不太主张把建筑创作理论"体系化""框架化"，理论就是为下一步寻找落脚点，这一步跨出去，下一步还得研究、探讨如何去走。建筑理论应该是动态的，对巴瓦作品的评介，绝不是把巴瓦的道路当作我或者别人的目标。时过境迁，不可能出现另外一个"巴瓦"了。这篇文章以"斯里兰卡遗韵"为题，就是觉得我们每一个建筑师都应该有与别人不同的路，这样，世界才会五彩缤纷。

（本文在收集资料中得到王雪涛建筑师的大力协助，特此感谢！）

参考文献

[1] 大卫·罗伯逊. 杰弗里·巴瓦的早期学校设计 [J]. 世界建筑，2003（1）.
[2] 杨滔. 当代地方性与斯里兰卡建筑师杰弗里·巴瓦——评杰弗里·巴瓦的三件作品 [J]. 世界建筑，2001.
[3] 张钦楠. 20 世纪世界建筑精品集锦 [M]. 北京：中国建筑工业出版社，1999.

难忘的一张合影①

王小东

1981 年初冬，在改革开放的形势下，我有幸作为工作人员参加了一次盛大的国际学术会议，即阿卡·汗建筑奖第六次国际学术讨论会在北京、西安之后的乌鲁木齐分会场的活动。

这次会议参加者除阿卡·汗殿下之外，有二十多个国家的建筑师、规划师、社会学者、经济学家、艺术家、人类学家共九十余名正式代表，另外还有部分列席代表，包括著名的专家、学者，所以到乌鲁木齐的全体与会人员超过 100 人，这在当时是空前的规模了。

我当时在会务组工作，任务是选择在乌鲁木齐和吐鲁番参观的地点，主要是民居和清真寺。当时这两个地方还有不少很好的民居。

10 月 25 日，阿卡·汗一行到达乌鲁木齐，紧张的会议接待开始了。我对自己的英语能力深感惭愧，不过看见代表们那么彬彬有礼、友好，胆子也就大了。

可惜由于当时对国外建筑界认识有限，对大多数学者不太了解，只知道詹克斯·柯里亚也一同来了，但由于种种原因未能与其认识、交谈。不过国内鼎鼎大名的学者、建筑师、规划师的参与让我有很多机会一睹他们的风采，有杨廷宝、吴良镛、陈占祥、金瓯卜、王华彬、任震英、常任侠、刘开济、刘光华、罗小未等前辈和著名的专家。

会议安排在乌鲁木齐和吐鲁番的活动主要是参观。由于常任侠先生年纪比较大，当时已77 岁，我重点陪他，一路上他给我讲了不少东方艺术史的知识。给我影响最深的一件事是26 日去吐鲁番的路上，他向我讲了对 25 日晚上新疆方面举办的盛大宴会的看法，他认为"太丰盛了，太多了，浪费"。

阿卡·汗本人看来很赏识刘开济先生的英语，一路上一直请他作翻译，甚至到了喀什，还要请刘先生住在他附近的房间。刘先生只好说他是与会学者不是翻译才作罢。

在吐鲁番的额敏塔，阿卡·汗说，这样的塔在世界上没有几座了，要很好地保护。他对四周的几个砖厂的烟囱很有看法，建议拆除。

陈占祥先生是在英国学习建筑和城市规划八年的大学者。他为人非常谦和，记得在车上，一位外国学者问随同的翻译关于"老子"的问题，翻译答不上来。陈先生马上用非常流利的英语介绍老子的《道德经》，令人肃然起敬。

吴良镛先生一路上总带着他的小速写本，不停地画。额敏塔登塔的台阶很高，我陪他登上塔顶，对他的勤奋和认真非常钦佩。若干年后，我又有幸和他去过日本等地。所以在2005 年的一次学术会议上，我想和他合一张影，他马上对周围相拥要求合照的学生说："等一下，我和一位老朋友先照。"从 1981 年到现在已过去 28 年了。去年我们还有通信来往。

---

① 本文发表在 2009 年出版的《建筑中国六十年 人物卷 1949—2009》。

紧张的几天过去了，10月30日下午，阿卡·汗和大部分国外代表乘专机去巴基斯坦。记得阿卡·汗初到乌鲁木齐时曾提出能否找两盆桂花（一盆金桂和一盆银桂）。这在冬天的乌鲁木齐是很难的事，会务组不知用了何等的办法，竟然找到了，于是这两盆花也一并送上了专机。

10月31日上午，国内的代表在迎宾馆2号楼门口集中，准备离开乌鲁木齐。即将送别之际，刘禾田先生提议在场的各位一起照张合影。尽管飘着雪花，大家仍然兴致勃勃，于是一张珍贵的照片定格了这一历史的瞬间。

照片中杨廷宝先生位于中心，其他还有陈占祥、常任侠、王华彬、任震英、金瓯卜、刘光华、吴良镛、刘开济、罗小未、张清岳、金祖怡等专家，还有中国建筑学会的奚静达、王平原、张百平等人。我和滕绍文、蔡美权三位工作人员站在后排。

后来刘禾田先生给我们每人送了一张，这张合影成了极其珍贵的纪念，我把它从相册中专门取出来收藏，正由于这样，反而找不到在哪里了。若干年后我给王国泉女士讲，我有一张有她父亲王华彬先生的照片，翻拍后要送给她，但到处翻遍未见。今年我又问细心而周到的蔡美权先生，他立即找了出来。这张照片终于可以广为流传了，也好给王国泉女士一个交代。

如今我凝视这张照片，其中好几位前辈已作古了。当年这样的场面太难得了。

（后排左起）邵华郁 赵伯年 冯大华 金季勤 张开高 刘良济 吴良镛 马耀骥 叶耀先 罗小未 常任侠 李椿林 杨廷宝 王华彬 任震英 陈敬祥 陈占华 刘光卜 金瓯权 蔡美文 滕绍东 王小

（前排左起）曹万华 侯仁智 金祖怡 张清岳 张清岳夫人 奚静达 张百平 王平原

照片中杨廷宝先生依然是他那谦谦君子的笑容，吴良镛先生看着很年轻，可惜陈占祥先生尽管做了努力还是只露出多半个头来。当时的服装也有明显的时代特征，为了礼貌，我身穿一套新买的深蓝色军便装，已是很时尚了。照片中最前面的就是美籍华人张清岳先生，一看知道是海外来的。

虽然只有短短的几天，各种场景我至今仍然历历在目。这次会议的主题是"变化中的乡村居住建设"，尽管我没有正式出席会议，但那种学术气氛以及国内外著名学者、前辈的风范，深深地烙印在我的心中，对我以后建筑师的生涯，无疑产生了很大的影响。

从关肇邺院士的一封信中对先生建筑创作思想的再认识①

曾子蕴　王小东

摘　要： 本文从 27 年前的一封信出发，表达了关肇邺院士有重要意义的建筑创作思想：对建筑与城市的民族地域特色的探索；建筑作品要以城市、社会乃至国家、世界等更大的立场为出发点；建筑作品要为广大人民群众理解、接受、喜爱。

关键词： 文化自信；中华民族优秀传统的传承；为广大人民群众理解、接受

关肇邺院士于 2022 年 12 月 24 日辞世，是我国建筑教育界的重大损失。先生从 1952 年开始在清华大学从事建筑教育，他的一系列建筑创作作品表现出一位建筑教育家的深厚功力和对建筑创作理论的认真思考。他的建筑作品和创作思想是中国建筑界的宝贵财富。

关肇邺先生曾几次到过新疆考察和参加学术活动。1996 年 9 月，受新疆建筑设计研究院邀请，他参加建院 40 周年的学术活动，并考察了吐鲁番及库尔勒的建筑与城市（图 1）。在这次学术活动中，他多次发表意见，尤其是重点谈及一个城市建筑语言中的"母语"问题。先生并不主张"一个建筑一个特殊模样"。他返回北京后，9 月 28 日给本文作者之一王小东写了一封信（图 2），阐述了他对当时建筑创作中一些问题的看法，这封信中的有关建筑创作的一些内容如下：

"在会上我听到，你院同志们关注的话题之一是要努力在设计中告别尖拱和穹顶等具象语素，争取一种更为'神似'的地方形式。在库尔勒，大家的论调也类似。对此，一方面我能够理解，钦佩大家不以老路子为满足的探索精神，另一方面亦有一些不尽全面的看法。我以为，从一个设计单位出发或者从设计者个人出发，希望闯个新路子自然是好的。其实是有怕人家说（主要是建筑界内部）'只有那么两手'的思想。但我以为我们应该抛开本单位或个人的角度，而是从城市、社会等乃至国家、世界等更大的立场出发来看问题，创造出更多、更好具有浓郁民族、地方特色的建筑来，在前一批成功实践的基础上提高、前进，可能意义更大些。即以初到乌鲁木齐的我之眼光来看，我所盼望的不是到处可见的'现代建筑'，而实际上是只在较少的地段，才能看到心目中的乌鲁木齐应有的形象。"

"我承认确实有人在探索另一条路子，但有所成就的人毕竟太少，且有诸多条件。例如日本的安藤忠雄，但他的创作并不为一般日本百姓所理解，甚至在建筑圈内也未能被普遍接受，只是在少数学者型的建筑师中和杂志上才

---

① 本文发表在 2023 年的《世界建筑》第 3 期。

有他的地位。且他们做的东西还有很大的局限性，没有大的、常用类型的建筑。这与今天我们的现实相差太远了。我希望我们的绝大多数建筑师还是做一些为广大人民群众所理解的，能接受、能喜爱的为好。"

在这封信里先生提到关于建筑创作中"神似"的说法。建筑师们不满足于建筑符号的直接模仿、搬用，而是用"神似"的模糊语言表达对创作的另一种境界的追求。可是究竟如何能达到"神似"？什么是"神似"？不同的人有不同的理解。一些被认为是"神似"的经典建筑，如丹下健三的东京代代木体育馆被认为和日本传统建筑"神似"，可能在于它的色彩和大屋顶的曲线吧？本文作者曾向在丹下健三工作室工作过的马国馨院士求证，回答是没听过丹下健三本人承认有这种意图。科威特巨大的水塔也不一定是对清真寺圆顶上圆球的放大，而是和宗教有关。

在建筑创作的全过程中，"神似"是一个极为不确定的所指，对建筑的形式而言，却是20世纪80～90年代中国建筑师们探讨当代建筑创作之路常用的语言。被赋予"神似"评价的作品却极为少见。

关先生在信里指出，"你院同志们关注的话题之一是要努力在设计中告别尖拱和穹顶等具象语素，争取一种更为'神似'的地方形式"。的确是这样，新疆的建筑师们很想创作出既有地域特色又体现新时代的建筑。但现实不是如此，尤其在国家大剧院、"央视大楼"等一批国外明星建筑师的作品在中国出现后，在为中国建筑师开拓了眼界的同时，建筑的民族属性、地域性也被淡化。这些对探求中国道路的建筑创作造成了冲击。新疆的建筑创作也逐渐开始追求形状特殊、有视觉冲击力、流线型、造型奇特的建筑。尤其一些城市中的地标性建筑更

图1

图2

图1　1996年9月关肇邺先生在吐鲁番交河故城考察合影（前排左三为关肇邺院士）
图2　关肇邺先生给王小东的信

是如此，只是在建筑创作说明里赋予了一些中国传统的文化符号概念词语。

先生在这封信里又提到，"一方面我能理解，钦佩大家不以老路子为满足的探索精神，另一方面亦有一些不尽全面的看法。""但我以为我们应该抛弃本单位或个人的角度，而是从城市、社会等乃至国家、世界等更大的立场出发来看问题，创造出更多、更好具有浓郁民族、地方特色的建筑来，在前一批成功实践的基础上提高、前进，可能意义更大些"。

先生把建筑创作提高到城市、社会乃至国家、世界等更大的立场来审视，这是极为重要的建筑创作观。在建设中国特色社会主义道路上，在人类命运共同体的大格局中，建筑创作不是建筑师的个人问题，而应在建筑、城市和广大农村史无前例的变革中作好自己的定位。中国辽阔的土地上各式各样的建筑与城市都需要发展，建设中国特色的城市和村镇、农村的过程中，"文化自信"是不可动摇的信念，需要更多的建筑师们参与其中。遗憾的是，在这个有历史意义的城乡建设浪潮中，著名建筑师参与的不多；在新农村更新的建筑中，对村镇建设的核心价值——生存生活的活力及场景的关注不够，一些改建后的农民住房变成了单纯的建筑师所偏爱的"空间展示"，并没有生活的人间烟火气、锅碗瓢盆的"交响曲"。

保持中华民族建筑与城市传统中的优秀基因是当代中国建筑创作中文化自信的具体表现。在中国建筑的人居环境中，对自然的尊重，空间构成的理念，对建造技术、建筑材料的完美应用等均渗透在建筑与城市的各个细胞中。从关先生的一系列建筑作品中，都可以看出掌握和消化这些的能力，优秀的建筑文化传统贯穿于新创作建筑的每个细节

里。正如先生提倡的"粗粮细作"精神，在先生的代表作中，如清华大学图书馆北楼扩建、清华大学医学院、中国工程院综合楼等经典建筑中，以实际的成果体现了中华民族的文化自信。以先生的胸怀则希望中国的城市和建筑都能表达出中华民族的优秀传统，从而形成新时期既有优秀的传统文化内涵又有人类命运共同体特征的建筑与城市。

关先生在这封信里，特别提到了日本著名建筑师安藤忠雄。他认为安藤在"探索另一条路子"，只是"并不为日本一般老百姓所理解，甚至在建筑圈里也未能被普遍接受，""而且他们做的东西还有很大的局限性，没有大的常用性建筑"。所以先生在信里提到了一个极为重要的观点："我希望绝大多数建筑师还是做一些为广大人民群众所理解，能接受、能喜爱的为好。"

涓涓流水归大海，每个建筑师在其建筑创作中，在文化自信的大前提下，都会有不同的特色和道路。所以关先生的作品代表了他在中华民族建筑优秀传统和当代建筑相融合的探讨成果，当然这并不是唯一的一条道路。这里有一个超前或滞后的时间及空间差。就如关先生在信中提到的安藤忠雄那样，他有成就，但也有局限性。在探讨优秀的中华传统建筑文化如何创新时，应提倡不同途径、不同风格的和而不同。在这里关先生提出的"为广大人民群众所理解的，能接受、能喜爱"的标准，最能契合当前我国的实际。

如在2008年汶川大地震中，有在120毫米厚砖承重墙上的预制钢筋混凝土槽形板垮塌的灾情，可见当时农村的自建住房缺乏建筑师、工程师们的关注。中国广大农村居住建筑建造技术保障在近年虽然有所改善，但著名建筑师参与当代规模宏大的新农村规划、设计建造的

并不太多。所以当前我国建筑创作要做到为广大人民群众理解、接受和喜爱，还有一段漫长的道路要走。

本文作者与团队从2008年起参与喀什老城区抗震改造和城市更新工作多年。最初我们曾想在原址拆除、就地重建、"一户一设计"的过程中，让喀什民居更显"现代"一些。可在实践中却行不通，最后在反复听取了用户意见的施工图里，增加了上下水、供电、电话等设施，完善了厨房、卫生间的设计，而室内外的非结构的空间划分及装饰全部由用户自主设计建造。现在喀什的城市更新已经基本完成，得到各方面的肯定。由此可见，为老百姓接受、喜爱需要双方面的沟通和理解，不能由建筑师越俎代庖。

随着当前我国在新时期村镇和农村建设大规模的开展，建筑师们和广大人民群众交往、沟通会越来越密切。

关先生在他的《关肇邺选集》的前言中，对建筑创作中建筑与经济、建筑与技术、东西方文化之比较、理性主义与非理性主义、我们的建筑应向什么方向发展等各方面作了全面的阐述。在肯定中国建筑发展成就的同时，对浪费资源、环境污染、炫富、追求气派等倾向表示担心；认为技术是服务于使用空间之要求的，不是为了自我表现的；在对待外来文化方面，"要继续借鉴学习，但更重要的是重新关注我们自己的优秀传统文化"。先生特别提出"建筑师要尊重多数人的感受，不以个人的好恶强加于人"。这些深刻的观点在信里也有明确的表述，说明先生在几十年的建筑创作生涯中一直在思考和探索中国建筑创作的道路，并付诸自己的创作实践中。

本文中的这封信件虽然不长，但基本表达了关先生的建筑创作中极为重要的观念。虽然已经过去了27年，但信中的内容在今天仍然有意义，这封信被保存至今，应该算"文物"了。前些年本文作者之一王小东曾当面征求先生的意见，问及这封信的内容是否可以公开发表，先生回答说可以。于是便通过《世界建筑》发表了这封信的主要内容，并以此文表达对先生的深切悼念！

"罗伯特·马修奖"获奖追忆[①]

王小东

我对于国际建筑师协会（简称国际建协，UIA）和世界建筑师大会的兴趣，源自1993年在蒙特利尔举办的第18届世界建筑师大会。当时叶如棠部长率团争取到了在北京举办第20届世界建筑师大会的机会，引起了大家的注意。1997年我还参加中国建筑师代表团专程拜访了墨西哥、古巴、美国等地的建筑师协会，为北京大会作了些联络工作。至今我还清楚地记得北京大会的热烈场面，的确是一次非常成功的大会，但自己总感觉仅是个与会者。但2005年在伊斯坦布尔举行的第22届世界建筑师大会上，由于我自己获得了罗伯特·马修奖，因而对其有了更深切的感受。

2005年年初，中国建筑学会的建筑创作优秀奖在京颁奖，我主持的新疆国际大巴扎项目获得了排名第一的建筑创作优秀奖。之后学会国际部张百平主任找到我，说到国际建协要评选第22届世界建筑师大会的各种奖项，希望中国建筑师有人申报，但条件是在本国获得过金奖的建筑师。我所获的奖项可以认为是金奖，经学会研究由我来申报奖项，至于申报什么奖由我自己决定。

回到乌鲁木齐后，我收到中国建筑学会正式给我所属单位的来函，经学会秘书处办公室会议研究决定，我将作为中国建筑学会推选的候选人参加国际建协2005年度金奖与专业奖项的评选，并附有国际建协秘书长让·克劳德·理贵特给宋春华理事长关于邀请提交候选人材料的信函。函上宋理事长的批示是："应鼓励报奖，可在常务理事会上通告一下，也请秘书处先研究拿出个建议名单。"这样我就开始准备申报材料了。翻阅了有关的资料后，我深知自己申报金奖无望，对于已获金奖的大师，如埃及的哈桑·法蒂（Hassan Fathy）、印度的查尔斯·柯里亚（Charles Correa）、意大利的戴欧·皮亚诺（Demeo Piano）等国际知名的大师，我只能望其项背而已。至于其他专业奖项有城市规划奖、建筑技术奖、建筑教育奖和人类居住奖，我想只有报人类居住奖才沾点边，于是就按此申报了。

人类居住奖（The UIA Prize for the Improvement of the Quality of Human Settlements）或称改善人类居住质量奖，是为纪念国际建协前主席罗伯特·马修（Robert Matthew）于1978年设立的。获奖者中，1978年为美国的特纳（John F.C.Turner），1981年为埃及的哈桑·法蒂，1984年为印度的柯里亚，1987年为墨西哥城住房项目，1990年为新加坡住房与发展部建筑司，1993年为美国的巴克尔（L.Baker），1996年为意大利的卡罗（G.de CarHo），等等。其中哈桑·法蒂和柯里亚在获此奖之后又获得了金奖。看到这些名单，使我望而却步，

---

① 本文发表在2008年《建筑创作》第6期，略作修改。

但既已答应申报，只好"充充数"吧！

按照国际建协的要求，我要提供的材料为个人简介、作品的文字和图片等，也没有规定的表格。所以我就准备了个人简介、作品集、新疆国际大巴扎项目的详细资料，并全部译成英文，按要求通过邮局寄出了。

因为自知无望，材料交出后，我也没有把此事放在心上。直到5月初的一天，我接到张百平主任的电话，说是我荣获了罗伯特·马修奖，之后收到了国际建协主席杰米·雷奈（Jaime Lerner）先生给宋春华理事长的我的获奖正式通知。通知中要求我出席7月6日在伊斯坦布尔举行的颁奖仪式。

从1999年北京第20届世界建筑师大会起，我所在的新疆建筑设计研究院在之后的每届大会都派十人以上的建筑师参加，而对于第22届大会，由新疆建筑师分会组织参加人数达二十多人，由我任团长。但由于签证耽误，我未能订到准时的机票，于是定了7月4日晚上土耳其航空的头等舱，单独从北京飞往伊斯坦布尔。

7月5日的凌晨，在飞机上从曙光之中我看到了伊斯坦布尔熟悉的身影（我于2003年曾到该城考察过）。下飞机之后，我按通知找到了会议的注册地址——技术学院。但是没有找到中国建筑学会代表团，只好在会议的几个场地参观，恰好在希尔顿酒店的大堂碰到了学会的副理事长许安之先生，真是喜出望外。他告诉我学会的代表团去外地考察了，留下他陪同我参加颁奖会。这样我们5日、6日参观了大会举办的一些活动，并参加了清华大学庄惟敏教授的一次学术报告。7月6日下午，伊斯坦布尔清风习习，穿上西装也不觉得热。我和许安之副理事长到了颁奖会场，颁奖前举行了鸡尾酒会，颁奖仪式在一音乐厅举行。当天颁发的奖项不少（包括学生奖在内），当宣布我领奖时，我几乎没有听清楚，许安之先生推了我一下，我才跑上领奖台。给我颁奖的是当任国际建协副主席、现任主席的加埃唐·修先生（图1～图3）。

这一瞬间被许安之先生用相机拍下来了，也就是后来在网上传播的那一张。但奇怪的是，当我接受了奖章和证书后台下各国建筑师的掌声还不停止。我忽然明白了，我漏掉了前几名获奖者的礼节——拥抱女主持人。尽管作为一个中国人很不习惯这种礼节，但我还是勇敢地走上前补了这一课，在台下的笑声中走下了台。

最后是为金奖的获得者——安藤忠雄颁奖。此时，音乐声中闪光灯一片，我挤上前去照下了这历史的一幕。这一幕给我留下了难以忘怀的回忆。能与安藤同台领奖，这种荣幸将对我一直起鞭策作用。同时我也一直感谢许安之先生陪我度过了这一难忘的夜晚。

7月7日、8日我仍在伊斯坦布尔参观、

图1　颁奖现场

图1

图2

图3

考察。在大街上经常碰到身挂"大会"红牌子的世界各国的同行，大家约定 2008 年都灵再见。

时间已经过去三年了，对我来讲罗伯特·马修奖既是荣誉也是鞭策。它让我永远知道与大师们难以逾越的距离。同时也希望有一天中国的某一位建筑师也像安藤一样，在闪光灯和掌声中获得金奖。

罗伯特·马修奖的背景

国际建筑师协会三年奖设有一个金奖和五个分项奖，分别为帕特里克·阿伯克隆比城市规划设计奖（Patrick Abercrombie Prize）、奥古斯特·佩雷建筑技术奖（Auguste Perret Prize）、让·屈米建筑评论奖（Jean Tschumi Prize）、罗伯特·马修可持续人居环境奖（Robert Matthew Prize）和斯塔古斯·瓦西利斯改善贫困群体建筑奖（Vassilis Sgoutas Prize）。

回顾历史，国际建筑师协会的三年奖见证了中国建筑学会取得的巨大发展。1996 年，吴良镛院士获得让·屈米奖，实现了中国建筑学人在三年奖上的零的突破；1999 年，深圳城市规划方案获得了帕特里克·阿伯克隆比奖的荣誉提名；2002 年，关肇邺院士等人也凭借《20 世纪世界建筑精品集锦 第 9 卷 东亚》得到让·屈米奖的荣誉提名；2005 年，王小东院士获得罗伯特·马修奖；2011 年，理想空间工作室获得了瓦西里斯·斯古塔斯奖的荣誉提名；2021 年，湖南大学卢健松教授获得了斯塔古斯·瓦西利斯奖。在 2023 年第 28 届评选中，同济大学的袁烽教授也凭借其在数字化、3D 打印和机器人建造等方面的杰出贡献获得了奥古斯特·佩雷奖。中国建筑师的获奖和提名，不仅代表着国际建筑界对他们个人成就的认可，也体现出中国建筑学人在可持续领域、建筑技术领域、健康建筑领域、建筑教育等方面日渐强大的创新能力和国际影响力，意义深远。

图2　罗伯特·马修奖证书
图3　罗伯特·马修奖奖牌

巴洛克与当代建筑①

王小东

摘　要： 通过对巴洛克建筑产生根源的分析，对照当代建筑创作现象，从正、反面的比较中，提出了建筑创作中的职业准则和底线。

关键词： 巴洛克；为谁建筑；曲线和曲面；环境与民生

1　对巴洛克的历史回顾

巴洛克一词既不是贬，也不是褒，巴洛克建筑在建筑史上辉煌过，不可能被抹杀，当今世界上的建筑现象和行为与巴洛克时代有很多相似之处，不管是正面还是负面的。

313 年，米兰敕令②后，基督教势力不断壮大，国王和教皇开始了千年的中世纪统治，16 世纪教会的极端腐败导致了"宗教改革"，但最终，以罗马为中心的教皇及其信仰者在混乱中取得了胜利。巴洛克产生的背景是：教皇、教廷在反宗教改革的斗争中取得了决定性的胜利，需要颂扬和维护；新大陆的发现，哥白尼学说的被肯定，人们对世界的认识眼界开阔；教会对民众放松控制，财富的积累，信仰的动摇，更加追求世俗的欢乐与享受。在这种宗教、世俗、眼界的动荡中，巴洛克作为一种思潮在艺术、建筑、文学领域里出现了，但它毕竟是对胜利的歌颂，对豪华和权力的崇拜（图 1）。

在巴洛克出现之前，矫饰主义在文艺复兴的秩序中以消解的姿态作为前奏。那是一种充满疑虑与不安的特征，有点像今日的后现代和解构，它可以将文艺复兴的建筑构件和元素任意组合，它促生了巴洛克，但精神层面恰恰与巴洛克背道而驰。这种现象和当代中国建筑的乱象惊人相似。

大量财富掌握在教会与权贵手中时，巴洛克建筑便成了炫耀权威、慑服人心的形象大使。巴洛克建筑主要为教会和教皇服务，为他们创造视觉、感官、心灵上的刺激，去诱导、征服、迷幻信徒们，让其膜拜、崇敬，使人感到渺小、相信赎罪和死后升入天堂。在没有报纸、电视、广播等传播手段的时代，便是通过巴洛克建筑

图 1

① 本文发表在《建筑学报》2015 年第 3 期。
② 米兰敕令（Edict of Milan），又译作米兰诏令或米兰诏书，是罗马帝国皇帝君士坦丁一世和李锡尼在 313 年于意大利米兰颁发的一个宽容基督教的敕令；此诏书宣布罗马帝国境内有信仰基督教的自由，并且发还了已经没收的教会财产，亦承认了基督教的合法地位。

图 1　圣彼得大教堂的内部就是对胜利的歌颂

师们的手所营造的辉煌、诱人的空间，来加强对上帝的信仰、增加凝聚力。在那个历史时期，除了部分僧侣，大多普通老百姓还是虔诚的基督徒，包括贝尔尼尼、波罗米尼等建筑师，他们为宗教献出了毕生精力。

巴洛克建筑最初被认为是一种不按常规出牌、动荡奇异的风格。当然，教会、权贵、财富是其滋生的土壤，但仅此理解是不够的。动荡中的统一，宇宙、星空都在运动，人的眼界从未如此开阔过。在信仰与上帝的召唤中，艺术家们为了神、世俗，当然还有不菲的金币，目标一致而手段各异，但都被呈献于祭坛之上。既神圣而又媚俗，想象力丰富但又不怪异，给宗教增加了凝聚力。椭圆是巴洛克建筑空间中最常见而又最独特的形态，壮阔的场面需要制作更宽大的视觉效果。在破除了"地心说"之后，简单的方圆束缚不了层叠围绕、旋转的星空之奇。艺术家、建筑师们开始在石材受力所许可的范围内尽可能地转向曲线和曲面。巴洛克建筑追求戏剧性的表现，有的甚至通过舞台演出、机关布景、变戏法装置等来加强这种戏剧性，不同于今天的娱乐（图2）。建筑巨匠们在他们的作品中都在追求一种超越物体之外的力量和精神。贝尔尼尼著名的雕塑"圣女特

图2　圣约翰·尼波穆克教堂内部登峰造极的戏剧性
图3　圣卡罗教堂外形是动荡的曲面

丽莎"，用三维空间表现了巴洛克建筑空间和艺术作品之间的综合效果，形成了迷幻、深远的情景。所以教皇乌尔班八世说："贝尔尼尼需要罗马，罗马也需要贝尔尼尼。"

面对无法逾越的前辈，又不满文艺复兴的理性和平静，在矫饰主义的启发和宗教狂热的驱使下，巴洛克建筑师只好用动荡的曲面、曲线，在雕塑、建筑空间的柱式、符号以及构建的装饰上显示特色（图3）。漩涡和动荡是教廷胜利的狂欢的体现。所以对文艺复兴的评价都是正面、积极的，而对巴洛克就有褒有贬，它只是一个短暂的插曲，很快被洛可可淹没。

巴洛克建筑的基本特点是：全心全意地为上帝和教会服务；感受到人类对世界的新认识，思想较开阔；尽可能地采用新材料，创造一种"全息"式的舞台布景效果；非理性地用向心式的动荡曲线、曲面和椭圆，表达对人的关注和对自然形态的追求；和当时社会其他领域的思想共鸣，相互影响。显然，它和当代建筑有关联。

2　为谁而建筑？

近200年的工业革命以来，世界发生巨变，物质财富积累空前丰富，人们对世界、宇宙的认识不断扩大，对城市和建筑的需求越来越复杂。但发展的双刃剑以及动荡的世界局势使人们在反思、迷茫，就像巴洛克出现时那样。

20世纪下半叶的世界很像17世纪的欧洲，量子力学、非线性、模糊学对达尔文的挑战，以及艾滋病、越南战争、水门事件等使得人们迷茫。世界在一些人眼中变成了毫无关联的"碎片"，理论、表达都成了问题。人越来越自我，建筑创作也陷入了"困境"。但精神的探求，人类从没停止过。爱因斯坦、霍金相对大众

图2

图3

的思考，已经走得太远了。想象的翅膀仍然翱翔，但不是为了上帝和教皇，而是为了"人"自身。

建筑师们为社会服务，往往要通过开发商、具体的"业主"来实现。业主可能代表国家、企业、社团，但他们都是具体的人，掌握着大量的金钱。如果一个心术不正、自我狂妄的建筑师恰恰被某一个（或一群）掌握钱、权的业主看中，并被委以设计重任，他无视环境、民生、文化等，只求引起轰动，甚至拿国家的钱财"开个玩笑"，这将是很可怕的事。这种事在我国曾出现过，也正在迪拜发生。当代建筑就在这样一个历史背景下进入了新发展时期。新型发展国家兴起，石油国家暴富，信仰缺失、价值观消解、金钱第一、人性扭曲、个人至上的同时，思想空前活跃，创新能力大增，财富积累集中，科技高速发展。在这种环境中，建筑活动迎来了新高潮，新巴洛克出现了。

2004年5月美国《时代》周刊的封面（图4）引起了我的注意，在一片中国传统风景和建筑中冒出了央视大楼、"鸟巢"等新建筑，英文标题是"China's New DREAMSCAPE"（我将之译为"雄心勃勃"）。该刊中其中一篇文章提到一位作品总不能在本国实现的美国建筑师在中国的体会："在美国，像我这样的设计不可能付诸实施，……但在中国，我觉得任何事都有可能的。"对央视大楼的评论，文章中有几句话也值得转述："设计师不过是利用国家权力和资金结合的有利条件实现自己艺术野心的投机主义者。"无论是央视大楼，还是巴洛克教堂，都没有花某个私人的钱，但都试图展现出伟大、震撼、戏剧性的场面。

当代建筑创作在一些方面和巴洛克建筑有相似之处。我看重的是"狂欢"二字。狂欢有非理性的一面，是一把双刃剑。如果建筑对奇

形怪状的追求是为了建筑更好用，或者为了精神功能的需要，表达一种积极的、有价值的隐喻与联想，这是可以理解的。但这种追求若削弱了功能、浪费了大量的财物，并对环境造成了破坏，同时摧毁了文化的核心价值，只求怪异、揣摩业主的偏好，为独特而独特，则背离了本原。人们似乎忘记了对建筑的综合评价标准，在一些前卫的"国际大师"的带动下，建筑创作似乎进入了曲线、曲面的"狂欢时代"，好好的超高层大厦非要扭几扭才行。巴洛克建筑师不可能为市民和普通大众服务，当时的画家们，如鲁本斯、提香、维拉斯开兹、伦勃朗、卡拉瓦乔等人画作的题材都是宗教和权贵，世俗、宗教享乐虽在他们的作品中也有所表现，但忠实于基督教的宗旨是不会改变的。

建筑师的服务对象有国家。发达国家的建筑与城市建设资金的投入是取之于民用之于民。欧美发达国家将所掌握的纳税人的钱，在建筑与城市建设方面主要用于公共设施、环境改善等，很少去建造巨大、宏伟的政府办公楼。美国国会大厦1800年投入使用，已有200多年的历史；佛罗伦萨市政府还在几百年前的市政厅办公。国家资金在建筑上的投入主要是公共博物馆、图书馆等，重大事件如奥运会场馆等，其中也有私人资金的投入。在中东石油暴富驱使建筑市场大兴土木，展现财富，各种各样的新建筑在这片土地上涌现，为后来的当代巴洛克做

图4

图4 有鸟巢和央视大楼的《时代》周刊封面

了开路先锋。尤其阿联酋的迪拜和阿布扎比风头更盛。阿拉伯的君主们和巴洛克时代的教皇一样,其目的是赤裸裸的:宣扬君主、国家、民族、宗教的伟大和雄心。在欧美也有不少大而怪异的建筑,盖里的作品一直受到注意。但要说明,其业主大多是私人财团、大老板,还有各种各样的基金会,而不是国家。就是这些业主为了显示自己的实力,突出形象,震撼、压倒别人,多花一些钱不在乎,于是就多了些去迎合的建筑师。

中国业主中房地产商和私人老板占了很大比例,在土地财政和高额利润的驱使下,随着经济的快速发展和快速城镇化的步伐,房地产开发商迅速地占领了全国大小城镇,在史无前例的开发规模下,城市规划管理显得十分苍白,于是什么"欧陆式""托斯卡纳"风泛滥,老板们的价值、审美取向成了主宰。中国建筑出现了极其怪异的现象:无意义的扭曲和怪异,什么酒瓶、靴子、福禄寿三星、元宝、龙头等各种样子的建筑纷纷登场,更多是跟风、克隆、模仿。其特点是震撼和浮华,对形式的追求掩盖了一切。

思想更新、眼界开阔、创作活跃的今天已处于历史上最好的时期,但也是最容易出现问题的时期,正确与错误相互缠绕。当代和古典巴洛克时代完全不同了,那时的建筑师只是和大理石以及描金彩绘打交道,鸟在笼中飞,除了把教廷捧上云端外对地球造不成损害。而当今建筑师、业主如果都疯狂了,人类就遭殃了。一方面建筑创作思想不够解放,尤其原创的、有中国文化和地域特色的不多;但模仿的、克隆的赝品却打着"普世""全球化"的幌子在官员们、大老板的面前献宠。华西村中那个被誉为"世界农村第一楼"——高达328米的"五星大楼"耗资30亿元。大楼本身就是显示财富、渲染豪华,珠光宝气,在建筑创作上没有什么可取之处,但它的确表现了华西村在当下的价值观与审美取向。在世界不断进步中,当代建筑师不可避免地要为普通人服务。农村住宅,在我国也是最近20年才开始关注的,但没有受到建筑师们的重视,往往是兵营式、棋盘式的千篇一律。近年来好多了,尤其在汶川地震后,大师们也出面了,的确有很大改变。世界上的确有非常著名的建筑大师在为普通的平民着想。埃及的哈桑·法赛一生在研究灰泥代替水泥、改进自然通风的低成本农村住宅,也没有做什么宏伟大厦;印度的柯利亚是世界级的建筑大师,他研究的低成本集合住宅也是为穷人服务的。他们都分别获得了国际建协(UIA)的建筑金奖。再回头看看中国各种各样的大酒店、大办公楼,过度装饰已是通病,大堂大而无当,但金碧辉煌里透着媚俗、散布着炫耀,低俗的价值取向和审美表现得一览无遗。把装饰当建筑,把风格当方向,无视建筑的建造目的和需求,一味在形式上标新立异。这一点上现今的一些做法还不如巴洛克时期,起码他们还有宗教的虔诚。但今天追求大幅度的动荡曲面还要付出经济、环保的代价。

3 动荡曲面、曲线的是与非

建筑中动荡的曲线和曲面除了认知观的变化和戏剧效果的需要,从积极意义上也表达了人对自然的本能追求和适应。物种各异的曲线和曲面,在亿万年的生存竞争中是最佳选择,是适应环境的最好形式。达尔文的进化论在一定时空区段还在解释自然和物种的变化。现时所有的物种的曲线、曲面形态是在变异、遗传、适应、竞争的过程中形成的,因为在竞争中它们磨去了任何多余的部件和形态,是生存的最佳选择。今日很多物品已摆脱了直线的束缚，如飞机、汽车、火车、计算机等，哪怕一个小小的打火机也是曲面构成的（图5）。何况如飞机等，为了追求最佳的速度和效益便向鸟类学习，进入了仿生的境界，这是必然的。比起自然来，人类还很幼稚，仿生仅仅是开始，尤其建筑，更是如此。

远古时期，建筑空间不大而材料有限，运用自然中的树干、草木、泥土、石头，搭建、堆砌而成，围护是最主要的功能。由于建筑的重量传递就必须遵守万有引力法则，整体荷载必须垂直传向地面，克服这种困难用了几千年。近几十年建筑技术和材料迅猛发展，计算机辅助设计和更先进的数字化设计，以及不断提高的施工水平，使得一定范围内的建筑空间和形象可以任意塑造，像一朵花、一条鱼，扭曲成各种各样的形态都可以以建筑的名义出现。建筑空间的建构落后于飞机、火车、汽车、火箭、飞船，虽没有仿生的需要，人类追求自然的天性依然在，于是在一些前卫的外国建筑师的带领下，仿生、编织、塑造出非线性的建筑纷纷出现，成为一种时髦。

我不反对仿生，它是人类文明发展到一定阶段的对"自然"合理、细致、先进的学习。亿万年生存竞争导致了被仿自然物的适应和完美。就如麦秆中空受力的合理性，早被建筑中的空腹梁、柱模仿，大树的枝叶悬挑及随风摇摆也被现代建筑稳定和抗震所借鉴。

我无意反对曲线和曲面在建筑中出现。剧场顶棚的曲面是音响的需要，体育场弧形看台是视线的需要，圆顶、壳体是加大空间的手段。就如飞机的仿鸟类和流线型都是精确计算过的有利于飞行和安全的"形"，如果哪个疯狂的设计师非要无缘无故地将飞机翅膀像麻花那样扭上几扭，灾难就要来临了。

由工业化到后工业化时代也就不到200年，从1950～1960年代开始由于人类对宇宙万物认知的爆炸式的扩大。爱因斯坦的相对论、量子力学、基因学的先后出现，以及霍金的黑洞、反物质等理论，使人们对那种简单的非此即彼、由此及彼、因果明确的线性思维转向模糊性的思考。世界变得复杂而难以预测，事物越来越模糊，预言家纷纷败走，"蝴蝶效应"使世界上的当政者往往措手不及，复杂的突变猛击着高瞻远瞩。理性和非理性相互转化，不可思议的事层出不穷，盲人摸象的寓言还要加上一句，"他们摸的是大象吗？"这是认识论的进步。在信息的取得、储存和分析应用方面，人类已开始走上了"云"的平台。万物、宇宙在人类的眼中从来没有比现在这样更加丰富多彩，在复杂和模糊中更加接近对事物变化中的瞬间认识。

在采取一切手段营造戏剧性、全息式的建筑空间效果方面，古典和当代的巴洛克现象异曲同工，只是程度和技术手段有所差别。他们共同的一点就是用各种视觉效果去冲击和吸引人的眼球，有时竟会远离建造的最初目的。

图5　　　　　　　　　　　　　　　　　　　　图5　仿生的机械产品

在19世纪前，建造曲面的空间主要用拱、券、圆顶，用石材无法承受拉力和较大的弯曲。木材主要用于屋面的梁、檩，受弯能力有限。这时人们在建造空间的大与高方面已达极限，大跨的非静定曲面结构的出现还为时过早。建筑在克服地球引力的过程中艰难地前进，它们的跨度越大，结构受弯、拉、扭的力度越大，而人类当前采用的主要是自重很大的金属材料，而自然形态的材料却丰富多了。

曲线和曲面出现在建筑上，从发展的视野判断这是一种进步，人们在营造空间中向自然学习和靠拢。但一切应以功能的需要，技术与材料应用的合理，对环境、生态有利为前提。千年不倒的胡杨树每一个扭曲都是为了生存，一把火柴落地的形构都有其因果，一把弯曲的镰刀每个曲面都符合人体工程学的需要。现在的建筑观念很难和未来契合，新的探索是必要的。但目的是保护生态环境和可持续发展，背离了这个原则，仅仅去追求怪异，这样造就的所谓的前卫建筑就是对人类的犯罪。

4　人民的、和谐的、接近自然的、可持续发展的建筑与城市

当前我国建筑创作最根本的问题是提高全民包括建筑师、业主、官员在内的文化素养和鉴别力，确立关注民生的价值取向。念大学时，我常听到一句话，就是"建筑要体现对人的最大关怀"，这句话我牢牢地记住了。在钱、权的控制下，建筑师应尽可能地用自己的技术、学识在一定的范围里去体现对普通人的关怀，就像文艺复兴时期美第奇府邸下的太阳凳一样，让平民走累了能坐一坐。

目前我国住宅设计中，在开发商的"精品""尊贵""皇家""绝版"的吹嘘中，建筑师若能履行起码的社会职责，不为开发商弄虚作假，在使用的功能上、细节上下功夫，其差别也会有云泥之分。我们要对民生建筑投入力量，不能只是关注高大上的建筑。当代建筑空间要创造的效果不应该只追求轰动的戏剧性，或宏伟、壮观、使人膜拜的情景，古典巴洛克时代是为宗教，而今天社会的主人应该是民众，大部分建筑应该是亲民的，即使有戏剧性，也要让人们愉悦，享受美好，而不是让人诚恐诚惶、有渺小感。如果我们政府的办公大楼总是表现得高高在上、难以接近，就要反思了。

人类从自然来，最终还会回归自然。但居住、生活越来越离不开城市，而城市里的建筑似乎与人越来越过不去，人被挤压，在传送带上送来送去，像蚂蚁一样忙碌，难道这就是人类美好的未来？究竟什么是城镇化？当我们行车经过瑞士的原野和丘陵，看到四周的村镇和农舍时，应该要想一想，难道他们没有城镇化，没有现代化？

当今世界，虽然都在呼吁生态平衡，制止污染，可持续发展，但许多人的知识体系还是机械主义和线性思维，把上述的话仅当作口号、招牌、竞选纲领来欺骗人。我们每个人都是地球的一分子，人为自己考虑也没有错，但我们应该把人类放在全地球的大格局中，在万物中摆对自己的位置，行为要和生存的地球相协调，千万不能再犯"人类唯大"的错误。只有真正认识到自己是地球大家庭的一员，不再狂妄，不再无休止榨取，走共同生存的道路才有前途。不能只是看到了危险，但在行动上却不悬崖勒马。何况世界上每个国家发展的阶段不一样，已在工业革命中占尽了便宜的那些国家，却还在带头破坏环境。是非、善恶、美与不美、正义和非正义、战争与和平、廉政与腐败等的界限，在实际生活中有时是模糊的，而且是可以

转化的。正因为这样，20 世纪以来人们的悲观情绪越来越严重，就像人们感觉到的那样：富裕了，但压力更大了，安全感更少了。人们的需求能不断地满足吗？答案是否定的，比较和攀比就是魔鬼。

人们心目中的建筑，除非是他们自己所用，一般是以形象为标准来评价。但建筑两个字里还包含着空间、光影、空气、温度、环境、历史、坚固、设备、经济、声音等，以及心灵所再创造出的特殊意境，非形象、隐喻所能传达的。建筑是一个极大的场，也是一个朦胧的、变化的场。景随情易，人随场变，说清更不容易。

建筑与人的关系太复杂，人在建筑的空间里以今日学科而言，几乎包含了大部分，其中还有正在兴起的灵学、人体工程学、精神物理学等，要从历史的变化中探讨相互权重的演变。其实建筑空间的本质就是人，没有了人，空间会有，但就不是建筑（包括城市和园林景观）了。是与非皆出于人。

当人把自己看作万物中平等的一员时，他对空间的要求就是和万物和谐，不必去显山露水。如果把自己看为凌驾于他人与万物之上，他就要千方百计地显示威严、尊贵、慑服。空间屈服于权力，人与自然万物就出现了异化和对抗。2009 年的最后一晚我在迪拜，望着那包裹着银白色的金属和淡蓝色玻璃的由大到小收分直插天空的尖塔，我万分迷惑。尤其在当年由于债务危机世界唱衰迪拜时，为什么要建造它？与此同时，在阿富汗、伊拉克，已经没有什么像样的建筑了。尤其伊拉克也曾因为石油，其城市和建筑辉煌过一阵。前后的反差使我想起了"朱门酒肉臭，路有冻死骨"的名句。建筑和城市的命运掌握在什么人的手中？难道世界会一直这样下去？

所以，建筑就是让人用得方便、舒适，看得心情舒畅，空气好，阳光充足，水、电、暖合适，环境美，花钱不多，环保，交通便利、购物就近、孩子上学不难等最基本的需求得到保障就是天降大福了。尤其让天下人都能这样，地球就是天堂了。具有较高艺术价值的城市和空间，还可以给人以潜移默化的影响：提高文化素养、鉴赏力，也能激发人的创作欲望，接受美的熏陶。尤其那些朴素的、内涵很深的、创造性的、生态的空间艺术形象，将在很长的历史区段给人以辐射，但这样的建筑与空间被平庸和媚俗淹没了！

建筑与城市不是竞技场、杂耍场，彼此之间不是要竭尽全力地打倒对方，而要在和谐的空间里相互对话、陪衬，像谦谦君子那样礼尚往来，和而不同，魅力各异。击败对手不是靠大、高、怪，而是全方位地为社会服务。建筑与人的关系中，最可怕的是"大人类沙文主义""大建筑沙文主义""明星建筑师沙文主义""权钱沙文主义"等。它们往往主宰了建筑和人，就会使人和自然屈从。所以建筑和人里，最普通的人才是主人，老百姓的生存状况直接反映了城市与建筑的好坏。

坚守建筑师的职业准则，关注民生，爱护环境，尊重历史，注意节俭，坚持创新，这是当代建筑师们应该坚持的底线。

图片来源

图 1　自摄
图 2　磯崎新，篠山纪信. 磯崎新 + 篠山纪信. 建筑行脚 1 ~ 12[M]. 六耀社，1980–1992.
图 3　磯崎新，篠山纪信. 磯崎新 + 篠山纪信. 建筑行脚 1 ~ 12[M]. 六耀社，1980–1992.
图 4　自摄
图 5　https://www.pinterest.com/sakikomiyakuni/colani-mes-sources/

现代中国建筑史上闪光的一页
——1949～1966年新疆建筑师队伍的成长历程[①]

曾子蕴　王小东

新疆地处亚欧大陆腹地的中国西北边陲。由于地缘的关系，新疆成为世界文明荟萃的地方，也是历朝历代得到国家重视并推动发展的地区。

1954年2月，迪化恢复使用原名乌鲁木齐。1955年10月，新疆维吾尔自治区成立，首府为乌鲁木齐。在重大历史转折中，政治格局和地位的转变，为乌鲁木齐的发展提供了广阔的舞台和空间。乌鲁木齐由一个昔日人烟稀少、生存条件艰苦的荒漠、半荒漠草原地区，一跃成为整个新疆的政治、经济和文化中心。

新中国成立初期，百废待兴。当时整个乌鲁木齐人口10.8万，城周约10公里，城区分城里和城关外。城市建设极为落后，基本没有一条平整、宽敞的大路，仅有的楼房是盛世才时期（1935～1940年）苏联共产党人来疆援助时建造的新疆大学砖混结构的2层苏式教学楼、现自治区党委院里的三栋2层大楼、南门大银行和天山大厦。土木结构的2层楼房都屈指可数，住宅更几乎全部都是土坯平房。公用设施多为空白，仅1条公共汽车线路、3辆公共汽车，仅有3座木桥跨越乌鲁木齐河东西两岸，且常被洪水冲毁，交通断绝，市容残破不堪。工业、给水排水、供电、供热等方面均为空白，东北两关外一片荒凉。

新中国成立初期，国家建设人才奇缺，乌鲁木齐的技术人才更是缺乏，想要改善发展实属不易。1950年，中苏合作设计的新疆医学院、十月汽车修配厂、石油公司、有色金属公司等建设项目都是在部队的配合下才得以施工。新疆军区后勤部钢铁厂是在重工业部的帮助下才开始筹建，由王震司令员亲自组建设计组，负责总体规划和工程设计。这个23人的设计团队均是来自上海的专家、工程师、教授、翻译人员等技术专业人才。之后又从部队抽调探矿、冶金、机械、电力等专业人才组成设计组，在乌鲁木齐进行动力机械和辅助设计。

为使边疆发展能够与内地齐头并进，加快新疆的建设步伐，时任多个重要启动项目筹备组组长的王震司令员深感到："我们急需中国自己的人才，不能每次找苏联专家，要培养自己的人才。[②]"而在新疆的文化事业、工农业、商贸金融、交通运输等多方面同时逐步复苏的时期，新疆和乌鲁木齐对于建筑师、城市规划

---

① 本文发表在2021年《建筑学报》第12期。
② 乌鲁木齐晚报，2012年8月1日。

师的需要愈显急迫。1951年，新疆军区工程处正式成立了，其内部设立了工程科设计股，由部队组建工程队伍配合进行施工。意识到当时的新疆和乌鲁木齐更需要我们自己的建筑行业专业性人才，王震司令员亲笔写信，调毕业于重庆大学建筑专业的金祖怡来疆，配合苏联专家从事工程设计工作。信中写道："金祖怡同志：新疆建设开始，首先就是建筑工程人才的工作。故调你参加新疆八一钢铁厂、新疆水泥厂等厂址厂房建筑设计工作。请即日随该厂专家出发参加工作。此致，努力！王震六月二十八日"（图1）。并将当时在全国知名的基泰工程司、杨廷宝建筑事务所从事建筑设计工作的建筑师刘禾田调任新疆军区工程处任设计股科长（图2）。与金祖怡、刘禾田等一同参与新疆建筑设计工作的是来自上海的全国知名的建筑师周曾祚、金炳章等。从此，一支国内高水准的专业建筑设计团队在新疆乌鲁木齐开始生根发芽，茁壮成长。紧接着，新疆军区工程处设立的工程科设计股在成立的第二年，逐步扩编为设计科、设计处。

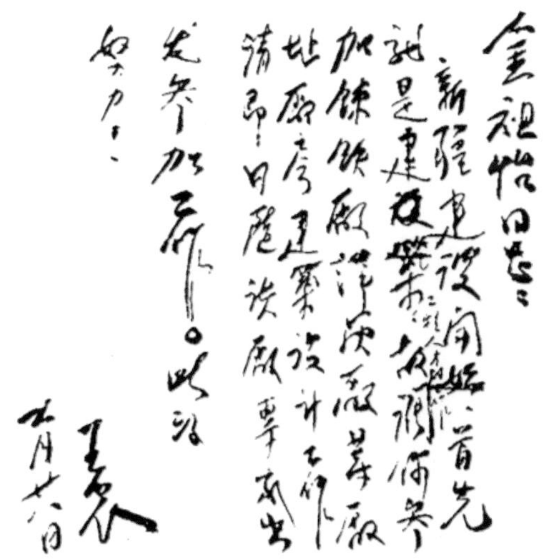

1954年10月，新疆军区生产建设兵团成立。新疆军区代司令员王震、代政治委员王恩茂、参谋长张希钦签署命令。一声令下，10万官兵脱下军装，连同家属在内共17.5万人集体就地转业，成为新中国第一代军垦人。10万官兵组成10个农业建设师、43个农牧团场、2个生产管理处、1个建筑工程师、1个建筑工程处及相关直属单位。新疆军区工程处设计处改编为新疆军区生产建设兵团建筑工程处设计处。10年期间，经过数次调整、压缩、改编后，兵团工程处改为兵团建筑工程第一

图1

图2

图1 王震将军给金祖怡的亲笔信
图2 刘禾田和金祖怡合影（1950年）

师，改名为兵团工一师设计院。1954年，自治区城建局内成立了测量队、设计室。两者于1956年合并成立自治区建委设计处。

时至1958年8月，依据边疆和少数民族地区需要补充"新鲜血液"的要求，中央作出了《关于动员青年前往边疆和少数民族地区参加社会主义建设的决定》[1, 2]，要求1958年至1963年5年内，由内地动员570万青年到这些地区去，并号召全国广大青年，包括机关青年，到西北和内蒙古等地区去，参加那里的开发和建设事业。这次支边行动，涉及地区之

---

① 关于动员青年前往边疆和少数民族地区参加社会主义建设的决定 [A].1958年8月. 江苏档案馆藏，档案号3086-1-1.
② 赵入坤. 二十世纪五六十年代的中国边疆移民 [J]. 中共党史研究，2012（2）：52-64.

广、动员人数之多、社会影响之大都是前所未有的。据不完全统计，1958～1963年，来新疆支边的知识青年中，有近三万人来自北京、上海、天津等国内大城市，更有约二十五万来自江苏、安徽、湖北的优秀知识青年远离故土，在天山南北安家落户。一时间，新疆的各行各业感受到了一股新生的发展力量，农业、商贸、军事等行业在原有的水平上逐步正规起来。工业、医疗、教育、交通等行业的发展更是从无到有，且很快追赶上其他地区水平。这其中，新疆城建行业中的建筑业发展具有很强的说服力。

在金祖怡、刘禾田等国内知名建筑师带领指导下，兵团工一师设计院和自治区城建局成立的自治区建委设计处这两支乌鲁木齐城市建设专业设计队伍在原有的基础上，大量吸纳了来自祖国各地的优秀专业人才，这其中有国内知名大学毕业的建筑学专业毕业生、国内先进地区国有设计单位的有丰富工作经验的设计师、部队参军人员中从事建筑设计实践的设计人才等。城建局局长徐洪烈同志〔毕业于中央大学（现东南大学）建筑系〕也亲自带队，到其他地区招收建筑设计类专业优秀应届毕业生。1956～1958年间，北京民用建筑设计院、天津民用建筑设计院各抽调了一个设计室的设计人员，共计110人左右，作为援疆建设队伍，并入了自治区建委设计处，由此成立了自治区建委勘察设计院。以上两个设计院就成了新疆当时建筑设计和城市规划的主要力量。接着从这两个设计院分别派出骨干，在伊犁、喀什等地和几个新疆生产建设兵团的师部均成立了建筑设计室（包括城市规划）。

在1956年前，来新疆的建筑师群里有早些年苏南工业专科学校毕业的周曾祚、留美归来的建筑师金炳章、1947年于重庆大学毕业的刘禾田、1949年于重庆大学毕业的金祖怡、1950年于浙江美院毕业的滕绍文、1949年于浙江美院毕业的李宇翔、上海圣约翰大学毕业的翁厚德，以及1957年建设部北京民用建筑设计院、天津民用建筑设计院来的一批老建筑师，孟昭礼、杨钧、李千里、雷佑康、姜琦、钟飞霖、王绍云、刘纹、王悦新、陈金凤、廖政文和原新疆军区工程设计处的邓秋虹、盛志斌、王仁尧、牟建东、胡传本、梁延明、郑亿侬等25名前辈给新疆的建筑师队伍奠定了坚实基础。

1956年后，每年我国建筑系毕业的学生仅有500人左右，而每年国家分配给新疆的建筑学毕业生的比例很大，这种情况全国少有。其中包括之江大学建筑学专业毕业的余立明、黄晓村，清华大学1954年毕业的陈声海，华南工学院毕业的张炳、朱闻一，1954年重庆建筑工程学院毕业的王申正，1956年西北工学院毕业的白松鹤，1956年苏南工业专科学校毕业的孙国城、黄仲宾，1957年东北工学院并校仅一年即毕业前迁到西安后来的范世琦、高明良、芮连城、信秉衡，天津大学的有刘叔雄，共14人。

1958年乌鲁木齐迎来了更多的建筑学毕业生。包括毕业于清华大学的罗传浩、郭镛、王继舜、邹文教、惠永泰，天津大学的黄为隽、黄秀龄、黎镜江、汪秀芳、王子康、张胜仪、潘巧珠、张子厚，同济大学的吴定伟。三座名校一次给乌鲁木齐分来14位建筑学毕业生，可以说在新中国成立以来都是没有的。他（她）们中大多在新疆院工作到20世纪80年代或更久。

1959年到新疆院的有重庆建筑工程学院的郭文祥、周兴才、陈伯贞、张葆令，苏州建筑工程学校的陈天锡、吴德圻，共6人。

1960年到新疆院的有毕业于清华大学，后来又去苏联列宁格勒建筑学院学习的孙秀山，南京工学院的周隆洁。

1961年清华大学分配到新疆院的有黄汇、钱致平、应莉莉、刘燕、朱杨桃、葛鸿钧、王忠信7人，其中王忠信被分配到了喀什地区设计室。

1963年西安冶金建筑学院到新疆院的有王小东、段成全、高凤熙，内蒙古工学院的李惠生、杨淑芬、刘维华、史淑仙、傅来春以及山东工学院的裴增令，共9人。

1964年到新疆院的有清华大学的董慰曾、马安国，南京工学院的金人伯、王建圻、唐永萍，重庆建筑工程学院的蒋耀东、王朝斌、何家玉、李钧、吴应碧，太原工学院的韩建民，西安冶金建筑学院的关小正，还有从西北院调来的1959年重建院毕业的曾昭廉、谢瑞章共14人。

1965年到新疆院的有河北工学院的高庆林、王忠诚、朱连迎、张恒业，太原工学院的韩希深、殷翠云、夏辅容，华南工学院的周桂隆，同济大学的陈汝明，南京工学院的周鸣岐，重建院规划专业的管涛、刘声惠，同济大学规划专业的李森岩、李志慎、吴有春，共15人。由于当时新疆城市规划工作开展缓慢，所以后来他们都改为建筑专业。

从上面的建筑师人员情况分析，1956～1966年间仅分配到新疆院的建筑学专业学生中包括清华大学16人，天津大学9人，同济大学5人，南京工学院4人，之江大学2人，西北工学院1人，西安冶金建筑学院（含东北工学院）8人，重庆建筑工程学院14人，内蒙古工学院5人，太原工学院4人，河北工学院4人，苏南工业专科学校2人，南京工学院、华南工学院、山东工学院等9人。也就是说，新疆院建院后的10年中国家向新疆院分配了共计83名建筑学应届毕业生，再加上建院时原有的25名建筑师，共计108人，这还不包括分配到新疆其他地区和单位的建筑师。这是多么壮观的一组数字！并且他们都能愉快地服从分配，其中也有不少是自愿申请来疆的。名校的建筑学毕业生如此集中到一个省院，这在全国是绝无仅有了。所以当注册建筑师制度实行时，新疆院经资格认证不需考试的一级注册建筑师就已近四十人。

这个闪光的群体，给新疆尤其对乌鲁木齐的城市和建筑的发展作出了巨大的贡献。从乌鲁木齐最早的城市规划（当时新疆没有规划设计院，而是附属在新疆院的规划室）到重要的建筑，如早期的八一百货大楼（图3）、人民电影院（图4）、新疆人民剧院（图5）、八一剧场（图6）、东风电影院（图7）、二

图3　八一百货大楼（1952年）
图4　人民电影院（1954年）

图3

图4

道桥百货商店（图8）、新疆人民政府办公楼（图9）、新疆体育馆（图10）、新疆军区办公楼（图11）、乌鲁木齐机场T1航站楼（图12）等都是留在人们记忆中的地标建筑。尤其20世纪80年代上述到新疆的建筑师们继续作出贡献，如新疆国际大巴扎（图

图5

图6

图7

图8

图9

图10

图11

图12

图5　新疆人民剧院
（1955年）
图6　八一剧场
（1955年）
图7　东风电影院
（1956年）
图8　二道桥百货商店
（1957年）
图9　新疆人民政府办
公楼（1959年）
图10　新疆体育馆
（1963年）
图11　新疆军区办公
楼（1969年）
图12　乌鲁木齐机场
T1航站楼（1972年）

13）、新疆人民会堂（图 14）、新疆迎宾馆接待楼（图 15）、新疆人大常委办公楼等一大批重要而富有特色的建筑都有他们的心血。在整理和调研新疆传统建筑学术领域方面更有多部优秀学术成果出版，为新疆建筑研究作出了贡献。在新疆的城市与建筑的发展中都印刻着他们的辛勤劳动和付出。他们之中有不少是享受国务院政府特殊津贴的优秀专家，有 1 位全国勘察设计大师孙国城、1 位中国工程院院士王小东。这些人如今都已经过了退休年龄，一些人回到了家乡，其中一些人已经去世，但还有不少仍然坚持在工作岗位，与他们热爱的建筑事业，一起留在他们热爱的祖国边疆。我们不会忘记，共和国不会忘记。

20 世纪 50～60 年代是一个特殊的时期，在毕业生奇缺的时代，建筑名校如此集中地向新疆输送建筑学的毕业生的奇迹可能今后不会再出现了。所以，这段历史、这些建筑师们是我们宝贵的精神遗产，也是当代中国建筑史里一段值得大书特书的历史。在这大半个世纪以来，新疆的发展突飞猛进，从漫无边际的戈壁滩、处处 1～2 层的生土房屋，到如今现代化的大都市景象，进步大到超乎当时院里每一位工程师的心中预想，但这却是那个年代每一位工程师心中那份建设新疆的愿景，长期共同融合在一起的壮丽效果图。在如今"一带一路"倡议下，新疆的地位更显重要。为贯彻落实中共十八大和中央新疆工作座谈会精神，实现跨越式发展和长治久

图 13

图 14

图 15

图 16

图 13　新疆国际大巴扎（2003 年）
图 14　新疆人民会堂（1985 年）
图 15　新疆迎宾馆接待楼（1985 年）
图 16　乌鲁木齐景观（2021 年）

安的历史使命，乌鲁木齐又迈入了新的伟大征程。古代丝绸之路上的乌鲁木齐在历史发展的新时期必定更加灿烂辉煌，创造出前所未有的人间奇迹（图 16）。

图片来源

本文图片由新疆建筑设计研究院资料室提供

建筑理论的真实意义

——布正伟著《创作视界论》读后的感言[1]

王小东

和布正伟先生交往已有 20 年的历史了。从第一次接触起就感到他是个热情洋溢、有才华、善于思考的建筑师。随着多年来的不断了解，这种印象就变成了不争的事实。在建筑创作方面，从很小的"独一居"到几个大的机场航站楼等，他的作品各具特点；从建筑理论上讲，从"结构构思论""自在生成论""建筑语言论"一直到这本《创作视界论》，他在实践与理论的双轨上行驶数十年，成就了一位著名建筑师。

一位日本的建筑评论家曾与我谈过"成功建筑师的道路"，即名校、名人工作室、基本素养、组织能力、举止、语言甚至服装等都会起作用。从这些条件看，布正伟先生都具备了，但我认为这个标准还缺点什么，因为成功的概念在日本和西方可能侧重于金钱、地位、社会荣誉等因素。在商业炒作中我们可以看到一些这样的建筑师，名气大、收入高、作品流行，但以高标准的尺度衡量，其作品还是缺少了个性、神韵、境界、震撼力等。布正伟先生则从内心到实践都有着一个更高的目标和信念，从而造就了他的理论与实践的与众不同。

《创作视界论》这本书是布正伟先生的最新作品，全书贯穿着他对建筑创作与理论研究执着探索的过程。这里我特别强调"探索"这个词，因为它是学术研究中最可贵的品质。布先生在这本书中并没有匆匆忙忙地立一家之言，指出一条什么创作道路，而是不停地探索与思考，不断地否定，不断地再创造。在目标和信念的前提下，对建筑创作的诸多界面进行思索、总结、探求，不断地放弃陈旧的、错误的，哪怕似乎很经典的概念，去追求新的目标。在我看来，这就是建筑理论的真实意义，其中最有价值的就是不停地探索。所以建筑理论是一个动态的过程，对某个建筑师是这样，对一个地区、某一段历史时期也是如此。

然而，长期以来，在我国特定的历史条件下，对建筑理论有一种错误的描述，即认为建筑理论是可以管相当长一段时期，对一个人来说可能是管一生的"建筑创作指导思想"。这种理论还要体系化、框架化、权威化，没有它便会有人说现在建筑创作"下笔没主意""不知何去何从"。当"后现代主义"进入中国后，出现了两种反应。一种是认为后现代主义要代替现代主义而独霸世界；另一种则认为后现代是西方的，是资本主义制度的错误创作观。但

---

[1] 本文撰写于 2005 年。

后来的历史证明，后现代主义建筑并没有激起多么大的波澜。这是因为人们的理论观成熟了，而前两种反应的根源都是把理论僵化了，把僵化理论的指导作用夸大了，拿当前流行的一句话来说就是理论没有"与时俱进"。

人类社会进入新世纪以来，建筑界对大发展、大破坏等一系列严肃问题进行了反思。后现代思潮对当今变化无常的世界进行反思，对那些人们认为天经地义的东西试图颠覆、消解、解构。在此潮流中各种理论层出不穷，但又宣称一旦形成理论就失去了指导意义，在此背景下，建筑理论无用的思想蔓延，进而出现的抄袭、克隆、拼贴、媚俗的风气使得创作态度严肃的建筑师处于无可奈何的困境，究其原因还是对建筑理论的看法有误。

建筑理论对建筑师非常重要，没有它很难创造出一流的作品，但它不是僵化了的理论，而应是一种发展的、动态的理论探索过程，这个过程存在于每一个有成就的建筑大师的生涯中。布先生"创作视界论"的出现生动地说明了这一过程。他早年的"结构构思论"是对建筑创作的一次局部的探讨，后来的"自在生成论"则渗透到全过程的创作境地，"建筑语言论"在创作园地中精心栽种，而"创作视界论"就是一次大丰收。从局部的理论探讨上升到了视界的高度，在追求法则中不断陷入新的矛盾，这种过程处处是理论，而处处又是对理论的审视和自我否定。"大象无形"，在理论的土壤中生长，而又不被既有的理论束缚，进入一种师造化的"无法胜有法"的另一层高度，进入不是每一个建筑师都可以享受到的境界。这种境界在布先生的"创作视界"与"创作平台"的图解中已说明得很精彩了。图解中的三根支柱包括一个好建筑师的基本素质——即理念与能力，它们和实践共同构建起创作平台，在这

平台上有其建筑理论的立足点，最重要的是这个平台是驶在海洋中的动态平台，视界在不断变化中。建筑师凭借着扎实的理论功底和信念在此平台上通过对变化、信息的瞬间掌握，在理性与感情、理想与现实、认知与未来、风格与流派、传统与创新、高雅与低俗等诸方面，凭借已贮存的功力如价值观、鉴赏力、创造力、知识积累等进入创作境地。其过程中也贯穿着不断思索、辨明、否定、决策、放弃、追求等。在这里我甚至觉得布先生设置的平台范围有些过大了。世界的发展与变化使得像达·芬奇、米开朗琪罗这样的全才不会再有了。我们之中在布先生所说的平台上能有其中一部分立足点也就很不错了。当然，将这些立足点作为追求目标也是无可争议的。

平台大了，创作的自由度大了，视野开阔了，但未知区和空门也就多了，这对建筑师来说就带来了更大的挑战。在接受挑战之前布先生在该书的导言中说道："这本书的出版使我感到不安，因为随着信息时代的到来，建筑正随着人们生活方式的改变而改变……建筑已不是我们长期以来所学的、所想的和所作的那么单纯、那么清晰、那么一目了然了……由信息革命带来的这些深刻变化将会对我们创作视界的拓展和深化产生难以估量的影响。"看来他又要作一次新的构建了，这对一个建筑师来说是多么可贵的品质啊！邹德侬先生在该书的序中也说："布正伟是一个持续自省的建筑师，我常见到的他经常处于一种强烈自我反省的状态……布正伟智慧的自省，结果将是积极的，它意味着自己因不断地'蜕变'，而不断地得到'新生'。"以上两段引语互相印证的同时也说明了我在这里想表达的对建筑理论的看法。

走进理论，又走出理论；要理论但又不能

为理论所束缚；没有创作理论探讨的建筑师做不出上乘之作，但急于架构一个具有普遍指导意义的理论系统，在建筑创作的领域中恐怕很不现实。何况科学技术急速发展的今天，人类社会的物化现象十分严重。情感、亲情、友情，人和人面对面的交流，人与生态环境的和谐，鲜花、月光、小鸟等都在不断淡化，这些问题的解决恐怕建筑理论难当此任。重要的是一个有社会职责的建筑师要有一种信念，即他在创造过程中要尊重人、尊重社会、尊重环境和历史，具有积极的价值取向和鉴赏力。在这个前提下进行建筑理论的探索，就会不断提升自己作品的价值和品格。布正伟先生正因为具备了这种信念，才能在探索中走上了新的创作平台，展现新的创作视界。作为同行，我用他自己的话衷心地祝贺他在"学习、钻研、再学习、再钻研……"中登上一个更精彩的平台。

新兴的学科

——工程城市学与数字城市的综合管理①

王小东

当前我国城市的高速发展，不仅表现在可见的平面或立体空间里，在水平维度发展的同时，更是向空中、地下空间拓展。早在1991年东京召开的地下空间国际学术会议上通过的《东京宣言》就已经提出：21世纪是人类地下空间开发利用的世纪，21世纪将有三分之一的世界人口生活在地下空间，现有地下市政管网规划、地下轨道交通规划、古遗址古墓葬保护规划等地下空间规划的综合规划；在城市的上空，卫星航道、无线电波、飞机航线、景观空中走廊、近千米的超高层建筑等使得空中空间规划很紧迫；至于地面上的城市规划、城市设计、建筑设计、地面交通规划、地上文物保护规划等也急需不断修改；城市的自然环境、山川河流、地下水文地质状况直接影响到青山绿水、美丽中国的建设。从空中到地下，从水平到多维空间的交叉，从可见到模糊、隐性，多学科的介入，急速变化和发展中的城市面临着巨大的挑战，城市的管理随着大数据的数字平台将出现一门新型综合性的学科——工程城市学。

在当今世界上，中国的城镇化建设速度史无前例，2017年百万人口的城市已近一百个，今后10年之内还可能翻番。20世纪80年代，我国把百万人口的城市定为特大城市，在短短二十年内我国城市的发展速度位于世界前列。全球超过千万人口的城市目前有36个，仅中国就有14个，而且中国的很多千万人口城市是最近十年左右形成的。在世界上，有不少重要城市的规模和人口的发展已经处于停顿状态，市政设施已经比较完善，例如旧金山人口为87万，华盛顿为57.8万，柏林为350万，伦敦828万，长期以来城市人口变化不大。2017年中国城镇化率为58.52%，这种高速城镇化史无前例，我们必然在认识上、管理上缺乏经验，缺少翔实的数据和信息。

世界上的每个大城市都存在着各自不同的问题，也缺乏适合中国国情的借鉴。同时，一些中国城市急于取得政绩，热衷于大马路、大广场、高楼大厦等可视可见的城市形象建设，追求短期效果，严重忽略了"看不见"的市政基础设施。另外，我们对城市整体的复杂性认识不足，在城市管理方面政出多门，条条块块竖向管理，并没有形成整体、系统的科学管理模式。

从目前我国的城市研究来看，虽然有可

---

① 本文发表于2019年人民出版社出版的《百名院士谈建设科技强国》。

喜的进展和成果，但更偏重于各自较为独立的竖向学科研究，缺乏横向的、多学科交叉的综合性研究。例如，"城市设计"是对城市可视空间的研究；"城市地下空间的利用"偏重于地下轨道交通、地下商业综合体、综合管廊、地下停车库等专业；"城市交通"属于交通管理；"城市供水"指的是给水、排水、饮用水、污水处理等；"园林景观"是指人的行为和视觉、生态修复等；甚至城市的防洪、积雪、垃圾处理都是当代城市的重要内容。今天我国所实行的"城市规划"应该是最全面、最能关系到城市每个领域的法规性、权威性的城市管理文件。但现行的城市规划方法和内容最早借鉴于苏联计划经济时代的模式，虽然改革开放以来也在不断地改进完善，但规划的执行不力，任意性太大，规划不如变化快，没有动态的规划管理，不能统管城市全局，不能适应城市的急速发展，以至于出现诸多问题。所以，今天人们所说的"城市病"越来越严重。

20世纪70年代，西方就有人提出"城市病"的概念，但当时人们还认为高楼林立是发展和繁荣的象征。今天"城市病"已严重困扰着人们的生活和工作，不仅在中国，在全球的大城市里都已出现，只不过程度不同。如何治理"城市病"成为当今世界上前沿科技研究领域的课题。尤其党的十九大以来，贯彻习近平新时代中国特色社会主义思想，"加快生态文明体制改革，建设美丽中国""建设世界科技强国"的指导思想在"城市"这个领域极为重要。绿色、环境保护、生态保护等都要在城市这个载体里体现。贯彻这些重要思想既是中国的事，也是对世界、对人类作出贡献的大事。

城市就如人体，要保证它健康、正常地运行，就必须站在全局、系统的视野上观察每一

个运行的动态，及时发现问题，提出补救、改善的办法，而不是"头痛医头，脚痛医脚"。城市也一样，只不过城市以人类的社会行为为主，相应地治理"城市病"时也需找到"病因"，规范和约束社会行为。尤其在今天的信息时代、大数据时代，信息的采集和传播对城市的整体系统而言是有可能做到，并根据不断变化的信息及时、有效地实施诊断、管理，使我们的城市更健康、更美丽！这样，"工程城市学"的建立便随之而生。

智慧城市的提出为实现新学科的建立提供了参考方法，但它目前不是"工程城市学"的全部，它只是侧重于城市中各种信息及数据的传播，并对城市的管理者提供决策依据。但实际上城市的空中、地面及地下空间的快速建设发展使得传统的城市规划建设从平面变成立体，城市成为更为复杂的多维系统，传统的规划方法和模式很难适应未来城市发展的需要。但现行城市管理体制中不同城市管理部门的数据不能有效地共享，因此建立一个全息的城市数据共享和统一管理的中心是城市真正实现数字管理的首要任务。

这个中心中构建着城市的虚拟运行状态，而且这些数据都是动态的，与特定地理空间相关。它就像一个能展现城市多维度的必需的信息或影像系统，是城市领导者、管理者、决策者的共享大厅。在其基础上对城市进行统一、协调的规划和建设，可以随时提出解决问题的不同方案供管理者、决策者选择实施。

目前我国在数字城市建设中尚处于初步子系统的研究实施阶段。在这个领域里，国外的研究也是如此，如在10年前纽约、巴黎、伦敦的城市三维图像也停留在计算机建模贴材质的水平。而关于数字城市子系统的理论研究则已经逐步展开，例如交通管理系统、土地利用

系统、城市轨道交通系统、城市地下空间利用系统、城市生态修复系统、城市防洪防涝系统、城市供水排水系统、城市污水处理系统等方面均有比较可行的成果，但都没有上升到整体的城市综合系统。其原因之一是研究的复杂性，人们对城市的整体研究认识不足；另一方面在于多个政府部门之间行政权力的分割阻碍，而这一问题在我国尤为明显。

随着技术进步和应用扩大，以及市民生产生活方式的转变，城市规划建设的理论与实践也将获得相应扩充与调整，探索新的规划方法并产生新的规划思想，现在虽然还只是开始，但其已成为急需解决的问题。当前急需更高效、先进的数据收集传感手段，设备技术水平亟待提高；数据收集和管理人员的培训要加强；应用大数据整合城市空中、地面、地下空间，对其进行综合规划，保证数据的准确性；最重要的是建立动态的信息平台，而不是过时的死数据；在数字城市管理的系统实施中还要完善相应的法规甚至调整政府机构的职能。

建立新的工程城市学学科，是为了我们的城市更美好，运行更健康，学科的确立也要不断根据实际情况调整。习近平总书记在今年两院院士大会的讲话中提到，学科之间、科学和技术之间、技术之间，自然科学和人文社会科学之间日益呈现交叉融合趋势。学科的交叉研究在全球领域也在探索之中。在我国现行的有关城市的一级学科有城乡规划、建筑学、市政工程、城市交通等，还不能涵盖城市的全部内涵，但这些都可以归入"工程城市学"的大范围。在几十年前，提这样规模的学科完全是空想，因为没有技术手段，而在今天大数据的信息时代，给建立综合性的工程城市学科提供了技术保障，而且这些技术手段还在以超出人们想象的速度向前发展。我们正在做前人没有做过的事，学科的建立也要和世界日新月异的发展相匹配，而且我国在这方面的城市研究领域也有领先的地方。

在工程城市学的体系中，对城市科学地、系统地、动态地数字化管理是当前我国在城市领域中建设科技强国以及科技创新的有效途径。

建筑中国 30 年论坛（节选）①

马国馨　葛　明　何镜堂　王小东　张锦秋　刘东洋　吴焕加　邹德侬
李武英　王家浩

王小东：关于建筑创新

在改革开放 30 年的进程中，中国建筑师面临着"创新"的挑战。

托马斯·弗里德曼在《世界是平的》一书中提到在全球化的浪潮中，"太阳升起时，你最好开始奔跑"，并提到在奔跑中如果要取胜，就必须有独特、个性化的东西，有不可被别人代替的东西，才可以免受平坦化的冲击力。张钦楠先生关于建筑理论的著作书名就是《特色取胜》。

创新成为当代中国建筑创作中急需重视的核心。中国建筑走向世界，如果没有创新的前提，只能是一句空话。"技术创新"成为全球化进程中每一个国家和地区的立足点。

全球化是人类历史发展到一定阶段突变的现象，它是在当今世界变化不断加速的进程中出现的。如果把人类建筑史浓缩来观察，也可以看出只有创新的建筑最有价值。

"建筑创新"的含义，我认为有如下几个层面。

1）满足人类日益变化增长的对建筑新空间的需求。

2）在建造技术上达到过去没有过的高水平。

3）在建筑形象上的独特性和社会意义。

满足了以上需求的就是非常独特、成功的建筑，如埃及金字塔、罗马万神庙、哥特式建筑等都是。

以哥特式教堂为例，它满足了中世纪人们向往天国的精神需求，飞扶壁和加肋帆拱技术的发展，造就了高耸入云的尖塔和内部层层向上的空间，把功能、技术、形象最完美地结合在一起，理所当然地占据了建筑史的一页。

当然，全部满足上述几点创新的建筑最理想。退而求其次，三条中能占据两条、一条也是很不错的创新了。

北京在奥运会之前几座引发争议的建筑之所以能出现有其各种原因。但有一点是共同的，即建筑空间和形象的创新和新技术的支撑。

我并不认为这些建筑多么完美，中国国家大剧院在建筑使用的功能方面并无太大的特色；"鸟巢"（国家体育场）虽然有编织建筑的外貌，但结构体系仍然有限，而且功能上也有欠缺之处；中央电视台总部大楼尽管出于"反摩天"的概念，但其过于怪异的形象使很多人接受不了。更重要的是它们耗费

---

① 本文发表在 2009 年《时代建筑》第 3 期。

的资金惊人，与国情并不相适应。但它们在北京却站住了脚，并得到了主流舆论的认可。其原因是它们与前文所提到的"创新层面"有关系。为什么中国成了外国建筑师创新的试验场，除了"外来和尚"的原因，我国建筑师未能得到认可恐怕由下列原因所致。

1）由于建筑观念的落后跳不出固有陈规的束缚。

2）能想得到，但没有可行的技术手段支持。

3）能想得到，也有技术手段支持，但决策者信不过。

当前建筑创作的困境属于前两条居多。而我们的创新道路就应该是"想得到，做得到"。当代社会变化越来越快，社会对建筑空间的需求也在不断变化中越来越丰富、复杂。相对人类的进化，建筑空间发展史还是比较短的，仅仅几千年中人类对原型空间的选择也是有限的。人类从洞、穴、植物编织的空间原型中走出后，利用木材、砖石，形成梁、柱、墙、拱、圆顶等一直沿用到现在。但近百年来，世界的飞速变化和发展使得钢材、复合材料形成的空间结构出现，满足了人类对新空间的需求。可以这样说，建筑空间的原型进入了非线性、编织、仿生时代。而这个时代产生的基础则是发展、变化、新技术的出现以及人们对传统观念的颠覆。

在全球化的语境中，我们也得奔跑着去创新，否则中国就会成为外国建筑师越来越大的试验场了。

怀念林宣先生①

王小东

我经常在各种媒体里看到关于林徽因先生的一些文章，因为梁思成、林徽因二位先生在东北大学（简称东大）一手创办了当时中国的第一个建筑学专业，而林宣先生又是林徽因先生的堂弟，他们之间来往密切，不少有关林徽因先生的传闻都以"据林宣先生回忆……"开头。东大改为"东北工学院"后，建筑学和工用与民用建筑专业与其他学校合并，1956年迁至西安。我于1957～1963年在西安冶金建筑学院（简称西冶，今西安建筑科技大学，简称西建大）读建筑学专业，作为西冶的学子，曾聆听林宣先生讲授中国建筑史，所以梁思成、林徽因二位先生也应是我的师门长辈。

林宣先生个头不低，但仍不失儒雅。先生爱建筑、爱学生，在我看来，是一个没有自私之心的学者。他性格温和，不过有时会透出一些女性化的神态。他讲课时娓娓道来，引人入胜。即使平日在教室以外见面，他也是颔首微笑而过。至于认真二字，更是令人终生难忘。那时讲课是没有课本的，讲义都是他和张似赞先生自编油印而成的。有一次讲义刚下来，他就叫当时是学习委员的我

把它们收上去。原来其中一页印得很不清楚，及至再发下来，发现五十多本讲义里模糊的那一页几乎被林、张先生用钢笔重写了一遍。同学们都被震惊了，也被他们的认真深深感动。我想，这种方式的教育比讲义内容的作用更大。对我而言，甚至今还是一种榜样的力量在激励着自己。

1973年我到西安出差，在大雁塔下见到了林宣先生，他和一群人在研究大雁塔倾斜的问题。我们约定了晚上去他家拜访。和我一同去的还有黄汇，她和梁思成先生也很有缘分。她结婚时，梁先生到乌鲁木齐主持了婚礼。林先生仍然住在原来的单元楼房中，房间很小，堆满了书。他说他现在不得不给学生教授中学的化学、物理等，有空时还在学几门外语，我记得好像有捷克文这样的小语种。因为梁思成先生刚去世不久，话题自然就提到了梁、林二位先生。林宣先生讲到了他们在一起生活和工作的一些事情，其中有"金爸"（金岳霖）常在梁先生的沙龙中坐而不语，林徽因先生在生病时还会要纸和笔说灵感来了，等等，还说到想把他母亲接到西安来（我曾在梁先生家中见

---

① 本文发表在2017年天津大学出版社出版的《建筑师的大学》中。

过的一位瘦小的老太太），可能因为梁先生去世的原因吧。

2004 年，林宣先生获得了中国建筑学会的建筑教育奖，我因为获得了建筑创作优秀奖，2005 年年初参加了颁奖会。本以为能见到林宣先生，但得知他已去世了。惊痛的同时，他们告诉我先生在病床上已知道了获奖的消息，也算是对先生一生的肯定吧。

关于"人间四月天"等的传说，只是姑妄听之。我只知道梁思成、林徽因二位先生从宾夕法尼亚大学学习建筑归来，为东北大学、清华大学乃至中国的建筑教育、中国古建筑的研究，以及国徽、人民英雄纪念碑的设计，联合国大厦的设计等作出了丰功伟绩……

营造"瞬间"空间

——王小东院士访谈①

冯　棣

摘　要： 本文记录了《新建筑》特约编辑对中国工程院院士王小东先生的一次访谈。王先生就当前的建筑文化现象、地域建筑及其创作的认识等表达了自己的观点。针对目前西部地区乃至全国城市建设发展中的一些问题，指出当代建筑师所面临的普遍困境，并阐述了个人的应对之策。

关键词： 西部；地域建筑；"瞬间"空间

冯棣（以下简称 F）： 王老师您好，在谈论今天的主题之前，请问您怎么看待从过去到现在的建筑变化，能否结合目前的城市和建筑状况，谈谈当前的建筑文化现象？

王小东院士（以下简称 W）： 建筑本身的社会体现，即它的开放程度和适应性，需具备一定的应变能力。古典建筑常以石材或木材为主，被称为"凝固的音乐"，建筑的美誉往往与永恒相联系，但进入 20 世纪其地位开始动摇了。现代主义欲以简洁的钢材、玻璃另树永恒，却很快成了一个乌托邦式的神话。如今建筑与城市的更新比过去快很多，像一幅幅多媒体画面被快速翻阅，快餐式的建筑已成为汽车行走时的观光背景。

某次座谈会上，前建设部部长叶如棠曾提到："中国建筑文化离官场越来越近，离逐利越来越近，离浮华越来越近，离西化越来越近。"这从某种程度上总结了目前的建筑文化现象。

F： 地域文化传承与建筑创新是一个传统命题，目前很多地方在城市建设方面回避了地域传统文化，转而接受西方引导的国际建筑主流文化影响。您怎么看待这一问题？

W： 由全球化带来的同质化倾向，将吸取人们内心的坚持。如果连这个意识都没有，我们就会轻易地被彻底改变。在一些情况下，政府部门完全不考虑城市自身的成长脉络，一味地进行大规模的拆迁，建广场、修马路。如在古朴幽雅的丽江古城出现一条几十米宽的香格里拉大道，两边全是儿童积木式的所谓"欧陆"风格建筑，更有甚者指名照国外的某一建筑克隆，这与原本决策的初衷相去甚远。

---

① 本文发表在 2013 年《新建筑》第 3 期。

F：在受全球化影响的语言框架下，您认为我们现存的传统聚落和民居将何去何从？

W：对于聚落、民居及新农村建设的看法，在此暂不多说。谈谈大家看到今天的新农村住房，且不说千篇一律的设计风格，就其生活方式、总体布局、居住环境等诸多方面我们失去了什么？我绝不是主张人们住在穴居草棚里，但也不希望人人都住在用现代材料建成的"兵营"里。

F：在您看来，一个优秀建筑师的标准是什么？能否就目前我国建筑师的困境谈谈您的看法？

W：我认为，建筑师不可能改变社会制度，但可以在尊重人文、社会、历史、环境的前提下，结合自己的鉴赏力，创造出为民生服务的建筑。若能做到这一点，即可称之为优秀建筑师。

我国建筑师面临的困境是当前的建筑活动越来越向权力和金钱靠近，审美及价值取向被扭曲，不得不因设计费而去看政府官员和房产商的眼色。除极少数人外，中国人大多不信任自己的建筑师，如上海世博会若不是圈定在中国建筑师的方案中选，谁知道结果会如何？

当今我们评定建筑师的基本素质、职业素养的准则可以说是恒定的，但绝不是抄袭、克隆他人形成"千人一面"的东西。

F：您刚才提到在与境外建筑师的博弈中，中国建筑师或许会处于劣势。您怎么看待境外大师及其建筑事务所的作品？

W：随着库哈斯、哈迪德的作品先后进入中国，国内建筑师设计的核心价值观便开始随波逐流。但是优秀的建筑师也有失手之时，如盖里的作品并非都是成功的，他设计的魏斯曼博物馆仅在外形上作秀，西雅图音乐体验馆更是遭人诟病。建筑师虽不可能是常胜将军，但

我们应学习他的长处，不能因刮起一阵盖里的"非线性风"，便盲目、无意义地滥用故意扭动的建筑形式。

我们在崇拜英雄的同时，不能忽视对普通人的尊重，小人物的悲欢离合同样也能惊天动地。例如纽约古根海姆美术馆尽管是一座纪念碑式的建筑，但赖特将建筑凌驾于陈列品之上，使观众很难以最佳的空间和距离来欣赏"名画"，而这种以牺牲功能和环境来表现个性的作品大量存在。

再如盖里早期的魏斯曼博物馆，外部表现得十分复杂，但通过设计平面图可知，那些曲面都是无用的附加物。

在中国，各式各样的酒店、办公楼，其内部的过度装饰已是通病。酒店大堂大而无当，金碧辉煌，透着媚俗，充斥着炫耀。这种扭曲的价值取向和审美观被表现得一览无遗。

F：当代科技的发展、结构技术的进步引导了建筑创作，目前随便什么形式都能被深化为建筑。对您来讲，建筑的地域性创作是否可以和数字化建筑等科技优势相结合？

W：建构空间的技术和材料正在以超常的速度向前发展。今天，几千年来人们常用的土木、石、砖等建筑材料，以及在压、拉、弯、剪的受力学原理下形成的梁、柱、板、圆顶等结构体系形成了我们的传统建筑。而最近几十年，随着建筑技术的发展，结构已成为复杂混合受力的编制、塑造、仿生的非线性手段，传统建筑师引导建筑的模式受到了挑战。曾有十多个法国学生到我的工作室学习，让他们非常焦虑的一个问题就是，我们的建筑师将来怎么办？如今小孩乱捏的泥巴造型都能被称作建筑。

没有理由地玩弄形式，是没有履行建筑师的职责。某次会议上，我指着桌上摆放的

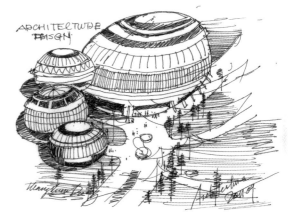

图 1　　　　　　　　　　　　　　　　　　　　　　　图 2

圣女果和梨，笑称我能把它们变成哈迪德式的作品（图1、图2）。但这种形式有没有意义呢？我认为当下建筑师理应回归建筑本质，结合传统的评价标准来进行建筑创作，建构合理的形式。评价建筑的传统标准包括：合理的功能布局、先进的建筑技术、个性的建筑形象。同时还要遵循天人合一、节能环保、视觉美观等标准。最终建筑地域性创作是在寻求平衡物质功能、精神要求、综合造价、建造条件及生态环境五个方面的要求中作出的最佳选择。

F：据我们所知，您大学毕业后就在新疆工作，在这块土地上耕耘了数十年，对地域建筑原本的建筑技术也很熟悉。能否谈谈如何在原有的地域建筑建构中提炼出适宜技术以满足我们今后的新建筑？

W：在我们的地域建筑里有很多优秀作品，这些作品体现了现代建筑的结构形式及表现手法，如新疆刀郎地区的民居建筑，利用编织结构、混合受力等方式获得良好的抗震性能。实践证明：在不改变场所空间的情况下，对传统材料进行更新，同样可以创作出优秀作品。

F：您在新疆待了这么长时间，长期从事建筑创作。您觉得目前西部地区城市建设最大的问题是什么？有什么解决方案？

W：西部地区城市建设最大的问题应该是城镇化。城镇化的本意是发展生产，改变产业结构，使农业人口转变成产业工人。而目前的城镇化发展状况是城市大量圈地，使土地固有化，农民失去了土地，但并没有接受产业培训，因而失去了就业机会。在西部，谁在引导建筑？既不是建筑师，也不是老百姓，而是政府官员和房地产商。由于他们对"欧陆式建筑"的迷恋，因而在建造中大量采用雷同的建筑风格，如"地中海式""托斯卡纳式"。这实际上只是概念的炒作与包装，也许他们并不懂"欧陆式"，但因价值取向的错位，以为那些可以表现尊贵、显示地位，于是就随意滥用。我时常这样想，如果中国是当今世界上最发达、最强盛的国家，那么"中国式建筑"会不会在世界上流行？

但我们应该有自己的看法。目前在城镇化过程中，出现了很多不应该发生的问题，如在喀什出现了"深圳城""广东城"等。实际上这种情况阻挡不了，这是经济利益和其他利益所决定的。在中国修建一个市政府大楼，规模

图1　一盘水果
图2　如果建筑师舍弃自己的职责，一盘水果的样子也成为时髦建筑

动辄几十万平方米，以此来显示政绩，而美国旧金山的市政厅已有百年历史，并沿用至今。当前我们的建筑师正深陷困惑之中，是为人民服务，还是为政府服务？然而现如今"钱权"决定了建筑创作的背景。

我们应该从具体国情或地域情况出发，寻找更适合民情的模式。如我们总结出的具有"低层（2～3层）、高密度、庭院、商贸（形成类传统街区的商贸形式）、风貌"等特点的住宅，在西部某些地区具有一定的适应性。这类住宅每户占地和建筑面积均超过100平方米，其建筑形式也受住户欢迎。这种模式既能保持地域特性，又顺应发展需要。但由于种种原因，最终没能广泛推行。

F：您怎么看待建筑的地域性及地域主义，一个优秀的建筑师是否必须从地域角度出发进行创作？

W：建筑的地域性是存在的，但不能为了创作而刻意标榜。一个好的建筑师，如果坚持履行其职责，渐渐地，他的作品一定会呈现地域特色。其实北京、上海、广州也有地方性特色，因为地域性不是落后地区的专利。

我十分尊重地域特征，但有人过分强调地域建筑、民族建筑，这些概念过于抽象。我认为，建筑若能因地制宜、量体裁衣，必然会体现地域、人文及建筑师本身的特色。

丹下健三的代代木体育馆是日本现代建筑的代表之作，但很多人认为丹下借鉴了日本传统建筑。我拍摄了一组日本皇城城墙的照片，它们和代代木体育馆的形态一样，这说明该作品确实隐含了地域、民族的基因。优秀的建筑师在创作中不仅应恰当地把握诸多因素，还需有掌控瞬间信息的能力，其中瞬间信息突显得越多，地域性就越强。当然，地域性并不是一切。

在创作中大家总希望有唯一正确的理论来指导，制定方向，直至若干年不变，这种想法值得反思。如前些年出现的"夺回古都风貌"的建设风潮导致大大小小的建筑都戴上大屋顶，扼杀了建筑的个性化、多元化。

F：您工作室的作品很多，分为几个阶段，从高台民居的研究到大巴扎的建成，以及新近建成的新疆昌吉恐龙博物馆。您怎么看待各个时期的作品？

W：我的建筑职业观决定了我的作品会有一些特点，若换作别的地方，也可能会形成其他风格（图3～图6）。

好的建筑都是比较纯粹的，如在设计大巴扎时要求具有民族地域特色，因此使用了很多

图3 新疆刀郎民居
图4 新疆地区民居
（传统材料建造）

图3

图4

图5

图6

W：我不反对建筑师对创造性和个性的探索与追求，并认为这是一个建筑师难能可贵的品质。但为了时髦而时髦，不顾环境情况和经济条件，毫无意义地扭来扭去，那不是在创作，那是在亵渎我们生存的地球。更可悲的是，扎哈做了什么，就会有一批人跟着学，如果扎哈的设计里有自己的哲学观，那么模仿者都是灵魂的空虚者。

新世纪建筑与城市的特点不是雄心勃勃地去解决所有的矛盾，而是在复杂的变化中小心翼翼地求存发展，尽其应变之能，少一点人类沙文主义，更加尊重、顺应环境和自然，把占有和需求的欲望抑制一下，从而不断塑造人类自身的新形象，这是我们进入新世纪应有的思想准备。

F：如果不提建筑的地域性、时代性等，您认为什么样的建筑才是最好的？理想的建筑与城市应是怎样的？

W：建筑与城市除满足自身功能外，还应经济适用、节能环保、环境优美、交通便利，但今天的规划师、建筑师们能有多少心思放在"民生"上。

建筑与城市的"瞬间"切片是最真实的空间。建筑师应最大限度地把握"瞬间"信息与天时、地理、文化、环境的对话，营造独一无二的"瞬间"空间，在此空间里，现代、传统、地域、基因、个性都能得到体现。当然，能做到这些的只有少数大师，但我们应朝着这个方向努力，以期呈现更具个性、多元、丰富多彩的空间形式。

减法。用空间、光影、材质来表现建筑特征，而在建筑符号上，只用了一个尖拱及部分石膏花和窗套。

如果说将大剧院、音乐厅、图书馆、美术馆、文化宫等功能与规模不同的建筑做成一朵金属和玻璃的"雪莲花"放在乌鲁木齐，我是不会去做的，因为职业准则不容许。

F：哈迪德等境外建筑师很明显地影响着中国新一代的建筑师，目前国内各地也出现了很多和国外建筑师相似的作品。我们对此应持什么样的态度？您认为学习和借鉴国外建筑师应把握怎样的"度"才算合理？

图5　新疆地区民居
（新型材料建造）
图6　新疆昌吉恐龙博
物馆

图片来源

本文图片由王小东绘制或由王小东工作室提供

行云流水①

王小东

我念的小学、中学都在一座"孔庙"里，父亲、兄、嫂也在这个学校里任教。住家到学校不到100米。学校环境很好，有牌楼、月牙桥、七十二贤的厢房和大殿，旁边还有一座"文昌庙"也被归入学校。对我来说学校和家是一体的，尽管离校很近，但从初一到高三我一直住校，尤其暑假里更喜欢住在环境优美的学校里，安静自由，唱歌、看书、画画，高兴了还去野外、山上、河边，家里人从来不督促我的学习，所以养成了自由无拘束但喜欢读书的习惯。

我到现在也不明白，20世纪40年代我念的小学里竟然会有图书馆，会有《格林童话》这样的书和《东方快览》这样的刊物。不管怎么样，我在小学时就看了不少的书，四大名著都是在小学时看完的，何况家里也有不少书。我看的第一部小说是《说岳全传》，在邻居看来我就是个书呆子。到中学时读书更方便，嫂子是学校图书馆的，这个图书馆从1941年就创建了，1949年后历年扩充，所以藏书不少。记得有一套英文原版的世界名著，其中的《金银岛》惹人眼馋，但那时我不可能阅读，直到60年代，才看了英国"郎门"公司出版的英语简易版，"文化大革命"后才真正读完了全书。

每年寒暑假就是我阅读的节日，那时没有什么作业，我经常从图书馆抱一大摞书回家或者到宿舍。记得当时三天看完了三大本《静静的顿河》，专门介绍外国文学的《译文》杂志也是每期必看的。校园里、自家的院子里、河边的树林里也是阅读的好去处。直到现在这些场景还会在梦里出现，而且这些被阅读过的书刊也深深印在了脑海的深处。

所以当时的我应该是一个"文艺少年"！这似乎与后来的职业无关，但我深知这些是使我成为建筑师的重要铺垫。

"文艺"两字常常不仅是指文学，那是一种与感性和形象思维连在一起的状态。我也喜欢绘画和音乐。所以在高考填写志愿时非常犯难，文理都喜欢，当时也想学物理或天文，但最后选择了建筑学专业，原因是它与科技、艺术都有关系，学制又是6年，可以多学一些。至于为什么选择了西安建筑工程学院，那是因为家兄也在西安读书。其实当时我对于建筑学这个专业一点也不了解，是"文艺"的魂把自己勾到了这个领域。

---

① 本文发表在2016年中国建筑工业出版社出版的《建筑微言》中。

文艺给自己带来了一些个性；不愿附和，不愿趋势，随心，不计较，喜欢独立思考。考试经常第一个交卷，哪怕有不会做的题也不管。尤其在大学里，课程设计和渲染图不去看别人的也是冲到前面早早完成，不像一些同学总去观摩别人的作业并受到启发而不断地修改。

大学的6年中，我还是努力保持了自己的个性和对文学艺术的喜爱，最喜欢上美术课，包括素描、水彩、雕塑。图书馆是开架式的，建筑系的图书资料是好几个学校并拢在一起的，也很丰富。阅读和写生大概是我大学课外的主要天地，到现在我还在想究竟是课堂的教授还是学校的氛围熏陶，抑或文艺的天分是造就一个建筑师的重要条件。不管怎么说，时至今日我还深深地怀念那6年的校园生活和老师们的言传身教以及同学们之间的友情和交往。

6年中我虽然作了努力，但始终没有入团，这种情况只有那个时代的人才会明白那种尴尬。到了设计院，往往开会后会让党团员留下来，我们少数人只好悄悄地退出会场。

在毕业分配的关键时刻，我对文艺的喜爱和个性把自己推向了一条让我今生无悔的道路。

1963年国家的经济形势好转了，毕业分配的方案对于大部分同学来说应该是很好了。班上四十多个人，北京有色冶金设计院、北京黑色冶金设计院就要15人，长沙院要11人，还有昆明、沈阳、鞍山、南昌、重庆等城市，但这些都是工业设计院。只有新疆要的3人是在民用建筑设计院。热爱建筑学的我毫不犹豫地把新疆填写为分配的第一志愿。由于当时没人愿去新疆，我的这一愿望当然很容易地实现了。

好多年后，有人问我到新疆后悔不后悔，我回答不后悔。高考的专业和学校、大学的毕业分配都是按我的第一志愿实现的。人生能有几次在关键的转折时期按自己的选择去做呢？如果要探究为什么这样选择，我只有一个回答，就是我真心地热爱自己的建筑学专业，把它置于一种近乎神圣的地位，其他的如生活、物质等条件当时没有多想。

就这样，西出阳关，我只带了二十多公斤的行李出发，而且主要是书和水彩画有关的东西。去新疆之前我回了一次家，离别时母亲含着泪说是最后一次见面了。在火车上一位兵团农场的老头问我为什么去新疆，我说没考上大学要到新疆找工作，他一路劝阻我不要去，说太艰苦了。其实我当时幻想着，哪怕到一个小县城，它经过几十年的自己的规划和设计变成一座美丽的城市就是最好的心愿了。后来我画了一张水彩画，名为"一个建筑师的梦"，那是天山雪峰脚下的一座城市，这个梦还是实现了，但不是我个人的功劳，自己仅仅起到了一些作用吧！

到新疆什么单位，当时我也不知道。报到时有两家设计院可选，兵团和地方各一个。我就选择了新疆建工局设计院，而且一待就是50多年。

自己喜爱的建筑学专业和成果将在新疆特有的人文自然环境中实现，似乎我与这种环境有缘，也爱上了这里的雪山、大漠、绿洲、戈壁以及几千年来生活在这里的人。我喜欢这种气质，喜欢她的辽阔和胸怀，所以很快就融入和习惯了。当然也不能放下阅读和水彩画，不管在农场、打井工地上劳动，还是节假日我都背着画夹到处去写生。这些年来新疆的大部分地方都去过了，而且是坐汽车去的。我喜欢一天一千多公里的驰骋，看茫茫戈壁，享受"千里暮云平"的巡想。在建筑创作的时候这一切就是时空和背景，它们是息息相关的，我不可能和这些脱离，它们是深深地植于灵魂中的。在与环境共鸣的同时，也尽力收集有关新疆历史和文化的书籍，可以说我在这方面的收藏比设计院的图书室还要丰富。我是汉族人，不是穆斯林，但在特定的环境里不得不去研究伊斯兰的文化尤其是建筑，后来出国方便时，每到一个地方就搜集当地关于伊斯兰建筑历史的书籍。这些行为没有功利的目的，纯属爱好。如果不是因为自己的文艺气质和对建筑师的职业爱好，仅仅对一个今天人们眼中的建筑师而言，这一切都没有必要。在当今的中国不是有不少对中国的文化和环境不了解的"大腕"外国建筑师也照样风头很盛吗？但新疆对我来说，是生命的组成部分，所以这些在自己的建筑作品中是自然地流露，没有刻意地去造作。

我也经常想，如果自己当年不是到新疆来，而是到另外一个地方，又会是怎么样？当然前提还是可以从事建筑创作。依着自己的性格和爱好我想还会凭着建筑这只船热爱那块土地和人文，把自己融入。到哪个山唱哪支山歌，如果是一片云就在那里飘浮，化解成为水分流入土地；如果是一汪流水，也会在那万物的生命里产生不同于别地方的形色。行云流水虽无定处，但总会在不同的地方注定因果。何况重大的选择是自己做的，有什么可后悔的呢？

当然，也有我自己没有去选择的事。那是 1984 年的 11 月，我从北京出差回来，一下车别人就告诉上级要我担任设计院的院长。我说不可能，因为事先从来没听说这回事，自己又不是党员，也没当过副院长。但我当天就被叫去谈话，而且任命文件都印好了。我说自己还是喜欢专业工作，又没行政工作经验。那位领导说这是经过考评和投票的结果，让我先试试，实在不行再说。这样我只好试试了，而且一试就是 16 年！据说我在全国是在职时间最

长的院长了。另外，我说试试也有一些自己的原因，就是对设计院的发展有一些自己的想法。提高设计院的整体建筑创作水平，也是自己的心愿。还有一些平台让我有机会和国内建筑界的优秀人士结识，对自己的帮助很大，尤其一些学术会议包括国际会议更加深了我对建筑的认识。何况我多次给上级和班子强调自己的精力是三三制，即三分之一做管理，三分之一做设计，三分之一作研究，也得到了各方的支持，好多事情是副职和助理去做。就这样，凭着自己的爱好和信念，我基本没有放弃建筑创作与理论研究。

1999 年 12 月我终于被免去了院长的职务，成立了自己的工作室。正如一位老领导对我说的，这下你可以完全做你自己喜欢的事了。是啊！这是多么庆幸的事。那时至今已有 15 年多了，这 15 年是自己争取来的，是自己在建筑师道路上丰富多彩的 15 年。我没有像有些人说的去"安度晚年"，而是向自己的目标冲刺。记得 1993 年吴良镛先生问我对自己的专业有什么计划，我说感到时间很紧迫。吴先生说，你还紧迫，我才紧迫啊！这话使我汗颜，二十多年过去了，其实是可以做很多事情的。去年 11 月在工程院的一次会上见到吴先生还很精神。这二十多年吴先生在建筑、规划和教育的领域作了那么多的贡献。看来只要执着地去追求，紧迫感可以促使人更加努力。从院长位置上退下来的这 15 年我没有虚度，一些重要的建筑作品和论著也是在这段时间里完成的。其实并不是我想着如何去发挥余热为社会作贡献，只是骨子里的人生态度和对专业的挚爱推动着自己在不断地探求。我说过自己是一个一生中不断思考什么是建筑的人，就像有人喜欢下棋，有人喜欢练书法，没什么功利的目标。但这种内在的追求更胜于功利的推动。

正因为我没有宏大的目标，只是随着秉性和感觉去生活和工作，所以也没有"头悬梁，锥刺股"的拼搏，自己的生活还是多彩的。我在乌鲁木齐的南山有自己的"山居"，虽然布置简单，但也有花园和果木，在那里可以爬山，可以去河谷游荡；水彩画也没有放下，2013 年出版了画册，标题就是"新疆五十年"；这两年又开始上书法课，经常沉醉于黑白方寸之间；既有三朋四友品茶饮酒，也会静静地坐听天籁；在微博上写下了十几万字的对建筑的思考，以《建筑微言》为书名与读者见面；2014 年还出版了《绘读新疆民居》及《喀什高台民居》；自己也常常在网络空间里出现，QQ 空间、微博、微信都有涉猎。就像自己在网络空间里的名字"眠云"一样，随心、随性地在文化、建筑、哲学的天地里漂浮和流动。

这些大概是一个建筑师生活的另一个侧面吧！熏陶、本能、机遇、对职业的热爱和执着使得我像行云流水一样走着人生的道路。这里没有豪言壮语和雄心壮志，只有娓娓道来的流水账，但我更看重这些。自己的爱好和追求与建筑师的专业不可分地融合在一起，从这方面说应该是幸运的了。

2016 年 12 月于乌鲁木齐

《四季南园》前言①

王小东

南园在乌鲁木齐，是红山公园的东区，地图上也标注为"南园"，我也习惯叫它"南园"。这个现在大约占地142亩，树木上万棵的小公园，就在我住宅楼的窗下。到新疆后的54年里，我与它结下了不解之缘。

1963年秋天，大学毕业后我被分到现在的新疆建筑设计研究院。南园与我仅隔着一条红山路，它和红山连在一起形成两个小山包，山上没有树木，只有裸露的岩石，山包之间散落着几百家土块房的民居。我每天晨跑需越过这两座山包，一直跑到红山塔。夏天的时候坐在山坡上乘凉，山上有些枸杞灌木。年复一年，一直到了20世纪80年代，城市逐渐扩大，民房被拆除，机关干部和学生们义务劳动，硬是把光秃的山植满了树木，红山公园就这样成形了。南园和红山公园隔着一条马路和一座红山体育馆，它没有红山公园的熙熙攘攘，也没有什么亭台楼阁，只有成片的树林和草地以及花岗石铺的散步道、小广场。从2004年开始，这里就成了我每天晨练的好地方。如今已经过了13年，如果平均每年去200次，现在已有2600多次。每天早上起床后，向外看第一眼就是南园，晚饭后在屋顶花园里放眼望去也尽

图1

是南园，它已成为我生活中很重要的一部分。这也是我要画"四季南园"的一个重要原因。

20世纪60年代左右，建筑学专业对素描、水彩课十分重视。大一上素描课，大二上水彩课。那时的建筑设计效果图主要是水彩渲染，我国著名的水彩画画家如吴冠中、关广志、李剑晨等都在建筑学院教过水彩。我的水彩课老师胡粹中曾留学日本，在苏州美术专科学校授课，直至担任校长，与颜文梁、朱士杰被称为

① 本文撰写于2017年。

图1 写生后与画合影

"沧浪三杰"。1956年院系调整，胡粹中老师来到西安我的母校任美术教研室主任，十分有幸他能直接给我们教授水彩课。室内外写生他也在场并亲自给我们示范、改图。由于自幼喜欢美术，水彩课结束后才是我新的开始。在大学后来的四年里，我背着画夹四处写生，就没有停过，也经常得到胡粹中老师和其他美术老师的指点。1963年我来到新疆工作，异域风情更激发了我写生的热情，经常背着画夹流连于乌鲁木齐的大街小巷，画了不少画，直至1966年不得不停了下来。当然，用水彩画建筑的渲染图一直没停，也就是说基本功没有放弃，但我不认为那些图是水彩画。直到1993年赴我国台湾参加海峡两岸建筑交流会时，吴良镛先生也同去，他发现我喜欢水彩就鼓励我不要停下来，并要我的字和画看看，我照办了。后来的多次见面和书信来往中，吴先生都鼓励我水彩画不要停。1993年后，我断断续续画了不少，2013年出版了《新疆五十年：王小东水彩画集》。

其后，由于夫人生病不能自理，我便停止了画画。2015年，我因脑供血不足住院后，以身心健康为目标，对自己的生活工作方式作了大的调整，建筑师职业范围内的事也能放就放。尤其今年以来，深感自己的健康也是一种家庭和社会责任。长江后浪推前浪，工作上的事情放手让年轻人去做更好。夫人虽然不能自理，但病情稳定，所以我又开始拿起了画笔。

画什么题材呢？家有病人不能远出，四周又都是高楼大厦，作为一名建筑师，建筑已经画腻了，而且容易把匠气带到画里，自己也不喜欢城市的花花世界。那么，只有南园是我日常最喜欢去的地方，对这里的每棵树、每片草地和花圃在几千次往来中都那么的熟悉，它的晨昏昼夜、春夏秋冬是那么不同。我对这里的世界有了那么深厚的感情。于是我从今年2月初就又开始画了，而且一发不可收拾，差不多平均不到两天一幅，有时连续几天每天一幅。就这样我觉得还可以继续画下去，南园虽小，但比起莫奈的睡莲池塘可大多了。

画南园还有一个最重要的原因就是能够表达我对世界和人生的价值取向。我认为伟大和美都寓于平凡之中，要赞美普通的人和景，他（它）们都会在日日夜夜里散发出动人的光辉。每一个人生的悲欢离合中都有惊天动地的故事和光芒，每一幅普通的景物的存在都可以是画家最好的题材。这些都取决于观察者的心灵、情感和艺术素养。要歌颂英雄，更要歌颂普通的人和事，描绘名山大川也不见得比描绘普通的景物就高一等。因此，我还是要画我的南园，陪伴我朝夕的南园。当然就南园而言，主要是花草树木，这对自己也是一个挑战，呈现在读者面前的是从160幅中挑选出的126幅四季南园，春夏秋冬时刻变幻中的南园。需要说明的是，其中有极少几幅作品不是南园的景色，例如《雪地白桦》，是在南园附近的另一个地方所画。画册里每幅画的顺序按照我完成画的季节——冬、春、夏、秋排序，这样有时间感。

最后还要感谢朋友们的鼓励和支持以及工作室的曾子蕴、杜贞、郭蓉的协助。

《建筑微言》前言①

王小东

这本名为《建筑微言》的书原想以《建筑微博》为名，因为其中的内容都是从我的微博中选出来的，体裁保留了微博的特点。我的微博名为"眠云"，资料上只有一句话："一个一生都在思考什么是建筑的人"。这不是戏语，而是真实的写照。记得在 1986 年我听过陈从周先生的一次关于园林的讲座。一开始先生就说："有人做了一辈子的园林，但还不知道什么是园林。"这句话深深地刻在我的脑子里，快三十年了，现在我还在思考什么是建筑，这本《建筑微言》的内容就是说明。

从大学开始我就对建筑理论感兴趣，也看了不少建筑理论以及美学方面的书，还写了一本几万字的《建筑艺术的语言》，印刷成油印本向老师和同学求教。到了新疆工作后也没有中断这方面的喜爱，还"啃"了康德、黑格尔等人的著作，后来由于"文化大革命"中断了这方面的学习。直到 1977 年，我所在设计院的资料室又恢复订阅了一些外文期刊的影印版，其中就有英国的《AD》等。由于没有中断过英语学习，我便在《AD》上又和建筑理论重逢了，首次遭遇了"post"这个词语以及有关思潮。

《AD》是 C. 詹克斯宣扬"后现代建筑"的阵地，当时对"post"这个词如何翻译也不清楚。改革开放以后，随着对其他国家的了解越来越多，20 世纪 80 年代起各种建筑理论在我国建筑界出现。我自己也身不由己地卷进去了，陆续写了数十篇关于建筑理论的文章。这些文章有部分收录在我 2006 年出版的《建筑行脚》一书里，到现在又快十年了，但对建筑的探讨却使自己更加困惑，我越来越感到认识建筑是多么困难！

有一些建筑界的朋友也一直想建立自己的"理论体系"，但体系建立就过时了；也有一些抛弃了探讨，"让作品去说话"；更多的是用一种"理论"为自己的"作品"说明或辩护，一个作品，一套理论，于是"理论"成了四季服装，可以换来换去。"建筑理论"倒了，不是别人看不懂的天书，就是临时拼接的"拉洋片"说辞。价值取向、审美标准、民生、环保都不存在了，建筑创作出现了乱象！

回顾近百年的世界建筑，从现代主义开始各种主义和流派纷纷登场，但真正所谓系统的、

---

① 本文撰写于 2016 年。

权威的、经典的理论著作并没有出现。它们和哲学、社会学、人文学混合在一起成为一种思潮冲击着各种领域，当然也包括了建筑。尽管没有经典，但能量很大，搅动得我们中国建筑师有时不知所向。建筑理论还要不要？

"理论"这两个字还是要的，但含义却不同以往。那是一种综合的、动态的、信息量很大的对世界认识的一个侧面或局部，没有这种认知，建筑师就没有了灵魂。建筑理论是对世界认识动态深化的积累，敏锐感受的反映，所以理论是建筑师用于在此时此刻判断、取舍、创作的依据。

所以，现代建筑创作的潮流和派别都有其深层的社会因素，建筑不能超然于此，只有如此才不会迷失、困惑、跟风、抄袭，跟着别人唱四季歌，去做"时尚"的宠儿。因对建筑理论的忽视而受害的是建筑师的价值取向和文化素养。但从另外一方面说，如果过于强调"系统理论"，而僵化了建筑理论，那就失去了其对自己的"引领"作用。就像皮影戏一样，怎么表演，幕后都有人在操作。建筑师也是如此。很多看不见的手在操控建筑表演。不去认识和思考，就容易突破建筑师职业准则的底线。

既然难以有系统、权威的建筑理论出现，这本书就采取了"随想"的方式，把片断的思考用微博的特点把它们串在一起，也算是自己几十年来对建筑思考的阶段汇总吧。逻辑性也不强，更不敢妄图建构自己的理论框架，虽然没有什么明确的结论，好在仁者见仁、智者见智，读者自会去鉴别。说到读者，这本书由于是以微博的形式完成的，便考虑了各个层面的人，既有与建筑有关的专业同行，也有对建筑感兴趣的非建筑专业读者。我国建筑文化的普及和宣传远远不够，建筑评论更是稀缺。全社会对建筑文化的关注度的提高，就是全民文化素质的提高。为此书中配以大量插图，一是为更好地诠释文本内容，二是想更好地激发起读者的阅读兴趣。对建筑的思考和探索，是我一生的追求，这本书只是建筑瞬间的一个切面，也许还会有《建筑微言》的后续。

给青年建筑师的信[1]

王小东

收到编辑的要求给青年建筑师写封信，对我来说是个难题，久久不能动笔。我已年届80岁，今年元月提前热热闹闹、隆重地过了个从业60年、进疆55年的活动，并举办了建筑作品、书法、绘画作品展。虽然在我目前的工作里也不乏接触年轻的建筑师们，也很欣赏他（她）们思想活跃，对计算机设计、绘图很熟练，但总觉得有的人缺了些什么，就是现在也说不清，只好迂回，旁敲侧击地说些往事……

我7岁丧父，家兄外出谋生，和母亲、嫂子、侄女相依为命，为此小学辍学一年，1949年又念高小，从此到高中毕业一直是这种状况。唯一不同的是我的小学、中学都有悠久的历史，有优美的中国古典环境，还有博学的老师们；另外父亲去世后留下的一些书籍如《古诗源》《李白诗》等都可以让我打发时间。记得中学六年里，母亲和嫂子从不督促我的学习，有的只是催我早睡，其实我是在看小说。我小学时就读完了四大名著，总之中学学习没有现在那么紧张。虽然1954年第一次动员上山下乡，1957年高考"大马鞍形"只招十万七千人的情况下我还是以第一志愿被录取到西安建筑工

程学院建筑学专业。其中有一个小小的缘由是这个专业是6年制，我认为可以多学一些。

大学里经过了一个接一个的运动，我也没有觉得有什么过不去的，记得全民"大炼钢铁"时，土炉前火烤，身后冷风吹，在三门峡库区农场劳动时太阳晒掉了一层又一层的皮，半夜起来抢收时走着路都能睡着……但这些都没有影响我对建筑学这个专业的热爱。所以1963年又自愿报名到了新疆，这一来就是55年。

为什么说这些往事呢？一句话，就是觉得这个世界上没有过不去的坎。记得小时院子里的房门上贴有4个字"吉人天相"，虽然似懂非懂，但使我记了一辈子。好像我的心比较宽，总是无所谓地面对目前和未来。记得来新疆路过兰州时，同学的母亲说你们是不是犯错误分到新疆去的吧？我听了哈哈大笑，同学指我说他还是班干部呢！毕业时老师们说社会不像学校，很复杂，可是我到新疆几十年没有去想那么多的复杂事。你不想它，也就不知道复杂，是不是有点像阿Q？但有一点我深有体会：心中有阳光，阴霾无处藏。所以我当院长时痛恨打小报告的人，收到报告就撕了、扔了。这样

① 本文发表在2018年"当代建筑"公众号。

我才能不受干扰做自己喜欢的事，做一名建筑师喜欢做的事。直到现在依然故我。

有句话是"性格决定命运"，我还是有点相信，除非是天上掉馅饼，但也只能好一时。一个人的学识和阳光就是最宝贵的财富。怨天尤人，眼里全是黑暗和污泥，怎么能成为一名好建筑师？

既然有阳光，就会有目标，就会坚持。这也是好建筑师的一个特点。虽然今天我不太做建筑设计了，但有些好习惯还是保留着，如每天坚持户外健身，每天写字，喜爱的水彩画也没有放下，生活简单而有规律，从而保证人生的目标，亦即初心未改。

记得齐康院士说过，好建筑师是熏陶出来的，我很同意这句话。功夫在灯火阑珊处，这里还要有哲学和科技、艺术与科学、理性和非理性、东方和西方思维的结合、学科交叉等当代世界对建筑师的要求，等等。没有好的心态和性格，没有勤奋和坚持，没有一生不改的初心，这一切都是空的。

但愿建筑师们永远年轻，保持一颗年轻的心，一颗充满阳光的心！

新疆城镇化过程对农牧民安置房（区）的建议
——以吉木乃县为例①

王小东　杨　钊

一、新疆县、镇一级城镇化的现状

　　新疆维吾尔自治区 2016 年国民经济和社会发展统计公报数据显示，2016 年末自治区常住总人口 2398.08 万，其中城镇人口 1159.47 万，乡村人口 1238.61 万。城镇人口占总人口比重（常住人口城镇化率）为 48.35%。据自治区住房和城乡建设厅数据，截至"十二五"期末，自治区户籍人口城镇化率达到 38.35%。根据《自治区住房城乡建设事业"十三五"规划纲要》，到 2020 年新疆户籍人口城镇化率要达到 45%，135 万农业人口需转移进城落户。

　　新疆将在"十三五"期间加快新型城镇化进程，推动城乡一体化发展，尤其是要推进城镇管理制度改革，加快提高户籍人口城镇化率，有序推进农业人口市民化。到 2020 年，全疆常住人口城镇化率将从 2015 年的 48% 提高至 58%，户籍人口城镇化率从 2015 年的 38.3% 提高至 45%，年均提高 1.3 个百分点。

　　由于农业现代化、产业化的进步，农村人口过剩，青壮年劳动力外流，留守的老年人和儿童也需要妥善地安排，这些人也有流向县一级城市的动向。牧民定居的比例越来越多，县城附近的牧民一般也需要在县城安置。尤其在我国镇一级也是城镇化的重要内容，特色小镇的迅速发展是我国城镇化建设的新动向。城镇化的核心是人和产业，因此对县、镇一级城镇化建设的重视是近年来自治区的重要任务。

　　近年来随着我国"三化"进程，即农业产业化、特色城镇化、新型工业化的不断推进，城市对土地的需求越来越大。城镇化过程中大量农村集体土地被征用，由此带来了数量十分巨大的失地农民群体。目前失地农民问题已成为不容回避的社会问题，因此妥善对失地农民进行安置，并且保障他们失地后的生活，现实意义非常巨大。尤其在新疆这个多民族聚居区，失地农民安置工作显得更为重要，直接关系着社会的和谐与稳定。目前，失地农民要求得到妥善安置、提高土地补偿标准的诉求非常强烈。妥善而科学地对失地农民进行安置已迫在眉睫，这已经成了全国各级地方政府必须完成好的重要任务。

　　新疆县、镇一级的城镇化有其独有的特征：新疆地域广阔，属绿洲农业，城镇之间距离和空间尺度大，人口相对较少；城镇规模小，10

---

① 本文撰写于 2017 年。

万人左右的县比较多，至于镇也是在千人左右，但人口大多和县城差距不大；新疆是个多民族的聚集地，农业和牧业的居住形态差异很大；新疆的自然环境差别也很大，每个县、镇都有特殊的要求。

二、新疆县、镇一级城镇化目前存在的问题

1）县、镇一级的城镇化水平还比较低。新疆城镇化水平从统计数字看并不低，2016年为48.35%，这是新疆大城市人口集中和新疆生产建设兵团团场城镇化所导致的。一般县城和镇则远远落后于平均数字，有些边远地区甚至低于25%。

2）城镇化过程中，房地产业成了主流，借助城镇化大搞房地产开发的"土地城镇化"。

3）目前新疆"撤乡建镇"大多位于县城郊区或者国、省道旁，具有经济水平高、人口规模大、城镇设施基础好的特点。但城镇化要包括城乡一体化，要村民和市民享受一样的公共服务，要防止土地城镇化向农村延伸。

4）县、镇城镇化的产业支持不够。农村城镇化过程必须有产业的支撑，要让农民富起来，如果没有产业支撑，再好的房子农民也是住不起的。

5）自治区目前县、镇的房地产开发多为5～6层的建筑，样式千篇一律，最多加一些所谓的"欧式线条"，没有地方特点。

6）农牧民进入县、镇，居住的是各种单元式的楼房，没有别的生存和生活的空间，更没有谋生的空间；和原来农村的生活发生了很大的变化，例如维吾尔族喜欢打馕，但在楼房中不能做，更没有了乡愁和熟悉的生活环境。

7）城镇化的核心是人和产业，如果仅仅让失地的农民住进火柴盒式的楼房，没有新的、有特色的产业支撑，没有对他们的再就业进行新职业、技能的再教育和培训，这种城镇化就不是真正的城镇化，而且会带来新的社会问题。20世纪70年代在美国就发生过为黑人建造的"纯"居住区，由于管理差、犯罪率高而被拆除的事例。

8）健全的城镇化应该在各方面和谐发展，而不仅是土地和楼房的城镇化。目前自治区县、镇一级的城市综合基础设施水平与真正的城镇化要求差距还较大。有的地方以为大马路、大广场、高楼大厦就是城镇化而忽略了城市的基础设施建设，尤其是市政管网、道路、停车设施。

9）对于在县、镇安排的农牧民，若只是简单地认为安排他们住到楼房就可以了，则是无视于他们原来生活方式的延续性和需求。

10）目前自治区已经有不少地区"撤乡设镇"，如吐鲁番就有11个乡，2015年自治区已分批批复了全疆36个乡"撤乡设镇"，覆盖了南北疆各地州，无论是数量还是广度均超历年同期水平。由乡到镇不是一个简单的挂牌、改名的事情。农民小区不等于城镇化，每增加一个城镇人口最基本的投资是2.5万元，这对于新疆县、镇经济水平相对落后的现状而言是一笔不少的投入，尤其以牧民为主的有不少是贫困县。因此，"撤乡设镇"既是机遇，也是挑战。由乡到镇的转化困难不少，就拿城乡人均卫生费用来说，从1990年到2012年，我国城市人均卫生费用由158.8元上升到2969元，而乡村人均卫生费用由38.8元上升到1055.9元，相差接近3倍。简单地认为把乡改名为镇，让乡村农牧民住进镇、县的楼房就完成了城镇化的指标的观点是错误的。

11）由乡到镇的变化中如果处理不当就会出现大规模的拆迁，从而破坏了乡村多姿多彩

的田园美景。传统村落保护乏力，建设性破坏屡禁不止，乡村传统文化凝聚力减弱，新乡村建筑与"乡愁记忆"脱钩。村镇建设量大幅增长，村镇公共空间被挤占破坏。尤其值得注意的是我国村镇规划建设管理分离，制度保障缺失。《中华人民共和国城乡规划法》规定村镇规划由乡（镇）人民政府组织编制。城乡一体的规划建设法律法规体系尚未建立，与当前村镇建设技术标准适应性不强。村镇规划建设管理技术薄弱，人才匮乏。村镇建设政策和资金分散，未能形成合力，目前村镇发展各个领域分属不同部门事权。如乡镇生活污水处理，国务院"三定"方案职能规定不明确等。这些都是乡改镇后面临的实际问题。

三、我国乡镇建设发展趋势

党的十八大报告提出了"两个一百年"奋斗目标，即在中国共产党成立一百年时全面建成小康社会；在新中国成立一百年时建成富强、民主、文明、和谐的社会主义现代化国家。乡村现代化是国家现代化的重要组成部分，必须通过城乡互动推动，在加快推进新型城镇化的过程中实现。

由于目前自治区"撤乡设镇"进展加快的新形势，本课题的研究内容涉及乡村的建设和发展。而乡镇、乡村有千丝万缕的联系，不可分割，所以在以下的论述中把乡村、镇、县综合在一起考虑。

在城乡互动的过程中，城乡二元结构所具有的"制度性红利"逐渐消失，乡村地区在粮食安全、生态屏障、文化传承、社会稳定等方面的重要作用日益突显，我国将建立平等、协调、一体化的新型城乡关系。

乡村经济多元化是农民增收的必然选择和地域生产条件差异的必然结果。乡村经济的多元化体现为地域的多元化、业态的多元化和农民收入结构的多元化。现代农业的发展将优化乡村产业结构，提高第二、第三产业在乡村经济中的比重，由此带来的是农民收入结构中工资性收入和家庭经营收入并重。

农业的现代化带来种植规模、经营主体、经营方式等一系列的现代农业的发展将优化乡村产业结构，提高第二、第三产业在乡村经济中的比重，由此带来的是农民收入结构中工资性收入和家庭经营收入比重变化。首先，通过土地流转、健全组织、创新机制，实现土地资源的有效整合，现代农业规模化、园区化经营趋势明显；其次，通过土地综合整治、基础设施建设，农业经营主体逐步由小农户向农业企业、家庭农场、农业专业合作组织等新型经营主体转换；再次，依靠各类龙头组织的带动，农业生产、加工、销售紧密结合，实现一体化经营。2016年中央一号文件《中共中央 国务院关于落实发展新理念加快农业现代化 实现全面小康目标的若干意见》中提出要大力推进农业现代化，推动粮经饲统筹、农林牧渔结合、种养加一体、一二三产业融合发展，让农业成为充满希望的朝阳产业。

乡村主体将发生转变。目前我国乡村居住的主体人口是留守在农村中的妇女、儿童和老人这样的群体。未来乡村发展将逐步被城市发展稀释，乡村主体发生转变的态势初显，原有的种田能手、衣锦还乡的农村年轻人、告老还乡的中产阶层三类人群将成为乡村发展的主体。他们的共同特点是有理想、有追求、有能力，并且是国家培育新型职业农民的主要对象。因此，过去的由单纯政府决策和建设主导的规划管理模式需要转向公众参与式的多元决策以及以新主体为主导建设和受益的治理模式。

乡村功能将从单一的农副产品供应向生态保护与游憩功能、文化传承与发展功能、农村居民的健康居住与发展功能以及绿色农产品的生产与供应功能全面转型，乡村治理目标也将相应多元化。同时，国家强大的财政转移支付和乡村公共服务的多元化供给，也奠定了多元投入的乡村治理基础。农业的现代化、乡村的信息化和机动化等外在因素将极大地改变农民的生产生活方式，配合农民日益增长的物质和精神需求，将促使包括乡村生活、生产和生态在内的各类空间走向适度集聚。但这一自发的过程要经过一代人、三十年左右的时间来完成，而且在不同地区会呈现不同的方式。乡村空间格局重构是乡村建设走向现代化的必然结果，新疆乡镇分布稀疏，未来农业的发展方向是规模化和专业化，并会出现农业劳动力的地区性替代现象，本地农民将向重点城镇进一步集聚。所以乡镇的建设在新疆尤显重要。适度的密集居住既是传统方式，也是新形势下的需要。

位于城镇密集区和大城市周边的小城镇，随着城市的扩张和功能的疏解，会发展成为城市的重要功能组团，甚至与城市连绵、一体化发展。具有特色资源、区位优势的小城镇，通过规划引导和市场运作，将成为文化旅游、商贸物流、资源加工、交通枢纽等专业特色镇。远离中心城市的小城镇和林场、农场等，在国家大力投入基础设施和公共服务建设后，将发展成为服务农村、带动周边的综合性小城镇。这些乡镇的人口组成不仅是老人、儿童和妇女。乡村空间内部新增长点的出现和传统增长中心的收缩并举。信息技术和互联网经济使得一些原本相对偏远、并非本地经济增长中心的淘宝村镇快速成长。而在制造业发达的乡村地区，企业在市场力量的作用下，开始自觉寻求适度集聚，撤离原有依托的村镇，集中到更高一级的工业区和经济开发区。乡镇建设的重点主要集中于居住、手工特色产业和特色旅游方面。

综上所述，乡村发展绿色化是乡村永续发展的重要保障。"绿色化"业已成为新常态下经济发展的新任务、推进生态文明建设的新要求。应以乡村发展绿色化为主题，推动"农业生产清洁化、农村废弃物资源化、村庄发展生态化"。

"推动农业可持续发展，必须确立发展绿色农业就是保护生态的观念"。农业生产中化肥、农药使用量将得到严格控制，逐步实现清洁化、绿色化、无公害生产。粗放型养殖将向生态型、健康型、集约型养殖方式过渡。畜禽养殖禁养区将被科学划定，现有规模化畜禽养殖场（小区）将根据污染防治需要，配套建设粪便污水贮存、处理、利用设施。通过秸秆全量还田、秸秆青贮氨化养畜、食用菌生产等综合利用技术的实施以及秸秆气化集中供气工程，燃气化、管道化炊事等实施实现秸秆综合利用。

村庄发展"生态化"，山、水、园、林、路和民居关系更加协调，生态本底得到最大限度的保留，生态产业和节能环保建筑得到较大发展，乡村景观更多运用乡土树种和生态方法营造，生态文明的理念在乡村根植。

1. 美丽乡村建设是留住乡愁、弘扬中华文化的重要手段

广大的乡村孕育了中华民族的优秀传统文化，并在时代的大潮中保存并延续着中国的乡土文化。打造美丽、健康的乡村，才能让中华优秀传统文化成为有源之水、有本之木，才能使中华文明不断迈向新的辉煌。

依据"四缘"理念，梳理并构建适宜中国的新乡村文化。中国的乡土文化有地缘、血缘、

业缘和情缘四个方面的构建因缘：地缘是指由地理位置上的联系而形成的关系，是乡村文化构建的基础；血缘是乡村文化构建的纽带，是中国家庭伦理文化的诞生基础；业缘是指在日常共同的劳作生产中结成的紧密关系，是乡村文化构建的导向；而情缘是乡村文化的核心价值所在，是地缘、血缘、业缘共同作用下的情感升华。应尊重地缘，发展具有地域特色的乡土文化和乡村风貌；重视血缘，传承中国特色的家庭伦理文化；构建业缘，将文化发展和产业发展有机结合，提升本土文化自信，增强乡村凝聚力；建立广泛的情缘共识，发展积极、健康的乡村社区文化，逐步实现对乡村风貌价值观和审美标准的自我认同，使乡村风貌的传承和发展进入可持续的良性轨道。

发挥文化的引领作用，将积极、健康的文化价值观念植入村镇规划建设管理的方法和乡村建造技术的选择中，合理、有序地进行乡村风貌建设。

2. 发展乡村设计和新乡土建筑

在小城镇规划建设中要突出对特色风貌的规划和引导，要鼓励设计师下乡，探索新乡土建筑创作，传承和创造传统建造工艺，推广地方材料并提升物理和结构性能，发展适合于现代生活的新乡土建筑和乡村绿色建筑技术。

3. 建立城乡一体的环境保护机制，发展适合乡村的环境整治技术

实现"城乡环保规划、城乡资源配置、城乡环保机构、城乡环保基础设施建设"四大统筹。建立全覆盖、网络化的环境保护省、市、县三级监管体系。加强城乡污水处理、水资源利用与保护设施、防洪设施等的整体协调，推进城乡之间、区域之间环境保护基础设施共建

共享；依据村落形态和位置、规划布局，实现集中与分散的有机结合收集模式；从"谁污染，谁付费"到"谁污染，谁付费""谁受益，谁付费"两者结合；形成城乡统筹的生态环境综合保护与建设新格局。

创新机制，多元投入。通过区域整合，将众多农村的污水处理项目"捆绑"成一个大项目，发挥规模效益，提升农村污水处理项目的财务生存能力，"打捆"PPP模式解决目前农村建设资金问题。以县为付费主体，由县和所属镇、乡自行决定污水处理费分担比例，确保专业公司实现建设运营项目可靠的现金流。坚持城乡环境治理并重，加快制定、完善和细化可操作的农村环保基础设施建设方面的财政投入政策，逐步把农村环境整治支出纳入地方财政预算，自治区财政给予差异化奖补，政策性金融机构提供长期低息贷款，逐步提高政府财政向农村地区的转移支付比例，探索政府购买服务、专业公司一体化建设运营机制。

四、对新疆县、镇一级城镇化过程中规划、建筑以及对农牧民的安置方案

新疆地域辽阔，自然条件变化大，少数民族多。综上所述，对县、镇一级城镇化建设中的规划和建筑提出新的思路和建议。

1）在县、镇一级的居民住房的建设中不宜建造高层住宅和千篇一律的火柴盒式的5～6层住宅。要因地制宜地建造绿色风貌居住社区，提倡政府贷款、居民集资的方式。避免"土地城镇化"和房地产开发的模式。严格控制县、镇一级出售土地收入在财政收入的比例，以免造成房价不断上涨的局面。县、镇城镇化的主要目的是造福于民、和谐绿色

发展，而不是片面追求土地财政收入和房地产上的暴利。

2）从我国经济发展和世界城镇化的经验和趋势看，在今后县、镇的人口组成将不是失去土地的农民和畜牧业现代化后到县、镇居住的农牧民和妇女、儿童和老人。新一代具有就业技能的青壮年人口也会不断增加，他们的新职业将在县、镇的集中产业区。随着旅游和文化产业的发展，新型的家庭手工业、特色旅游、文化产业将会在县、镇集中，需要新型的有文化、有技术的劳动力。这不仅是盖一些 5 ~ 6 层楼房能解决的事。

3）有一种需要更正的观念，就是既然 5 ~ 6 层千篇一律的楼房不好，那就推广一户一院的平面住宅，这是从一个极端走向另一个极端。过去乡村之所以平房多，有一个重要的原因就是经济技术水平的限制，院落平房建造容易，就地取材，而且没有系统的水、暖、电现代化设施。而现在县、镇的城镇化必须要有相配套的市政设施，而且一般这些设施的投入要比建筑的花费大，因此控制县、镇的建设用地规模非常重要，建造 2 ~ 3 层为主的高密度住区和社区的需求呼之欲出，这样可节约用地和充分发挥县、镇市政设施的最大效益。在我们的规划中，高密度的 2 ~ 3 层的住区的容积率可以达到 0.8 左右，对于县、镇一级来说是一个合理的数字。

4）纵观我国够得上人口密集的传统县、镇的布局，高密度和"街、巷"是紧密结合在一起的。尤其是"巷"是最合理、最有人情味的城市空间，失去了"巷"，县、镇就显得呆板，没有"巷"，就无法做到 2 ~ 3 层住房的高密度。

在我国现行《建筑设计防火规范》里建筑的防火间距是 6 米，远远大于理想中"巷"的宽度；但规范中又提出一个防火分区不大于

2500 平方米。这样我们就可以在 2500 平方米的范围内布置仅 20 家院落住宅，留出巷道，而建筑的结构墙体共用和相连。在这 2500 平方米内的小巷的宽度可以是 2 ~ 3 米，作为人行路，这是实现高密度的关键，也是形成城乡特色的有利条件。在巷道里没有机动车，更利于人们的社会交往、户外活动和儿童游戏。

在新建住区里以 2500 平方米作为 2 ~ 3 层住宅的单元体，每个单元体里容纳 7 ~ 8 户住宅。这是我们创新的地方，在我国县、乡（镇）建设中还没有这样的做法，它是形成高密度的基础。它不同于 2 ~ 3 层的别墅区，它是院落和巷道形成的街坊，既是独门独院，但又比别墅节约土地，还便于人际交往，我们把这种单元体定名为"坊"，这是我国现行城镇规划中没有的新观念，它和传统的"街坊"有联系，但又是全新的"坊"，符合现代的防火规范，有集中、统一的市政设施，墙体、道路等可以共用。在目前的县、镇一级不可能家家住别墅，而一户一宅的带院落的"坊"则可以大面积推广。

2 ~ 3 层的院落住宅，在历史上是富人才可以建造的，建楼房和平房所需要的建造技术和资金差别很大。但现代的县、镇里都是现代的结构技术，如钢筋混凝土结构、砖混结构、钢结构、新型木结构，集中供暖、供电、供水和排污，网络通信等都使得建造更容易了。

5）随着产业结构的发展，新生事物不断出现。高新的技术产业出现了集中与分散的两极分化。旅游文化产业兴起，对传统历史遗迹进行挖掘与保护，以家庭为单位的新型产业也在不断出现。随着以家庭为单位的新就业需求，社区服务业扩大发展，家庭对产业房或门面房的需求也是新的动向。所以在高密度的街坊中给每户在规划设计中设一间门面房非常必要。争取沿街道路面宽，在城市里从古到今皆是如

此。例如我国南方的"筒子房"，欧洲鳞次栉比的"麻将房"，美国的"Town House"等都是因对沿街面宽的争夺而形成的特色。当前对门面房的需求用流行 5~6 层的住宅楼不可能实现，如果把特色小镇设计成变相的独栋别墅也无法实现。只有按本课题研究而形成纵横的街巷才可能做到每户有临街的门面房。

6）庭院是传统城镇的基本居住形态，也是居住者的基本需求和人们接地气、亲近自然的本能。在大城市里目前不可能做到家家有庭院或户外绿化空间。但按本课题研究的结果，完全可以在县城和乡镇中实现。尤其新疆县城的规模都不太大，实现庭院住区更有条件。

庭院不但可以改善小气候条件、美化生活，还可以适当种植果树和蔬菜，具有实惠的经济意义。每户的庭院并不会多占用城镇土地，根据我国当前的居住区规划规范，居住区的绿地面积不应少于30%，而按本课题的研究，可以把一半的绿地面积分到每户，这样既解决了绿地面积的问题，还由于可以由住户自己管理，节约了公共绿地的成本支出。可以想象，每户院子里的果树伸出院墙的乡愁意境。

7）由于有了院落和独栋住宅，地下室和屋顶扩大了居住的储藏等需求，这是楼房无法解决的问题。新疆属严寒地区，冬季时间长，地广人稀，储藏空间非常有必要，例如喀纳斯地区的住宅，屋顶架空，是冬季储藏食物等重要的空间。所以在街坊式的院落住宅中给充分利用地下室和屋顶提供了极大的方便。

8）农牧民进入县、镇后，由于生活方式的改变和经营的需要，家用汽车逐渐成为必需的交通工具。目前自治区的乡镇和县的居住区大多没有妥善地设置停车场地。每户设停车位和车库又不现实。所以我们在"街坊"的规划与设计中提出了一个新的方案，即停车

和通行共用道。这种道路的特点是：路宽为6米，设于街坊内部，为坊内住户专用，为次要行车道路，可以沿路侧向停一辆车而不影响交通。这种道路的两侧是住户的院落出入口、建筑与围墙，不设人行道，全为硬质路面，建筑物的散水仅仅成坡度高起，入口台阶凹入，不影响交通。

9）这种"坊间专用停行车道"可以缓解县、镇道路的停车困难，也是坊与坊之间的防火间距和消防车通道。

10）当前特色小镇的建设越来越多，但要防止一哄而上，因为只有具有新型的、有前途的特色产业和经过就业培训的人，特色小镇才有发展前途。就本课题而言，实则与特色小镇的建设有相同的地方。在强调人和特色产业的前提下，高密度、2~3层、庭院、街巷、街坊、门面房等才能给真正地形成有地域、民族、传统和现代相结合的县镇的特色风格提供最有利的条件，而不是千篇一律的别墅化。新疆自然地理变化丰富，民族众多，要很好地挖掘和创新，需要实事求是地从每一个县、镇的具体情况出发，精心设计和创新，而不是照搬照抄，实现田园化、现代化、生态的县镇魅力。在这次的研究中，仅以吉木乃县农牧民安置房的建筑与规划为实例，力求表达以上的论述。

五、吉木乃县两居工程的规划与设计实例

吉木乃县位于新疆维吾尔自治区北部，准噶尔盆地北缘、萨吾尔山北麓，额尔齐斯河南岸，西与哈萨克斯坦共和国接壤，总人口数3.9万，由哈萨克族、汉族、维吾尔族、回族等22个民族组成。

项目用地位于县城西侧的空地上（图1）。

图1

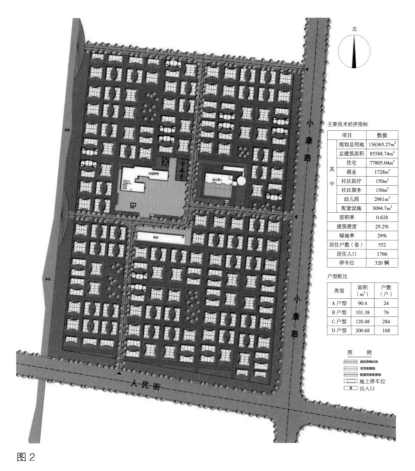

图2

图1 区位图
图2 总平面图

整组用地南北长 450 米，东西长 296 米，地势南高北低，高差约为 7.5 米，东高西低高差约为 2.7 米。用地东侧县城镇域西侧隔河与萨吾尔山脉相望，规划总用地面积 13.64 万平方米。

规划中以节约土地为原则，采用低层高密度的布局方式，住宅均为 2 ~ 3 层，建筑密度 29.2%，容积率 0.628，绿地率 29%。

每 4 户背靠背相接形成紧凑的居住单元。每 4 ~ 6 个居住单元组成一个街坊，街坊内小路宽 3 米，禁止机动车通行，营造宜居和谐的邻里空间。

城市道路为 12 米，小区内车行路为 6 米，宅前道路为 3 米，用不同的道路宽度限制机动车的流量及速度，营造以人为本的居住环境。

市政管网在 12 米及 6 米的道路下铺设，保证了街坊的居住安全性，同时节约了基础设施的成本造价。

根据机动车停车的便捷性及有效利用土地的原则，不设专用停车场，停车位在 12 米道路两边及 6 米道路单边设置。6 米道路路沿石与道路平齐，提高了道路的使用效率。

规划中充分考虑了公共服务设施："5+2" 基层阵地、幼儿园、村民就业技能培训中心、小型超市等。同时在各片区街坊群中设置了小型公共绿地及居民休憩共享空间。

每户均拥有 50 ~ 90 平方米的庭院，可以满足自用的果木、蔬菜及禽畜的临时养殖，延续了居民原有的生活习惯。29% 的绿地率有 75% 在各家庭院内。

每户均有可灵活调整的房间，根据居民自身特点，可改为手工艺、餐饮、小卖部等商业用途，尝试解决居民居家择业、就业的问题。

户型组合中，每 4 户各有两道外墙共用，节约了结构、管线、保温等建造成本（图 2 ~ 图 14）。

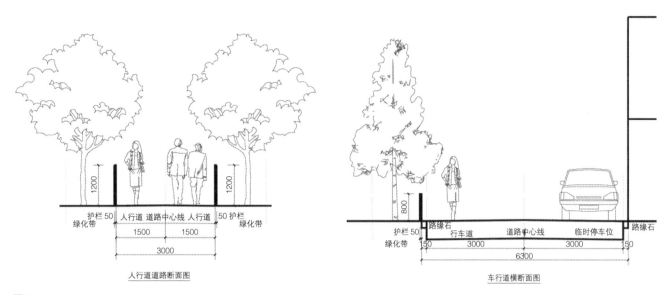

人行道道路断面图   车行道横断面图

图3

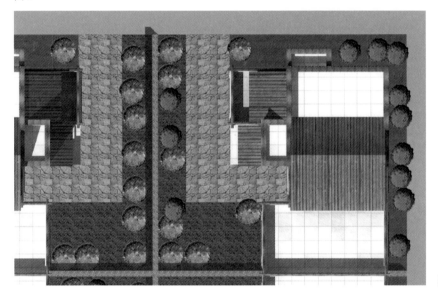

图4

图3　道路剖面图
图4　单元平面图
图5　街坊平面图

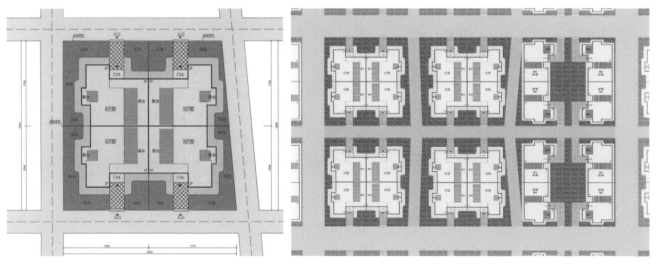

图5

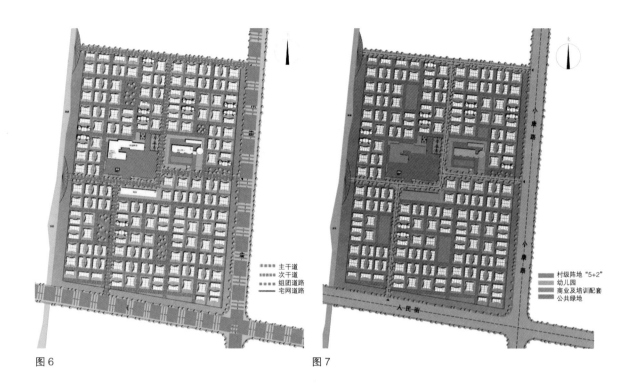

图 6

图 7

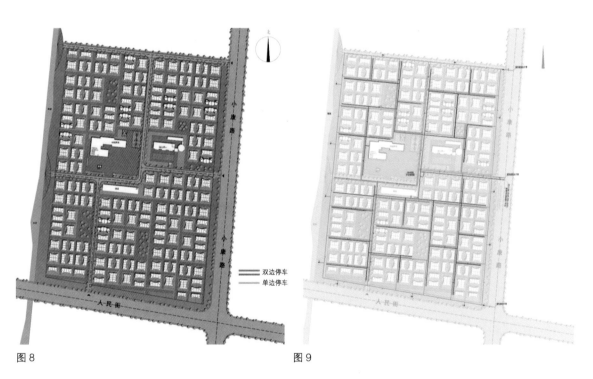

图 8

图 9

图 6　道路规划平面图
图 7　功能分区平面图
图 8　停车规划平面图
图 9　室外综合管线平面图

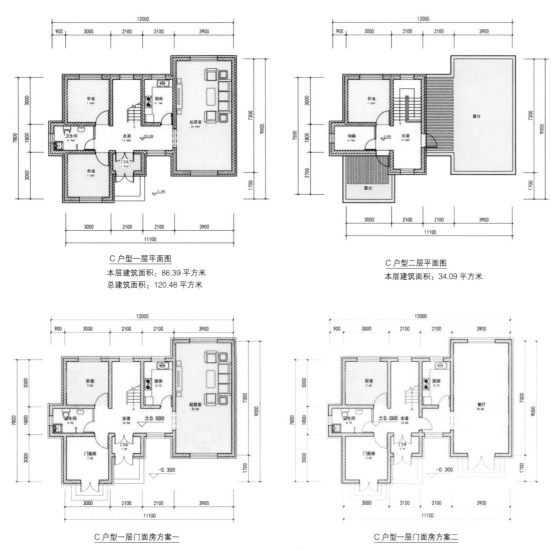

C户型一层平面图
本层建筑面积：86.39平方米
总建筑面积：120.48平方米

C户型二层平面图
本层建筑面积：34.09平方米

C户型一层门面房方案一

C户型一层门面房方案二

图 10

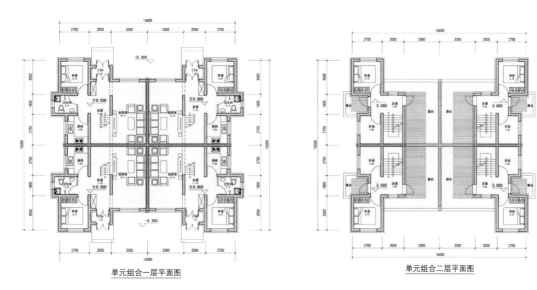

单元组合一层平面图

单元组合二层平面图

图 11

图 10 C 户型平面图
图 11 单元组合平面图

图 12

图 13

图 12　街坊鸟瞰效果图
图 13　小区鸟瞰效果图

图 14

图 14　建筑效果图

从窣堵波到中国式佛塔

——汉唐时期新疆佛塔的演变 ①

曾子蕴　王小东

摘　要： 佛教沿丝绸之路传播，其佛塔从最初的印度窣堵波形制传入中亚，后进入新疆演变出各种佛塔样式，展现出多元文化特性，折射出汉唐时期新疆佛教的大流行以及中华文化影响下的佛塔演变关系，最终使新疆佛塔建筑成为中国式佛塔的重要组成。本文对新疆佛塔样式进行对比分析，找寻影响因素，以此反映不同文化之间的交流互鉴盛况。

关键词： 中亚；新疆；佛塔；形制演变；文化交流

1 文化溯源：汉唐时期佛教在新疆的大流行

佛教自产生经过一段时间的发展，便向印度西北部、塔克西拉（今巴基斯坦北部）、克什米尔等地区传播。公元前 2 世纪，葱岭以南的罽宾、犍陀罗以及葱岭以西的巴克特里亚、索格底亚那等地又发展了新的佛教中心。随后佛教进入中亚的阿姆河、锡尔河之间的"河中地带"。佛教在中亚地区，尤其在贵霜国王迦腻色迦（Kaniska，公元 78 ~ 123 年）的大力推动下，传播很广。[1] 公元 7 世纪末，阿拉伯人越过阿姆河，把伊斯兰教带到了中亚，但始终没有进入新疆地区。这时的唐帝国已在公元 659 年完成了统一西突厥的大业，在中亚设置

州县府 127 个，661 年设置都护府 8 个，州 76 个，县 110 个，军府 126 个，设安西四镇，此时中亚地区完全列入中国版图。政治地域下的伊斯兰教在 10 世纪末才传入新疆。这段特殊的历史时期，为佛教在新疆广泛传播提供了历史机遇，佛教成为新疆居主导地位的宗教文化，并具有了地域文化色彩，可称之为"新疆佛教大流行时期"。

两汉时期西域地区所谓"三十六国"或"五十五国"的局面得到了改观，形成了鄯善、于阗、焉耆、龟兹、疏勒和车师 6 个政治中心。[2] 上述 6 国除车师在魏晋时期被高昌所取代，其余都发展成为汉唐时期新疆的佛教中心。罽宾小乘佛教于公元元年前后传入于阗，继而大小乘并行至公元 5 世纪。

---

① 本文曾发表于 2023 年《新建筑》第 5 期。

之后大乘佛教传入并占据主导地位。据记载："其国丰乐，人民殷盛，尽皆奉法，以法乐相娱。众僧乃数万人，多大乘学，皆有众食"。魏晋南北朝时期，于阗佛教从普及发展至顶峰。[3]楼兰国起初定都罗布泊沿岸的楼兰城，西汉元凤四年（公元前77年）迁都鄯善河流域的扜泥城（今若羌附近），更其国名为"鄯善"。[4]鄯善王国势力强大，扼丝绸之路要冲。一部分贵霜人的移民，把佛教信仰带入了鄯善。据佉卢文书记载，公元3、4世纪，鄯善佛教已很盛行。高僧法显途经此地，记载"其国王奉法，可有四千余僧，悉小乘学……然出家人皆习天竺书、天竺语"。[5]东汉末年至魏晋南北朝时期，疏勒佛教已得到长足的发展，已具备大、小乘经典。在隋唐时期，就有"淳信佛法，勤营福利，伽蓝数百所，僧徒万余人"的记载，足见疏勒佛教之盛况。龟兹佛教自两晋至唐初都处在十分兴盛的时期，《晋书·四夷传》记载："龟兹国西去洛阳八千二百八十里，俗有城郭，其城三重，中有佛塔庙千所"[6]可知，龟兹佛教与汉地佛教是并存发展的。高昌佛教起初的兴盛期在公元5~7世纪，在9~10世纪达到顶峰。在丝路北道畅通的历史背景下，高昌各地僧人云集，佛寺林立，成为佛教中心。中原汉传佛教艺术也开始回流此地。

在约10个世纪的历史长河中，佛教的大、小乘部派及密教均在新疆充分传播，各地讲经学法的高僧络绎不绝。多元的文化背景和多样的佛教宗派使新疆佛教绚丽多姿。新疆各地建造了大量丰富的佛教建筑，各类经籍广为流传，遍及新疆和中原大地。新疆也成为佛教传入中原地区的媒介，是佛教从印度向东传播的桥梁，新疆佛教更是中华佛教的重要组成部分。佛教在特定的历史条件下在新疆的大流行的意义由

于种种原因被低估了，但在今天中华文化溯源的工作中很有意义。

东汉时期许慎的《说文解字》中本无"塔"字，而是由北宋时期徐铉作为新附字补入的，内容如下："塔，西域浮屠也，从土荅声，土盍切"。[7]而"塔"字最早出现，是在东汉时期的汉译佛经中。现存的89部东汉译经中，其中大部分含有"塔"字。[8]而"佛塔"就是"塔"字最初的本意。在《长阿含经》中佛教起塔供养之说是佛塔最早在佛经中的记载。据《阿育王传》卷一、《善见律昆婆沙》卷一等载，佛陀入灭后二百年顷，君临摩揭陀国之阿育王，曾于其领土各地建八万四千宝塔。在新疆佛教的盛行时期，东晋法显西域求法途中就曾记载古代于阗佛教的信仰情况，其中有"家家门前皆起小塔"[9]的盛况。玄奘在《大唐西域记》中也有记载：于阗"王城西五六里，有娑摩若僧伽蓝，中有窣堵波，高百余尺，甚多灵瑞，时烛神光"[10]，可见佛塔早已成为新疆佛教不可缺少的重要存在。

2 佛塔在新疆的传播路径与过渡形态

佛教传入新疆的具体路径比较复杂。塔克拉玛干沙漠的阻隔使塔里木盆地形成南缘和北缘两条弧形的绿洲带。东天山地区南与塔里木盆地南缘和塔里木盆地北缘相接，东与河西地区、蒙古高原相连，西与葱岭西相通。佛教在新疆传播的北线在公元3~4世纪由葱岭以西的安息、康居、大宛等地越过葱岭而传入塔里木盆地北缘西端，后沿塔里木盆地北缘传至疏勒、龟兹、焉耆，至东天山地区的高昌；而南线则是在更早的时期，约1~2世纪就由葱岭以南的罽宾（迦湿弥罗）、键陀罗等地越过喀

喇昆仑山，先到莎车、皮山，后沿塔里木盆地南缘传至于阗、楼兰（鄯善），最终也达到东天山地区的高昌等地。[11]

2.1　塔里木盆地南缘佛塔

葱岭以南的罽宾（迦湿弥罗）、犍陀罗等地，融合了印度、希腊、罗马、波斯以及草原游牧区域的文化，佛教的一支便从这里翻越喀喇昆仑山到达塔里木盆地南缘的于阗绿洲，塔里木盆地南缘早期的佛教文化因此具有强烈的犍陀罗色彩。由于于阗绿洲大多远离山体，所以佛教建筑以地面佛寺为主，最初以小乘佛教居多。佛塔主要在于阗和鄯善地区，笔者选取代表性的遗址（附表1），以总结演变中的特征。

（1）塔基增高，塔基层数增加。塔基层数增加到2～3层，在佛塔下部设置矩形夯土基座台，佛塔纵向高度超过底径，拉高整体竖向比例，使塔基成为佛塔的重要部分。

尼雅佛塔总高约6米，两层方形塔基，自下而上逐层内收，在两层基坛上还有一层低坛，边长为2.6米、高0.3米。[12]佛塔上层塔身用较小土坯胶泥块构筑而成。整座塔基高大，塔身细小，演变不够成熟。安迪尔古城遗址是由多个古城组成，安迪尔佛塔塔基为方形，塔身呈圆柱形，顶部为覆钵状，[13]整体形象匀称，比例更恰当。尼雅佛塔、安迪尔佛塔顶端中心均有柱槽痕迹，应该是安装相轮华盖、宝顶等木结构支架顶饰的位置。

（2）高台佛殿。佛塔位于上层台基上，使整座建筑高大雄伟。佛殿中部为塔柱，塔柱外建造围墙，使围墙与塔柱间形成一圈圆形廊道，部分围墙有开窗痕迹。上方屋顶为当时较先进的土穹隆顶结构技术。

米兰古城中，斯坦因考察编号的M.Ⅲ号窣堵波佛殿位于台基上，呈"日"字形平面；外部围墙残高3米，内部中央置圆柱形塔，圆形塔基，围墙与中心塔间的环道宽约1.46米；圆柱形塔身中间环有凸出饰带痕迹。佛塔用土坯顺砖错缝砌筑，塔身外抹草泥，草泥层外涂有白灰。佛塔墙壁上都曾有极为精美的壁画，带有强烈罗马风格的著名壁画"有翼天使"就绘制于此。

楼兰古城城内佛塔残高10.4米，在高大的方形台基上，佛塔塔身平面呈八角形。塔基与塔身间有近0.5米宽的阶梯。[14]塔身旁残存半圆形围墙，与塔身四周形成一圈环绕坡道。佛塔由夹杂10～15厘米的红柳枝层和土坯层砌筑。楼兰古城东北佛寺，残高约6.28米。下层为方形基底，中部为正方形高台，台上为佛殿建筑，中部有圆柱状中心塔柱，整体呈现外方内圆的围合结构，内部环道壁面上残存壁画。佛殿下层基底采用尺寸为30厘米×20厘米×5厘米的青砖铺设。

（3）"十"字形平面佛塔形制。此形制在中亚十分常见，接近法亚兹泰佩，属于迦腻色迦塔的继承。木骨泥墙的寺院以塔院为中心，呈"回"字形展开。在佛塔两面或四面设置登临塔身的台阶，形成"十"字形平面。围绕佛塔设右旋礼佛的慢道。与印度早期佛塔设环形礼佛道、中亚贵霜佛塔安置在寺院中心的设计思想有密切联系。佛塔也转变为崇拜对象。

热瓦克（维吾尔语意为楼阁、塔）遗址是以佛塔为中心的寺院建筑，是早期的窣堵波寺院形制，总面积达2243平方米。寺院四周为廊式房屋围合，房屋面向院内的一侧布置一圈木柱廊，院落中部是窣堵波，平面呈"十"字形，宽约24米。塔基四边中部设梯段直通基座上方，中部塔身为圆柱形，塔顶原为覆钵式。[15] 房屋向院内的墙壁上均有佛像壁画和浮雕。2 世纪后，贵霜时期犍陀罗地区早期佛塔的塔基由圆形向方形过渡，且塔基上端边缘不再有栏楯。[16]

2.2 塔里木盆地北缘佛塔

葱岭以西的安息、康居、大宛等地区，深受波斯文化的影响，使塔里木盆地北缘的佛教有着波斯文化的渗透。这里自然条件良好，人口稠密，加之统治阶级的支持，使这里大、小乘经典并存。由于这里古代居民点大多邻近周边高大山脉的余脉，山体便于开凿石窟，因此佛教遗物多以石窟形式存在，有大量精美壁画和泥塑像。佛塔主要在疏勒、龟兹、焉耆地区，笔者选取代表性的遗址（附表 2），以总结演变中的特征。

（1）梯形台塔。在主佛塔周围 50 米左右，有形似覆斗状台座的方塔，分 2 ~ 3 层且逐级向上内收，每层间形成凸出的台阶状分界线，使台塔立面呈梯形。台座侧壁上留有佛龛的痕迹。这种佛塔形制出现在 7 世纪后的印度后笈多时期。

喀勒乎其佛塔塔基呈正方形，塔身呈圆柱形。用尺寸为 37 厘米 × 26 厘米 × 10 厘米的土坯砖垒砌而成，外部涂抹以草泥。佛塔正北 20 米处还发现有方形台座痕迹，高约 1 米，边长约 14 米。莫尔佛塔以北 60 米处的土坯垒砌梯形台座，平面呈长方形，东西长 25 米、南北宽 24 米，高 7 米。顶部接近正方形，台座侧面有壁龛痕迹。

（2）"回"字形平面佛塔。佛塔中心为塔柱，塔基呈方形、圆形或多边形平面，塔柱四周由低矮围墙将其围合成方形空间，围墙内壁与塔柱间的空间形成右旋礼佛环道，但上不封顶。塔身内部中空。塔柱、塔身正面和侧面上均有开龛。

锡克沁佛寺群遗址，整个遗址由僧房、佛塔、石窟等建筑组成，俗称千间房遗址。佛寺由典型"回"字形平面的主佛塔和带有前室的"日"字形平面配佛塔组成。佛塔为中心塔柱式，中部塔柱、塔基多为圆形、六边形或八边形，圆柱塔身中空，或用以存放舍利，覆钵式塔顶。塔柱周围与低矮围墙形成露天环路，以供右旋绕作功德。

（3）大型高台塔式佛殿。高台式佛塔起源于印度后笈多时期，塔身体积较大，外表为高大佛塔形制。塔身内部设置为佛殿空间，佛殿中心有塔柱，柱身周围设环道。

苏巴什佛寺遗址以佛塔为中心，四周建有殿堂、僧房等建筑，总占地面积达 20 公顷。其中西寺中部的大佛塔为高台式建筑，塔基分四层，塔身为向上收分形式，内中空为长方形佛殿，中心有塔柱，塔身上方有残留圆形覆钵顶。有环绕塔柱一圈的环道，顶部为拱形。佛塔正面的下方塔基处设置坡道，长约 12 米，宽约 3 米。佛塔下发现墓葬。佛殿后壁绘有大型立像，具有回鹘壁画风格。西寺东北部分还有石窟。[17] 苏巴什佛寺东寺，呈塔院式，四周围墙残高 4 米，院内窣堵波位居院落中央，高约 8 米，样式为印度覆钵式窣堵波，方形塔基，塔身中间有一圈凸出的环状装饰带，塔身开壁龛。莫尔佛塔为方形和梯形的草泥土坯砖垒砌，残高 10.8 米。基座分三级，总高 4.3 米，由下向上逐层内收。塔身分两部分，下部是圆形的塔身座，上部呈圆柱状，通过凸出棱状结构分为两级，向上逐渐缩小，总高约 6.5 米。塔顶为圆形覆钵式，顶部近平。

2.3 东天山地区佛塔

公元 3 世纪大批汉人迁入,在汉文化和汉传佛教的影响下,东天山地区高昌回鹘王国信仰了佛教,并发扬汉传佛教系统的高昌回鹘佛教,使这里的石窟、地面佛寺等佛教建筑也有了汉文化的渗透。本土车师人信奉的小乘佛教,随后也汇入汉传佛教中。佛塔主要在高昌(西州)、别失八里(北庭)、伊吾(伊州)地区,笔者选取代表性的遗址(附表 3),以总结演变中的特征。

(1)大型方塔柱。方塔形式上与印度覆钵塔有很大差异。方形塔柱外部四面开龛,大小龛排列规整。类似的佛塔,在吉木萨尔县北庭古城西大寺和鄯善县鲁克沁均有发现。塔身为夯筑,辅助建筑为土木混合结构。大型方塔柱佛塔在中西文化交流史以及建筑史、宗教史的研究中具有重要的地位,具有很高的学术价值。

吐鲁番三堡乡台藏塔残高 19.1 米,由前、中、后三部分组成。塔基平面呈"回"字形。塔身逐层向上收分。每级塔身两端内收成台面,形成 3 级台阶状的梯形立面。塔身四面均设排列整齐的佛龛,正壁有三排,上层 6 个、中层 7 个、下层 8 个。侧壁上下两排,上层 4 个、下层 5 个。台藏塔内部中空为圆拱顶内殿。佛龛内存有佛像和佛教故事壁画,龛顶绘团花图案,两侧、龛底也残存壁画。

高昌古城大佛寺遗址,佛寺为长方形平面,130 米 ×80 米,中轴对称布局。主佛殿建于基座上,方形平面,四周围墙高约 10 米,墙身外可见大型木构件的卯孔痕迹,为土木混合结构。塔殿中部为方形中心塔柱,塔基为须弥座形式。柱身有佛龛,最下层设 3 个大佛龛,以上 3 层,每层 7 个小佛龛。方塔柱以土坯砖垒砌为主,外敷草拌泥。

交河故城大佛寺位于交河故城西北角,四合院形式。寺院坐北朝南,59 米 × 88 米。中部围合庭院 42 米 ×35.5 米。主殿平面呈长方形,约 5.5 米 ×5 米,四周为夯土墙。中心塔柱形制,塔基三面有放置木柱痕迹,塔柱生土夯筑而成,塔身开龛。庭院四周为木柱围廊,建在 1.1 米台基上,廊宽 4.2 米。[18]

(2)塔林。五塔位于台基上为主塔居中,周围小塔以矩阵规律排列在主塔四角方向,形成大规模建筑群。五塔式塔林的含义与密教曼陀罗有关。[19]受到印度教的影响,大乘佛教从 7 世纪起就开始密教化并在波罗王时期成为主流,也流行于高昌,五塔式佛殿成为其佛教建筑的代表。

交河故城百塔占地面积约 900 平方米,塔林四周有围墙,院落呈方形,边长 85 米。塔林由 101 座塔组成,中央一座大佛塔为主塔,金刚宝座塔形式,高 8 米,建于正方形生土塔基上,四面有宽 1.9 米的踏步。[20]主塔四周划分为四区,每区 25 座小塔间距为 1.6 米排列成纵横方阵。四角处的小塔塔身开有拱形佛龛。

(3)多边形"十"字折角状塔身。回鹘高昌后期佛教建筑,佛殿后置,塔身为多边形"十"字折角状佛塔,佛塔与佛殿形成前殿后塔式藏传佛教典型风格。塔身内有佛殿,以五佛为主尊,和藏传佛教的五方佛崇拜有关。[21]此类佛塔在大阿萨、小阿萨以及柏孜克里克石窟中都有出现。

高昌古城东南佛寺是一所前殿后塔形式的寺院。佛殿平面呈长方形,长 9.1 米,宽 5.3 米,高约 3 米。佛殿北侧为东南佛寺佛塔,高约 5 米。第三层塔身四面有 4 个壁龛,塔身中空。整个塔身采用土坯砖纵横交错砌筑而成。佛殿内壁有残存的佛像和佛教故事主题的浮雕壁画。

（4）高矗型佛塔。受到中原汉传佛教的影响，随着塔身的不断加高，其内收也更加明显，佛塔更加摆脱特定形制的束缚。塔身更显高瘦的形制更是西域佛教少见的挺拔形象，成为新疆通往中原门户地区的特殊佛塔建筑。

位于哈密市花园乡的小南湖塔，由塔基和塔身两部分组成。塔身分三层且逐层内收，高耸直立，残高12米。佛塔正面塔门高2.1米，宽1.6米，厚1米。佛塔为覆钵式塔顶。内部空心，可通过内壁登至塔顶。佛塔内壁涂有泥浆层，并绘有壁画。[22] 覆钵式塔顶缩小。

3 佛塔的中原化体现

汉唐时期佛教在新疆大流行，在塔里木盆地的南缘、北缘、东天山地区建造了无数的寺庙、佛塔。它们基本上都是在中华文化的环境中出现的。从寺庙的壁画中可见大量的中国华夏建筑和装饰，部分文字为汉文，供养人的姓名也是汉字，如库车阿艾石窟壁画中的中国古典式建筑和汉字就是实例。而各种佛塔毫无例外地受中华文化的影响而形成自身的特点。（图1）

虽然汉唐之际佛教在新疆发展迅速，达到大流行状态，但在自然条件方面，新疆地区建筑材料多为生土，结构体系为垛泥土坯叠砌，仅用少量的木材，所以汉唐时期的佛塔无法与中原大地上高耸的砖石佛塔相比较。但新疆佛塔在中华文化的大范畴内，在不断适应地域条件的同时，也吸取各种文化，尤其是中华文化，形成了独特的中华新疆佛教建筑特色，同时也在佛教东传的潮流中，给中华文明增加了色彩。在唐帝国把中原纳入帝

图1

图2

图3

国版图后，内地的佛教也在一定程度上回流。在七河流域碎叶一带的佛寺建筑中，中国佛教建筑风格的平面、瓦当、屋脊、石碑都有发现。汉唐时期新疆的佛塔起着文化交流使者的作用，它们的演变表现在不同的区域。如图2～图4中的佛塔，塔身与覆钵间突出棱线为塔檐的样式就与华夏中原汉地楼阁式佛塔的影响是分不开的。建筑界也认为，我国楼阁式佛塔

图1　新疆库车阿艾石窟中的壁画
图2　热瓦克佛寺的佛塔复原模型
图3　吐峪沟第44窟佛塔壁画
图片来源：赵敏. 中国新疆壁画全集 6[M]. 沈阳：辽宁美术出版社，1995：图版 18.

图4　　　　　　　　图5

大地上的各种各样的"塔"，也形成了中华文化中独特的代表性元素，这就是佛教传入中国后的伟大创新。

4　结语

　　西域在全世界是唯一的四大文化体系汇流的地方。[24]佛教进入新疆后，显现出多元混融的特征。佛教各个宗派类别与各民族文化进行共融，呈现出和谐又自然的合成文化。新疆佛教的兴盛发展与丝绸之路各类贸易的商业往来是分不开的。东西方经济、文化的交流互动，促进了新疆佛教的大繁荣。可以看出，丝绸之路畅通之时也正是新疆佛教繁盛之时。在建设"一带一路"的进程中，我们要积极利用我国西部的地缘优势，坚持文化先行，潜移默化、润物无声地唤醒包括欧洲在内的各种文明的共同记忆；加强与沿线各国的文化交流合作，增进互融沟通，共同构建人类命运共同体意识，再现古丝绸之路的荣耀与辉煌。

是印度"窣堵波"原型与汉地固有木楼阁相结合的产物，即汉式木楼阁顶部加一座缩小了的印度窣堵波。[23]建于辽代的蓟县白塔寺砖石结构佛塔中，从塔座、覆钵、十三天相轮、塔刹的组成也能看出新疆佛塔的渗透。将中国亭阁式、密檐式形制进行融合，成为中国古塔中的建筑艺术精品（图5）。千万座中国

图4　高昌古城 γ 佛寺塔柱
图片来源：勒柯克.高昌：吐鲁番古代艺术珍品 [M].赵崇民，译.新疆人民出版社，1998：图版70高昌.
图5　蓟县白塔寺中的白塔

附表 1 塔里木盆地南缘佛塔（主要为于阗和鄯善两地的佛塔）

佛塔	热瓦克佛塔	米兰窣堵波	尼雅佛塔	安迪尔佛塔	楼兰城内佛塔	楼兰东北佛塔
年代	约 2～3 世纪	2 世纪	3 世纪	汉－唐	魏晋时期	魏晋时期
地区（古）	于阗国	米兰古城	精绝国	安迪尔古城	楼兰国	楼兰国
地区（今）	和田洛浦县	鄯善若羌县	和田民丰县	和田民丰县	鄯善若羌县	鄯善若羌县
主要族群	塞人	塞人	塞人	塞人	塞人	塞人
信奉类型	起初为小乘，后为大小乘并行	小乘	起初为小乘，后为大小乘并行	起初为小乘，后为大小乘并行	小乘	小乘
语言文字	塞语（于阗文）	佉卢文	塞语（于阗文）	塞语（于阗文）	佉卢文	佉卢文
佛塔环境	塔院式佛塔位于佛寺中心处	佛殿中央中心塔形制	独塔	独塔	前殿后塔	佛殿中央中心塔柱
佛塔平面	"十"字形	外方内圆	方形	方形	外圆内八角形	外方内圆
塔基类型	两层方形塔基边长约 15 米 第一层高 2.3 米 第二层高 2.7 米	台基 9 平方米 高 3 米	两层方形塔基首层约 6 平方米 高 1.88 米 第二层高 2 米	三层方形塔基首层 8.24 平方米 高 0.5 米 第二层 7.32 平方米 高 1.83 米 第三阶 6.7 平方米 高 0.5 米	方形台基 塔基下夯土层 总高约 5 米 长约 19.5 米 宽约 18 米	方形基底高 2.4 米 中部正方形高台 宽 7.1 米 总高 4.6 米
塔身类型	圆柱形塔身 外径约 9.6 米 残高 3.6 米 覆钵式塔顶	圆柱形塔柱 直径 2.5 米 高 2.85 米 覆钵式塔顶	圆柱形塔身 高 2.14 米 塔顶中心有柱槽	圆柱形塔身 直径 4.88 米 高 4.39 米 覆钵式塔顶 塔顶中心有柱槽	八角形塔柱 直径 3 米 高 4.9 米 覆钵式塔顶	圆柱状塔柱 宽 6 米 高 2.1 米
佛塔内部	实心	中空	实心	实心	实心	实心
材质	土坯砌筑	土坯顺砖错缝砌筑，外抹草泥	土坯胶泥 交互垒砌	土坯胶泥 垒叠砌筑	土坯砌筑 夹层红柳枝砌筑	土坯砌筑 青砖铺设基底
图片						

附表 2 塔里木盆地北缘佛塔（主要为疏勒、龟兹、焉耆三地的佛塔）

佛塔	苏巴什西寺佛塔	苏巴什东寺佛塔	莫尔佛塔	锡克沁佛塔	喀勒乎其佛塔
年代	约 2～3 世纪	约 2～3 世纪	3 世纪	4 世纪	7～9 世纪
地区（古）	龟兹国	龟兹国	疏勒国	焉耆国	伽师城
地区（今）	库车市	库车市	喀什市	焉者县	喀什市
主要族群	吐火罗人	吐火罗人	塞人、吐火罗人	吐火罗人	塞人、吐火罗人
信奉类型	小乘	小乘	小乘	小乘	小乘
语言文字	吐火罗语	吐火罗语	吐火罗语	吐火罗语	吐火罗语

佛塔	苏巴什西寺佛塔	苏巴什东寺佛塔	莫尔佛塔	锡克沁佛塔	喀勒乎其佛塔
佛塔环境	高台寺	塔院式佛寺以窣堵波为中心	位于佛寺南面20米处有台塔	佛塔群	正北有台塔
佛塔平面	方形	方形	方形	多边形	方形
塔基类型	四层方形塔基边长约21米高约13.2米	方形基座宽约11米高约0.5米	三层方形塔基长13.2米，宽12.8米 首层高0.8米 第二层高2米 第三层高1.5米	塔基多为圆形六边形或八边形	三层方形塔基基底边长约7.3米每层高1~1.2米
塔身类型	塔身内为佛殿长方形平面长约11.7米宽约7.1米中心圆柱形塔柱	圆柱形塔身高约8米塔顶为覆钵式	塔身分两部分下部圆形塔身座周长24米，高1.5米上部呈圆柱状高约5米塔顶圆形覆钵式东西长约14.5米南北宽约13.5米	圆柱形塔身覆钵式塔顶	圆柱形塔身
佛塔内部	中空设置为佛殿	中空开龛	实心	中空	实心
材质	土坯砌筑	土坯砌筑	方形和梯形的草泥土坯砖砌筑	土坯砌筑	土坯砖砌筑外部涂抹草泥
图片					

附表3　东天山地区佛塔（主要为西州、北庭、伊州三地的佛塔）

佛塔	交河故城大佛寺佛塔	吐鲁番三堡乡地藏塔	小南湖塔	交河故城百塔	高昌古城大佛寺佛塔	高昌古城东南佛寺佛塔
年代	4~5世纪	唐代	唐代	9世纪	约12~13世纪	约12~13世纪
地区（古）	车师国	车师国	伊吾	车师国	高昌国	高昌国
地区（今）	吐鲁番市	吐鲁番市	哈密市	吐鲁番市	吐鲁番市	吐鲁番市
主要族群	吐火罗人、塞人、羌人、汉人	吐火罗人、塞人、羌人、汉人	吐火罗人、塞人、羌人、汉人	吐火罗人、塞人、羌人、汉人	吐火罗人、塞人、羌人、汉人	吐火罗人、塞人、羌人、汉人
信奉类型	大乘为主	大乘为主	大乘	大乘为主	大乘为主	大乘为主
语言文字	吐火罗语	吐火罗语	汉文	吐火罗语	吐火罗语	吐火罗语
佛塔环境	塔院式中心塔柱	围合式佛寺	独塔	塔林	塔院式中心塔柱	前殿后塔
佛塔平面	方形	"回"字形	方形	方形	方形	方形
塔基类型	方形塔基高1.1米	塔基底部南北长约36米东西残长约34米塔基壁厚8~12米	塔基平面正方形边长约3.8米高约2米	方形主塔塔基边长约9.7米高约1.3米基座上夯筑平台高2.5米	方形基座	第一层方形第二层圆形

佛塔	交河故城大佛寺佛塔	吐鲁番三堡乡地藏塔	小南湖塔	交河故城百塔	高昌古城大佛寺佛塔	高昌古城东南佛寺佛塔
塔身类型	中心方形塔柱 残高 5.5 米 塔身四面均开设 四层拱形小龛 龛内塑佛	三层台阶状 逐层内收约 1.2 米 首层高 7.4 米 第二层高 5.4 米 第三层高 6.3 米 塔身开龛	方形平面 塔身分三层且 逐层内收 正立面为梯形	金刚宝座式塔 中部主塔 塔体呈梯形 四角处小塔 塔身平面呈方形 边长为 2.4 米 残高 3 米 塔身圆柱形 塔顶均为覆钵状	方形塔柱 塔身四面均 开设拱形佛龛	塔身分三层 层层向上内收 多边形"十"字 折角状塔身 高约 5 米
佛塔内部	实心	中空 塔内为佛殿 "回"字形平面边长约 13 米	中空 塔内空间平面呈方 形，边长 1.6 米	实心 塔身开龛	实心 塔身开龛	中空
材质	土坯砌筑	土木混合结构	土坯砌筑	土坯砖砌筑	土坯砖砌筑外敷草 拌泥	土坯砖纵横交错砌筑 而成
图片						

参考文献

[1] 汤用彤. 汉魏两晋南北朝佛教史（上册）[M]. 北京：中华书局，1983：34.

[2] 陈寿. 三国志：卷三十 [M]. 北京：中华书局，1959：859–860.

[3] 法显. 法显传校注 [M]. 章巽校注. 北京：中华书局，2008：11–12.

[4] 范晔. 后汉书：卷八十八 [M]. 北京：中华书局，1962：2909.

[5] 同 [3]

[6] 房玄龄. 晋书：卷九十七 [M]. 北京：中华书局，1974：2543.

[7] 许慎，徐铉. 说文解字（附检字）[M]. 北京：中华书局，1963.

[8] 朱宇晖，张毅捷. "塔"字探源 [J]. 建筑史，2017（39）：166.

[9] 高僧法显传，大正藏：第 51 册 [M]. 内蒙古：内蒙古人民出版社，1972:857.

[10] 大唐西域记：卷一二，大正藏：第 51 册 [M]. 内蒙古：内蒙古人民出版社，1972: 2087.

[11] 彭无情. 西域佛教演化研究 [M]. 巴蜀书社，2016.

[12] 奥雷尔·斯坦因. 古代和田第一卷 [M]. 巫新华，译. 济南：山东人民出版社，2009：359.

[13] 王绍周. 中国民族建筑，第二卷 [M]，南京：江苏科学技术出版社，1998.

[14] 奥雷尔·斯坦因著. 西域考古图记第一卷 [M]. 巫新华，译. 广西：广西师范大学出版社，1998：233.

[15] 新疆维吾尔自治区文物局编. 新疆佛教遗址 [M]. 北京：科学出版社，2015.

[16] 林立. 米兰佛寺考 [J]. 考古与文物，2003（3）：47–55.

[17] 黄文弼. 新疆考古发掘报告 [M]. 北京：文物出版社，1983.

[18] 新疆文物考古研究所等. 交河故城——1993、1994年度考古发掘报告 [M]. 上海：东方出版社，1998.

[19] 栾睿. 交河塔林与密教东渐 [J]. 西域研究. 2000(1)：77–81.

[20] 乌布里·买买提艾力. 丝绸之路新疆段建筑研究 [D]. 北京：清华大学，2013.

[21] GRÜNWEDEL A. Bericht über archäologische Arbeiten in Idikutschari und Umgebung im winter 1902–1903[J]. München, 1905 (133) :129.

[22] 《哈密文物志》编纂组. 哈密文物志 [M]. 乌鲁木齐：新疆人民出版社，1993.

[23] 常青. 西域文明与华夏建筑的变迁 [M]. 长沙：湖南教育出版社，1992.

[24] 季羡林. 佛教与中印文化交流 [M]. 南昌：江西人民出版社，1990：212.

建筑创作篇

刀郎民族文化博物馆设计方案（2016 年）

王小东　胡　峻

设计用地位于阿瓦提县西北方，距县城17.9公里。刀郎民族文化博物馆（简称刀郎博物馆）是阿瓦提刀郎部落旅游景区的标志性建筑，也是该景区的门户。其周边绿荫环绕，交通便利，游客在完成博物馆的参观后，可直接进入景区继续游览。该方案整体庄严沉稳，同时富于变化，主入口两排柱廊提取自刀郎传统文化符号，对主入口形成视觉和空间的引导，建筑体量构成体块搭接的形式，一、二层南北向延展，为展厅区域；第三层东西向伸出，将办公区域、展示空间和行政办公空间划分开来，流线清晰。在建筑细节上不仅满足博物馆建筑的功能需要，更加入了地域性的探索。

刀郎人走出胡杨林来到水草丰茂，被称为"阿克苏后花园"的阿瓦提、叶尔羌河流的巴楚等地时，有一种长得又高又快、枝干又密的杨树被迅速种植，生长繁茂，包围了他们村社的同时，那种可持续使用的枝干成了刀郎人建造和维护各种空间的主要材料，处处都是他们的"编织"作品。刀郎人为创造编织空间竭尽所能。其结构体系独特，原理相同但做法多样。就地取材，建造方便，抗震性能好。刀郎博物馆努力营造编织形态的空间，散发出另一种韵味，和当地建筑的编织有基因的延续。栅格状带形窗的灵感来源于当地民居外墙面的编织纹理，在交错、拼合之间形成独特的韵律。将这一元素运用于博物馆的立面，恰恰与其内部展品相呼应，使游客在进入博物馆之前就开始关于刀郎民族文化的体验。

博物馆建筑面积3993.85平方米，内有十个永久性展厅，两个多媒体展厅，贵宾接待、导游服务、旅游周边服务等功能空间一应俱全。建筑中央为开敞庭院，并在屋顶设置彩钢带形窗，在改善建筑微气候的同时为游客提供更好的采光与更佳的观展体验。节能材料则采用玻璃棉定向结构板以及Low-E中空玻璃，以满足寒冷地区的节能建筑设计要求。

鸟瞰效果图

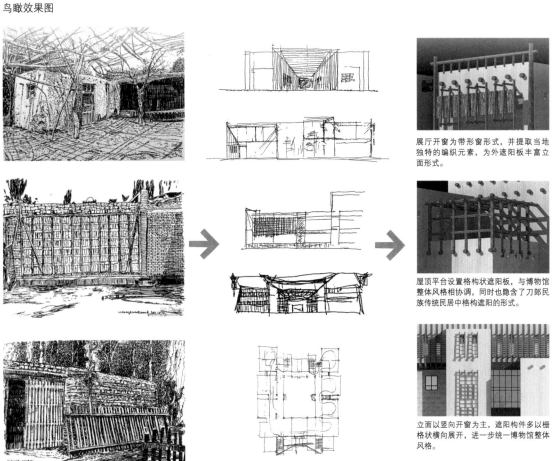

展厅开窗为带形窗形式，并提取当地独特的编织元素，为外遮阳板丰富立面形式。

屋顶平台设置格构状遮阳板，与博物馆整体风格相协调，同时也隐含了刀郎民族传统民居中格构遮阳的形式。

立面以竖向开窗为主，遮阳构件多以栅格状横向展开，进一步统一博物馆整体风格。

设计理念分析图

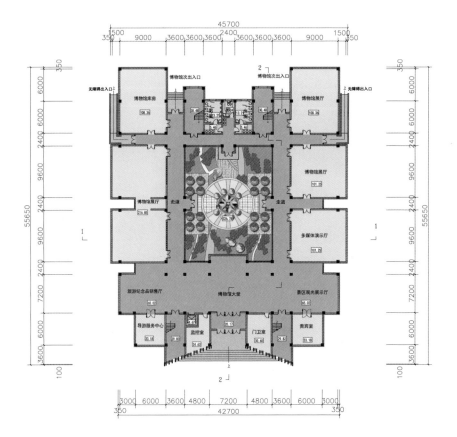

一层平面图

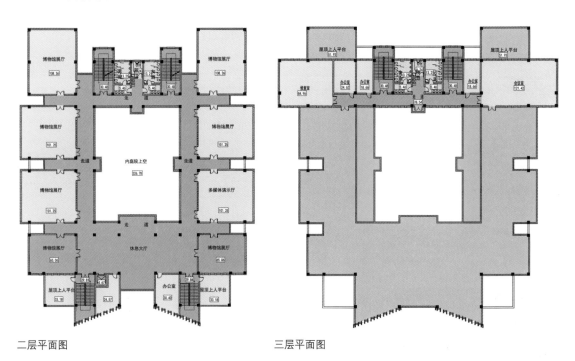

二层平面图　　　　　　　　三层平面图

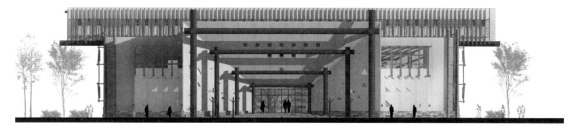

正立面效果图

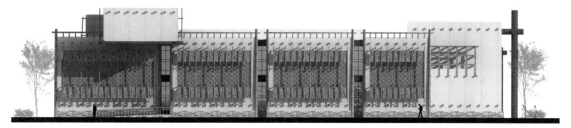

侧立面效果图

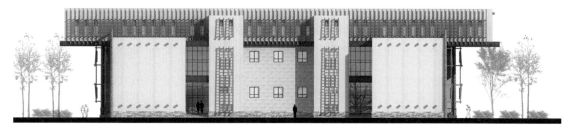

背立面效果图

透视效果图 1

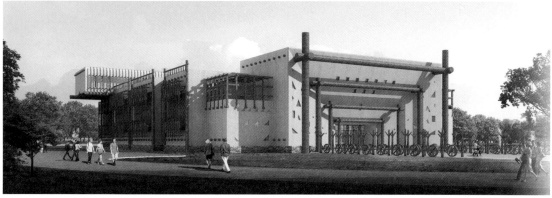

透视效果图 2

乌鲁木齐团结剧场设计方案（2020 年）

王小东

一、概述

2016 ~ 2017 年，受乌鲁木齐城市轨道集团有限公司委托，我团队负责"新疆维吾尔自治区团结剧场还建工程"项目设计。

项目位于解放南路以西，团结路以北，呈梯形，建设用地面积 4159 平方米，基地毗邻国际大巴扎、国防宾馆、南大寺、二手手机玉器城，以及团结路高架桥等。根据项目需要及周围环境复杂性，同时在基地内需建设

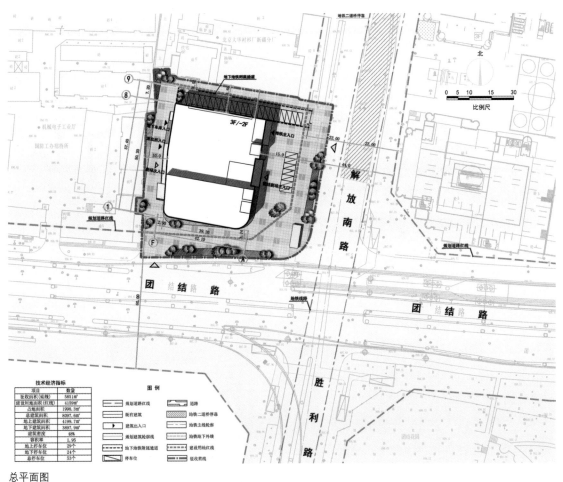

总平面图

地铁1号线二道桥站的主要出入口，需拆除现有团结剧场并结合剧场、地铁、派出所还建新的团结剧场。

二、设计理念

项目地处二道桥最繁华地段——团结路和解放南路交会的十字路口，从功能上需同时满足团结剧场、地铁出入口及派出所三方的使用要求，使得建筑应具备文化建筑、交通建筑、办公建筑的使用功能。建筑功能的特殊性、复杂性及各方的实际需求，决定了其总体布局和主要出入口位置等。建筑造型庄重、大气，高低错落，既有文化建筑的韵味，也有对交通枢纽功能的重点体现，使其既有民族地方的特征，又兼具现代建筑的时代感。由于"团结剧场"是周恩来总理的题字，所以在剧场正立面运用汉白玉底上金色字的效果来突出这一题字，使其在整个建筑中具有画龙点睛的作用。为了表达"团结"的主题，在周总理的题字下方增加了一组新疆各民族的人物浮雕，恰如其分地体现了民族团结的形象。为强调周总理题字、关心新疆各族人民团结的纪念意义，建筑体量和色彩应表现出庄重的纪念性。而其地理位置位于二道桥民族风情一条街，所以建筑造型、材质、色彩、风格还兼顾了和周围建筑，尤其和国际大巴扎的协调。

工艺砌砖在我国新疆乃至中亚地区都是常用的建筑手段。通过其砌筑方法和色彩、质地，表现浓厚的地域特色。红砖选用乌鲁木齐当地生产的新工艺页岩砖，色彩好，强度高。在工艺砌砖的做法中有意识地创新，强调了现代感。例如山墙上大小渐变的孔洞，使其整体韵律感十足，夜晚从室内透出的灯

区位图

鸟瞰效果图

透视效果图1

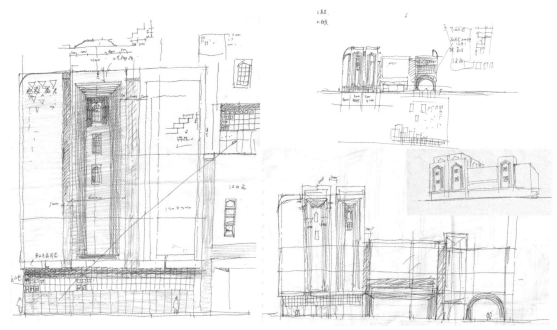

手绘方案草图

透视效果图2

光如诗，既豪放又浪漫。拱和拱券是本地建筑的一大特色，从大量遗址中都能看到。拱结构在一千多年前就已普遍应用，因此在首层地铁主入口处采用拱形门造型，使得建筑空间具有了当地的建筑特征。墙上的窗格用了白色大理石镂空雕刻的本地建筑图案，使得立面更加丰富。砖墙的厚重与玻璃幕墙的轻盈形成强烈的对比，更加体现出建筑是现代的，但又是具备民族地域韵味的。

三、平面功能分区及交通组织

由于本项目集三个单位的功能于一体，且各自均有不同需求，因此必须在满足功能要求

透视效果图3

的同时，做到各自流线清晰、出入不交叉。因此在解放南路一侧布置团结剧场主入口，既满足要求又尊重和还原原建筑主入口位置；并在解放南路一侧正对基地主入口位置布置地铁出入口，保证地铁功能需求并利于人流疏散；将派出所入口设置在西侧，方便出警并便于安全管理。建筑内部交通流线清晰，做到剧场观众与工作人员不交叉，地铁人流有独立空间，与剧场及派出所分隔，派出所有独立楼梯间作为垂直交通，满足其需求。

项目地上3层，地下2层，局部有夹层，新建总建筑面积8100平方米，其中团结剧场5345平方米，城轨集团地铁用房1200平方米，派出所1555平方米。地下二层为地下车库（可停车24辆）以及团结剧场的库房、设备用房，

地铁出入口及风道，派出所的办公用房等，功能复杂。地下一层主要为团结剧场的附属房间、地铁路线通道及派出所办公用房，将三方的各自疏散及面积梳理明确。一层占比最大的功能是团结剧场，由其主入口进入门厅后，可直接进入首层观众厅，也可通过楼梯电梯到达二层再进入观众厅。观众厅共容纳532座，通过视线分析，使厅内每处座位均能获得良好视听效果。一层还设置有地铁主出入口，其流线清晰，疏散明确。另外在西侧外墙上还设置了派出所入口及其竖向疏散楼梯。二层为两个电影放映厅、民族风情展示厅、休闲品购物及剧场办公等，主要是剧场的各种配套休闲场所及必要功能用房。三层主要为派出所的办公用房及各个电影厅的放映室等设备房间。

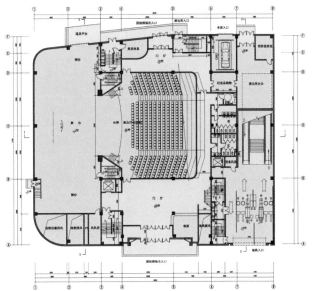

一层平面图

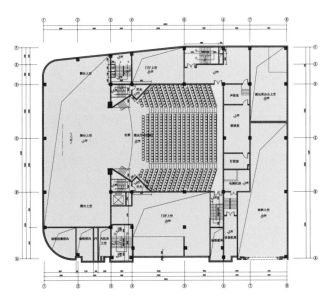

夹层平面图

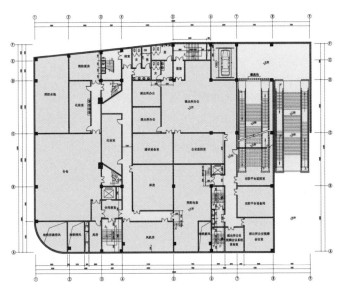

二层平面图

三层平面图

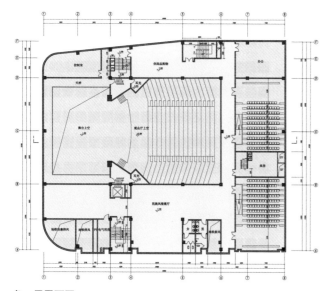

负一层平面图

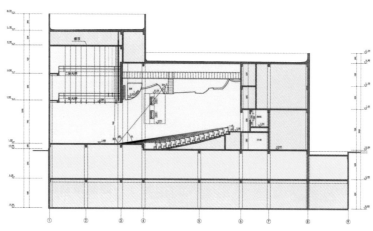

2-2 剖面图

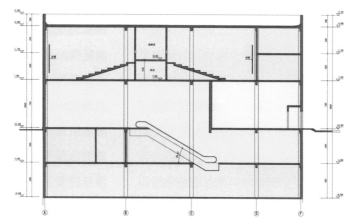

1-1 剖面图

负二层平面图

和田玉都国际大巴扎设计方案（2016 年）

和田玉都国际大巴扎由三个相连的地块组成，分三期建设，一、二、三期总建筑面积为12万平方米。此次实施项目为一期工程，建筑总面积为36881.89平方米，由大小规模不等、内部功能及空间布局不同、2～3层的14栋商业建筑组成。大巴扎内汇集了数码家电、家具、办公酒店用品、民族工艺品、地方土特产、服装百货、儿童用品等批发零售商品以及餐饮和旅游娱乐服务设施，按照开发商的意图要将"和田玉都国际大巴扎"打造成一个"集合一站式消费步行街、批零购物中心、街铺三位一体的业态集群"。

鸟瞰效果图

一期总体规划设计以南北轴线和中心广场为空间主导，以步行商业街和建筑之间的地面通道、二层通廊为主导空间与各单体建筑之间联系或脉络，形成一个主次空间布局疏密有序、联系紧密的规划空间网络。南北主轴线的中心广场上，屹立着造型独具创新的、现代风格的、外挂白色花岗石材的钢结构高塔，与广场周围主基调为传统清水砖墙风格的建筑单体在建筑风格、建筑高度、建筑外墙质感上形成强烈的视觉对比关系；与建筑外墙、女儿墙，建筑转角、勒脚、门套上白色的花岗石细部线条，外墙上"艾德莱斯"图案的白色细石混凝土预制装饰板，形成某种和谐的呼应关系；与各单体建筑中庭上空突出建筑屋面的"阿以旺"之间，与高高耸

广场实景图

立在出屋面楼梯顶部的白色方体方格状通风口之间，以及与层数、规模不等的建筑之间，形成了高低错落、极为丰富的建筑外部空间轮廓线。

⬇ 南向北中轴线外景　　　　　J/F 栋一角 ⬆

建筑实景图 1

G/F 栋
施工照明 ➡

拼砖细节 ⬅

N 栋 2 楼
平台 ⬅

B 栋局部 ⬅

中轴线北
向南外景 ➡

中轴线南向北　　　　　　　　　　　　　　　立面细节▶

▼ L/J 栋外景　　　　　　　▼ 立面细节　　　　▼ 中轴线北向南

建筑实景图 1

B 栋外景

J、F 栋外景

中心广场外景▲　　　　　　A 栋外景▼

B、C 栋外景

外墙装饰材料本着就地取材
的原则，大量采用了与传统
红砖接近的页岩砖
外景局部▶

建筑实景图 2

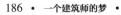

建筑实景图 3

施工实景

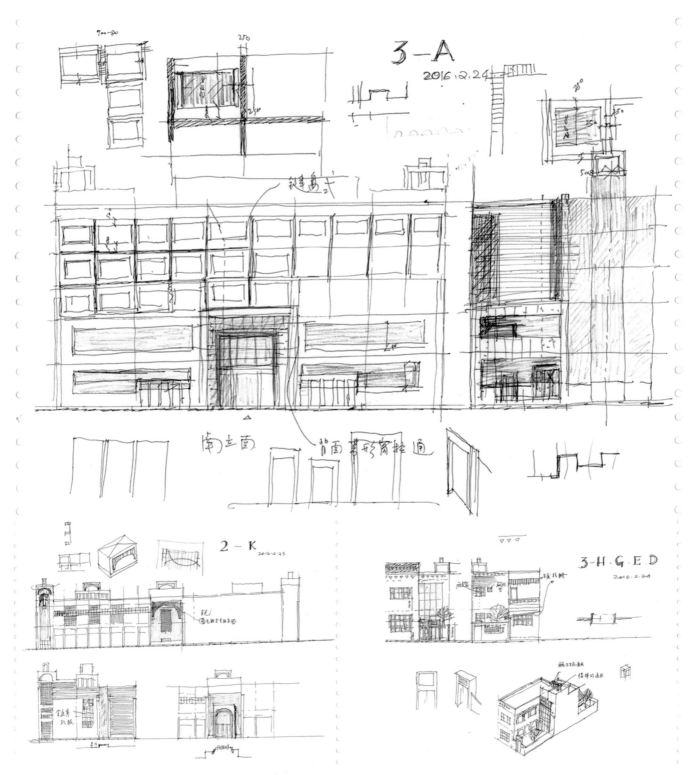

手绘草图 1（王小东绘制）

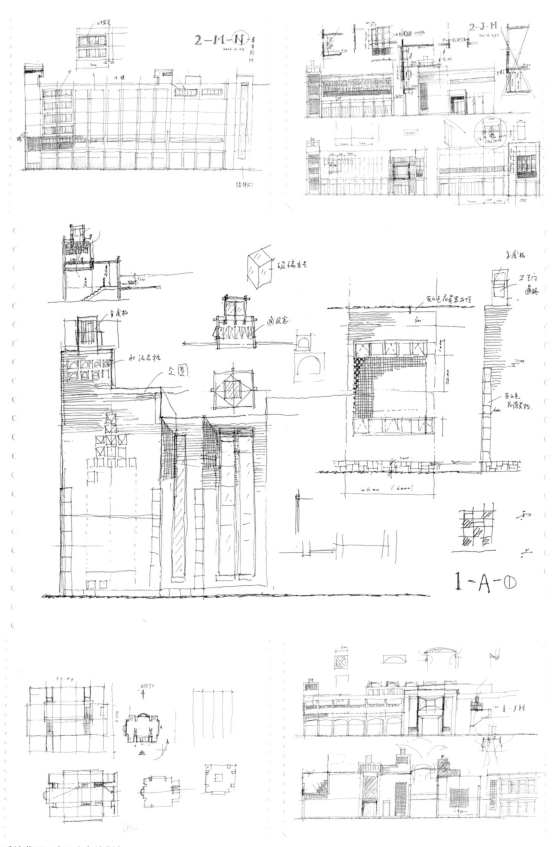

手绘草图 2（王小东绘制）

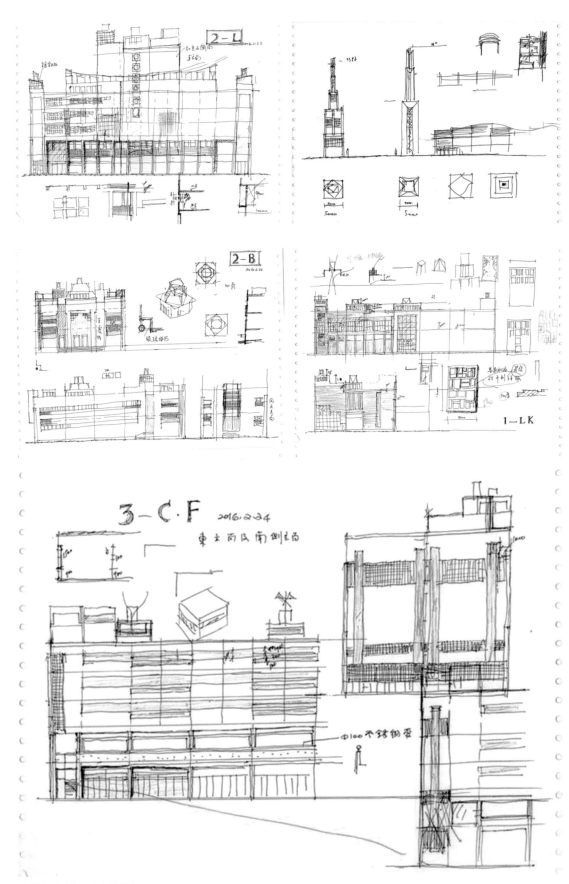

手绘草图 3（王小东绘制）

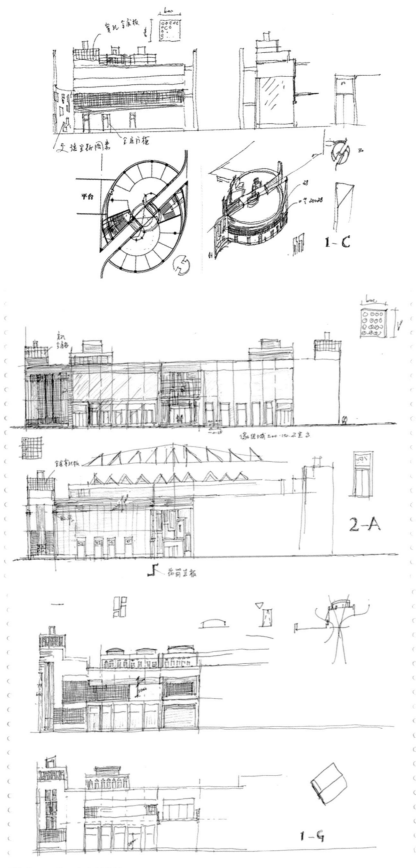

手绘草图 4（王小东绘制）

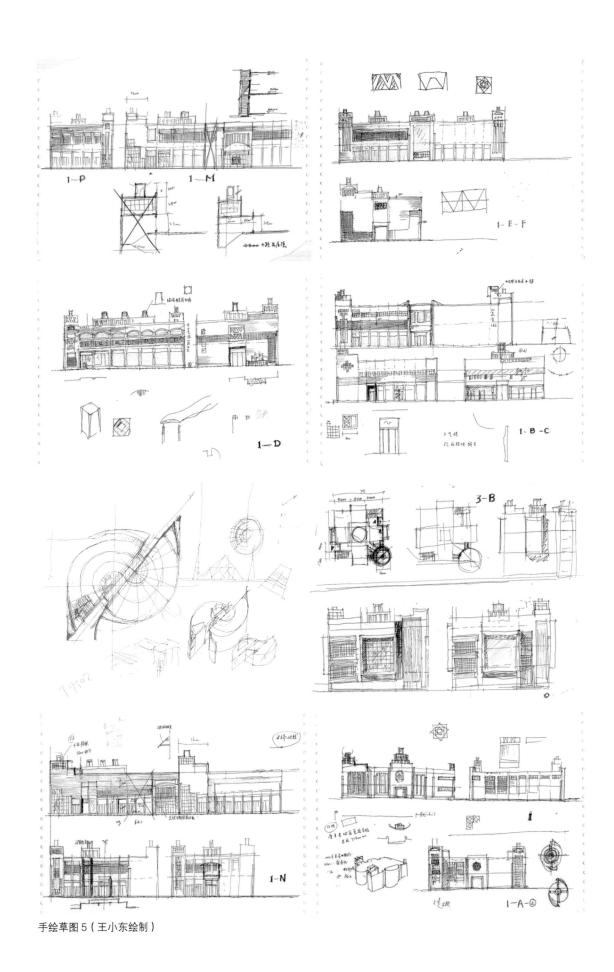

手绘草图5（王小东绘制）

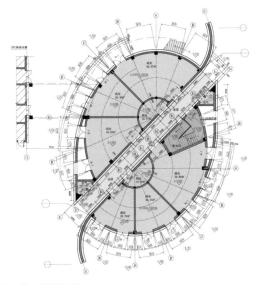

1区 B 栋一层平面图

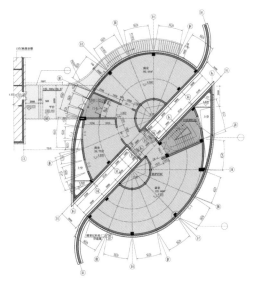

1区 B 栋二层平面图

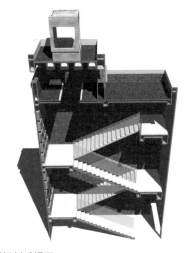

楼梯间剖透视图

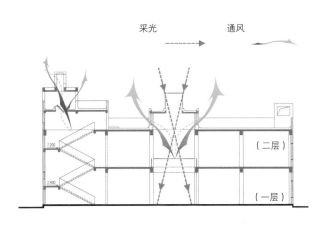

剖面通风采光分析

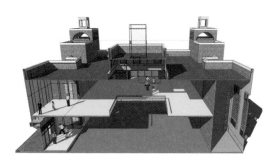

建筑中厅透视图

"阿以旺"采光示意图

乌鲁木齐高铁站设计方案（2012年）

郑　方　王小东

一、与城市的空间关系

　　本方案尊重已有的站区条件和规划成果，将平面布置成八角形，一方面消除了矩形候车空间四角消极的空间，另一方面这样的形状和城市肌理形成了呼应，多边的形状与当地文脉产生了对话，力争使建筑在城市多个方向拥有良好的城市界面和城市景观。

二、八角形站房优点

　　调整减掉矩形平面四个角的消极空间，将投资尽量用在直接为旅客服务的候车厅上；尽量减少站房四角不利使用的面积，提升空间利用率；尽量取得与城市道路网格的协调，优化建筑与城市的关系。

夜景效果图

鸟瞰效果图

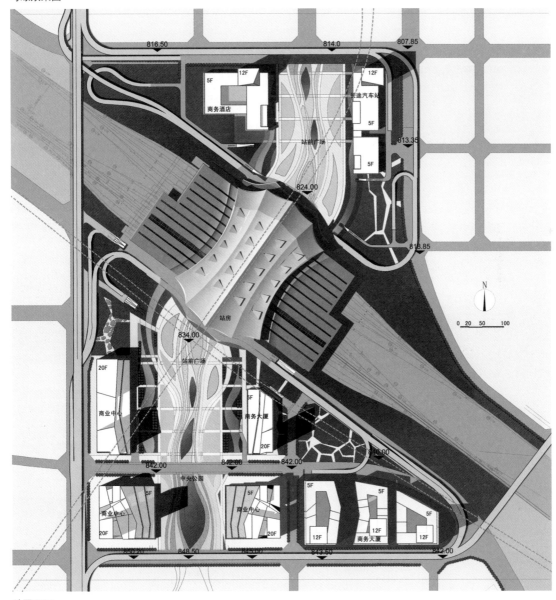

总平面图

三、设计理念：锦绣天山

地处我国西北边陲的乌鲁木齐具有奇特的自然景观、绚丽的文物古迹以及多彩的民族风情。天山山脉在这里穿过，博格达峰在这里伫立，丝绸之路在这里绵延。

1. 天山威仪

天山，横亘新疆，犹如巨轮浮起于戈壁瀚海。博格达峰拔地而起，陡峭、雄伟，终年冰雪皑皑，有天山明珠之称。新疆首府乌鲁木齐就坐落于天山脚下。

2. 丝路之韵

新疆首府乌鲁木齐坐落于天山脚下，博格达峰一旁。高铁丈量了中亚高地的雄浑，这座昔日丝绸之路上的重镇、往昔的"美丽牧场"，今日作为亚心之都，已成为国际性大都市。

3. 多民族融合

新疆各民族文化汇聚，各民族的儿女都是天山的儿女，他们所创造的灿烂文化，犹如绚丽的艾德莱丝绸一样耀眼。

设计理念分析图

室内效果图

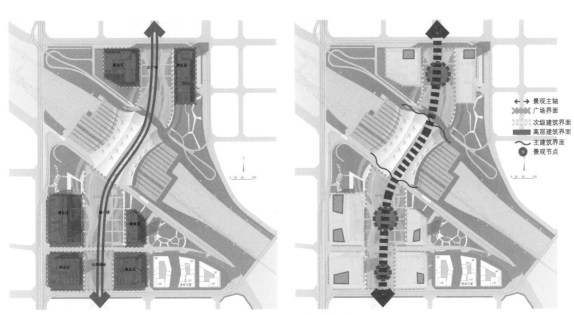

总体功能布局分析图　　　　　　　　　　　　空间节点分析图

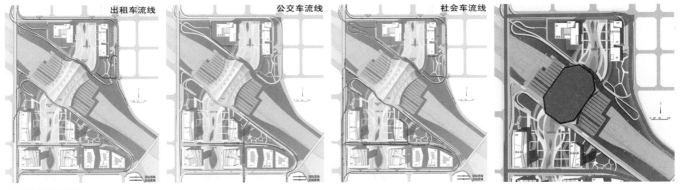

交通流线分析图

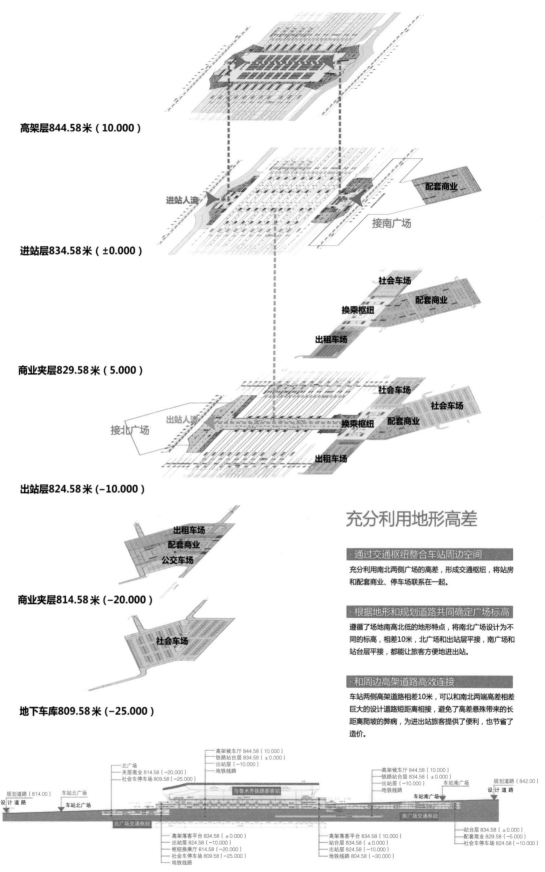

高架层844.58米（10.000）

进站层834.58米（±0.000）

配套商业

进站人流

接南广场

社会车场

配套商业

换乘枢纽

出租车场

商业夹层829.58米（5.000）

社会车场

出站人流

接北广场

社会车场

换乘枢纽

配套商业

出租车场

出站层824.58米（–10.000）

充分利用地形高差

出租车场
配套商业
公交车场

·通过交通枢纽整合车站周边空间

充分利用南北两侧广场的高差，形成交通枢纽，将站房和配套商业、停车场联系在一起。

商业夹层814.58米（–20.000）

·根据地形和规划道路共同确定广场标高

遵循了场地南高北低的地形特点，将南北广场设计为不同的标高，相差10米，北广场和出站层平接，南广场和站台层平接，都能让旅客方便地进出站。

社会车场

·和周边高架道路高效连接

车站两侧高架道路相差10米，可以和南北两端高差相差巨大的设计道路短距离相接，避免了高差悬殊带来的长距离爬坡的弊病，为进出站旅客提供了便利，也节省了造价。

地下车库809.58米（–25.000）

竖向功能布局分析图

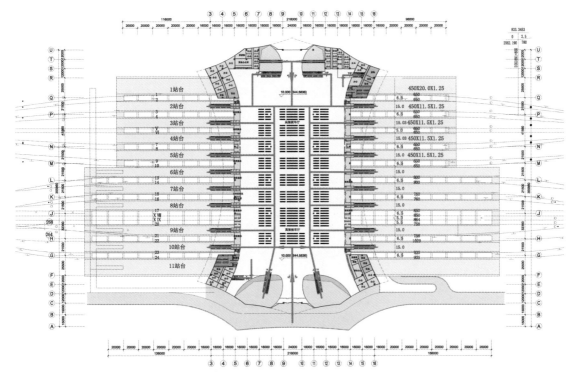

高架层及平面流线（10.000 标高）

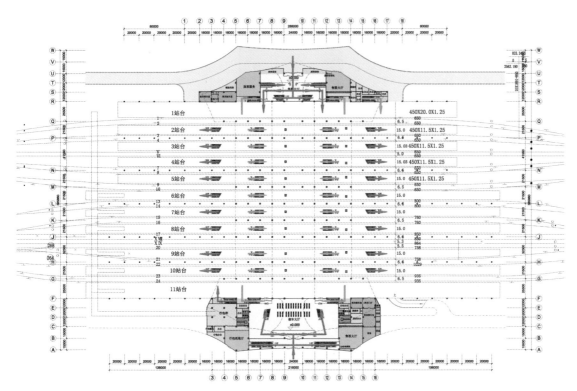

站台层及平面流线（±0.000 标高）

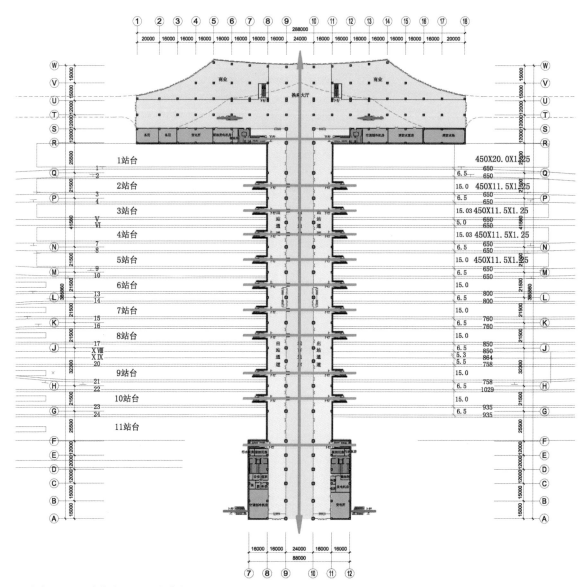

出站层平面及流线（±0.000 标高）

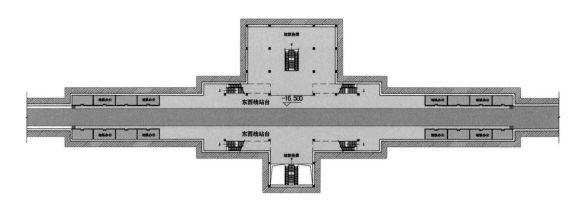

地铁 2 号线站台层平面

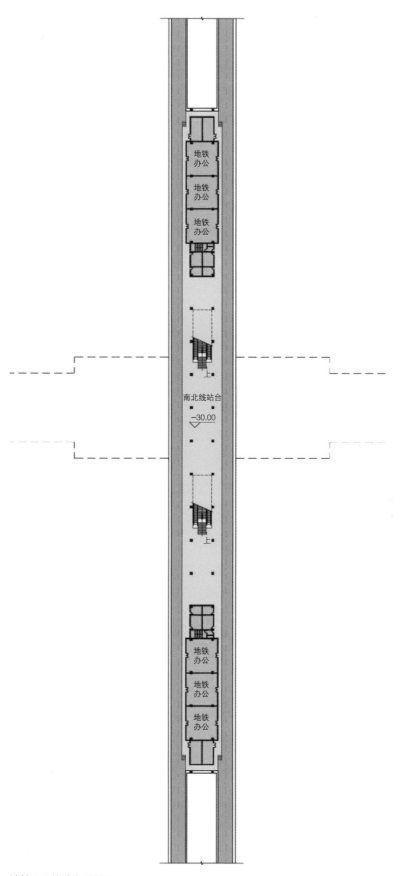

地铁 4 号线站台层平面

四、生态节能措施

乌鲁木齐位于大陆腹地，属于中温带大陆干旱气候区。气候特点是温差大，寒暑变化剧烈；降水少，且随高度垂直递增；冬季寒冷漫长，四季分配不均，冬季有逆温层出现。

方案设计从被动太阳能应用到主动太阳能应用进行了多方面的尝试和合理的设计，力求通过方案的造型语言，使建筑契合当地气候条件，和乌鲁木齐地区整体的建筑形象相呼应。

站房屋顶安装太阳能板，采用光伏发电技术，除了可提供电力给站房内部使用，还会有多余的电力并入片区电网，成为低能耗建筑的表率。

为应对乌鲁木齐严寒地区的气候特点，立面以实墙面为主；夏季日照强烈，入口处檐口出挑。站房运用自身的造型特点，减少了能耗。

屋顶设计三角形天窗，能够充分利用自然通风和采光，节省了室内照明和空调运行的费用，达到降低能耗的目的。

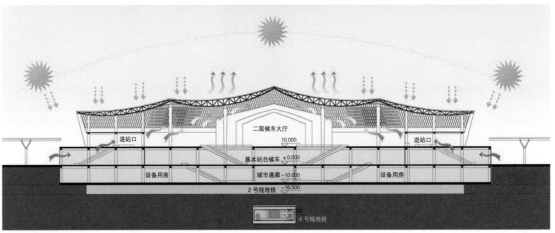

生态节能措施

鄯善县阿凡提大巴扎规划设计方案（2009年）

王小东

一、工程项目概况

1. 区位范围

阿凡提大巴扎用地范围为团结东路以南，东河坝以西，新城路以东，楼兰东路以北，总规划设计用地约7万平方米。

2. 目标与任务

鄯善是新疆东部的区域经济中心，根据鄯善"十一五"规划中拟定的发展目标，将其定位为东疆区域经济中心和全疆重要的加工制造业基地、全疆重要的县级出口加工和外贸基地、新疆著名的特色文化旅游城市。

根据以上发展目标和经济建设的需要，设计以建设特色文化旅游城市为指导原则，确定一种适应于鄯善地方特色的能带动地方经济和旅游产业发展的模式。

受鄯善县政府委托，拟建阿凡提大巴扎项目，将其打造成为鄯善的城市新名片，使来到鄯善的国内外人士都能到此观光、旅游、度假。

鸟瞰效果图1

二、设计构思

本设计采用与自然相和谐、以人为本的原则，基于干旱地区生态条件，保护绿洲生态体系，按照当地百姓的生活、宗教习俗以及生活需求设计成尺度宜人、舒适、富有生机的城市景观。立意构思立足于当地，挖掘当地城市、街区、民居中的地方特性，营造具有乡土文化特征的城市意象。尊重与保护地方遗产文化，在此基础上进行继承与创新，体现鄯善的地域特点与生活韵味。

建筑立面效果图

三、建筑设计

1. 平面功能分区

根据用地现状和建设地段环境，将阿凡提大巴扎划分为五大功能区，即蔬菜瓜果交易市场、农副产品交易市场、民族服饰品旅游市场、民族特色餐饮广场及露天演艺大剧场。不同的功能分区通过有序的组织结合，形成了一个功能齐全，可进行商品买卖、餐饮、旅游、娱乐的综合性商业建筑群。

2. 交通流线组织

该地段位于鄯善县城的南部，周边以居住区为主，与穿越县城的新城路相邻。新城路是城区南北向的主干道，在它东西两侧分列着沙圆路、幸福路、光明路、团结路、东巴扎路、齐克庭路等东西向道路，形成了四通八达的路网结构，使城区各个方向的人们都能快捷、便利地到达该地段。

对于大巴扎内部的交通组织而言，各个功能不同的交易市场之间既相互独立，又通过内部合理、有序的交通流线相联系。规划设计中考虑实现人车相对分流、道路布置均衡合理、人流分布疏密得当，机动车主要走环路，其他为步行道，既不互相干扰，又便于通行与疏散。停车场采用地上与地下相结合的布置方式，满足未来停车需要。

3. 建筑造型设计

依据鄯善传统建筑鲜明的地方性特色，即多为生土合院建筑与地方气候、生活相适应的特点，建筑整体造型与当地生土建筑相协调，突出干旱气候条件下厚重、围合、内敛的建筑特质。在建筑元素的选用上注重对当地传统建筑要素的借鉴和提炼，如高棚架是家庭日常生活和迎客的主要场所。

1）形式：棚盖一般架设在房屋之间的院子上空，高出屋面檐部 60 ~ 150 厘米，便于通风，遮盖部分各户不同。

2）做法：由横向 5 ~ 9 排柱、纵向 3 ~ 5 排柱支撑，高 6 ~ 8 米，周边列柱的腰部有横向支撑。各排列柱顶端之间均有纵、横连系梁，梁上设密椽，再铺苇席、泥土和草泥压顶。

3）入户大门：庭院与外界联系的主要空间。院落的大门洞约高 4 米，宽 4 米，深 3 ~ 8 米。大门高 3 米，宽 3 米，为装板木门，常用彩绘、雕花、本色和单色油漆等装饰手段。

4）檐廊：作为家庭活动的主要场所，较高棚架要私密。位于主要建筑二层前和后部。尺寸为净高 3 ~ 3.3 米，前廊宽 2.5 ~ 3 米，后廊略窄。

5）晾房：晾房有选建在住宅大门上的，有选建在高坡上的，也有建在平坦地上的。建在平坦地上的都需在晾房基地筑高 1 ~ 2 米的土台为底座，以提高晾房高度，便于四面通风。墙壁使用土块或砖块砌成的花孔墙，利于通风，避免阳光直射葡萄。

6）立面形式处理上，在满足采光要求的前提下，尽量减少开窗面积，并有较深的窗洞口，提取当地葡萄晾房通透的特点，以高耸的体量和小方格镂空的分隔体现地域风情，使其具有与当地传统建筑一致的建筑风格。在主入口作重点点缀，通过阿凡提雕塑这一景观点，将到此的游客引入由雕塑和露天大剧场形成的景观轴当中。

7）屋顶处理上采用双层屋面设置顶部通风天窗，考虑夏季炎热的气候特征，尽量多地提供遮阳空间，在沿建筑周边设置高棚架连廊，入口空间采用植物攀爬廊架，在炎炎夏日为人们提供了一片遮阴纳凉的好场所。

8）细部处理和材质选用上参考城区建筑的原有风貌，同时考虑与沙漠环境取得和谐的建筑色彩体系，建筑材料以生土或陶土砖、木材、草泥为主，构成了建筑的主色，细部运用拼砖，刻花贴面砖，石膏花饰，阿拉伯文字，窗户棂条拼花，卵石镶嵌，木制门、窗、栏杆等重要建筑符号作为装饰的重点。

四、景观环境设计

对于外部环境的设计则充分利用地形，因地制宜，重视生态环境的保护。大巴扎所处的东河坝自然条件相对良好，与城市距离近，在保护的同时进行适度开发，将现有古树和重要植被进行有效保护，使自然景观与人造空间环境进行有机的联系。考虑在大巴扎与河坝之间设置休闲广场及铺设人行步道，一方面组织合理的行进休憩空间，另一方面有组织的交通方式可以限制过度人为活动对河坝周边环境造成的破坏。

五、技术经济指标

1）用地面积：7公顷；

2）总建筑面积：44931平方米；

3）基底面积：16446平方米；

4）建筑密度：29.15%；

5）绿地面积：16900平方米；

6）绿地率：30%；

7）容积率：0.61；

8）机动车停车位：300个。

各功能区所占面积：

1）蔬菜瓜果交易市场：4075平方米；

2）农副产品交易市场：16419平方米；

3）民族服饰品旅游市场：7808平方米；

4）民族特色餐饮广场：6257平方米；

5）露天演艺大剧场：2858平方米；

6）地下车库、设备用房：10371平方米。

鸟瞰效果图2

住区建筑效果 1

住区建筑效果 2

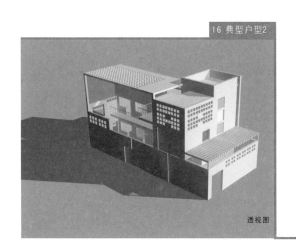

16 典型户型2

透视图

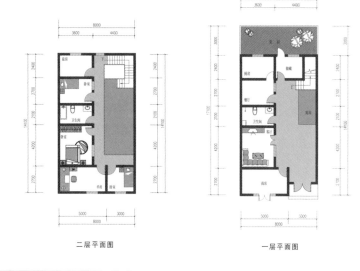

二层平面图　　　　　　　　一层平面图

典型户型2 技术经济指标

一层面积：98.1 平方米

二层面积：91.6 平方米

建筑面积：199.9 平方米

果园面积：24.2 平方米

庭院面积：24.45 平方米

占地面积：118.55 平方米

立面图　　　　　　　　　　立面图

住区典型户型 1

4

建筑篇

阿凡提文化区详细规划 ● 中国 ● 鄯善

新 疆 建 筑 设 计 研 究 院

17 典型户型3

透视图

一层平面图　　　　二层平面图

典型户型3 技术经济指标

一层面积：65.3 平方米
二层面积：86.47 平方米
建筑面积：151.77 平方米
果园面积：42.5 平方米
庭院面积：17.95 平方米
占地面积：83.25 平方米

立面图　　　　立面图

住区典型户型 2

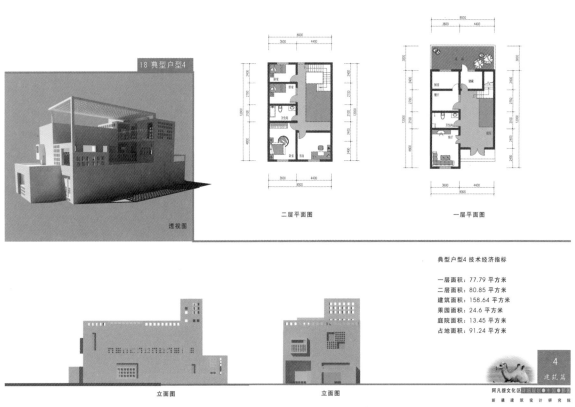

18 典型户型4

透视图

二层平面图　　　　一层平面图

典型户型4 技术经济指标

一层面积：77.79 平方米
二层面积：80.85 平方米
建筑面积：158.64 平方米
果园面积：24.6 平方米
庭院面积：13.45 平方米
占地面积：91.24 平方米

立面图　　　　立面图

住区典型户型 3

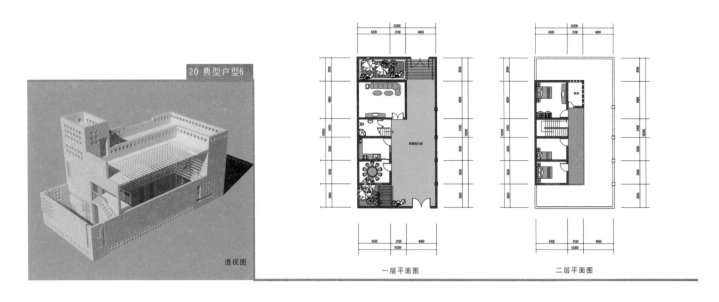

20 典型户型6

透视图

一层平面图

二层平面图

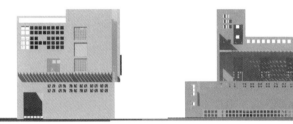

立面图

立面图

住区典型户型 4

典型户型6 技术经济指标

一层面积：104 平方米

二层面积：81 平方米

建筑面积：185 平方米

果园面积：15.3 平方米

庭院面积：30.35 平方米

占地面积：134.35 平方米

4
建筑篇

阿凡提文化区

新 疆 建 筑 设 计 研 究 院

中华回乡文化园规划及设计方案（2007年）

王小东

中华回乡文化园位于宁夏永宁县纳家户村，与西北地区著名的纳家户清真寺相连，距银川仅有22公里，且有高速公路相连，是唯一被国家计委批准立项、开发建设的回族风情旅游项目。它占地1000亩（约67公顷），本规划方案包括了一期、二期的全部内容。为了和纳家户清真寺连成一个整体，本方案和纳家户民居点的改造一并考虑。

原第一期工程中已建成的或正在兴建的有大门（1000平方米）、博物馆（6500平方米）、礼仪大殿（6800平方米）和演艺、餐饮中心（4000平方米），大门和博物馆是一组民族风格和印度风格相结合的建筑群。为了更好地表达园区的特点，并与现状相结合，其整体风格定位为中华回乡风格和全世界各伊斯兰建筑风格相结合，形成一幅博大、广阔的穆斯林文化画面。

一、功能分区

全园按功能划分共分为12个大区：

1）中心区：由位于园区东北的入口大门、博物馆、礼仪大殿组成。其中大部分已建成，它是园区的文化、历史、演艺中心，也是入园的首选路线。礼仪大殿前有一水面平台可容纳3000人，是文化园的中心。它三面环湖，四周景点环绕，景观倒映于水面，更具诗情画意。

2）文化交流与住宿区：位于园区东南，由一座文化交流中心、一座驿站客舍以及观星台组成，主要功能是举行国内外文化交流会议和接待旅游者，共500床位。

3）游乐区：位于园区中南部，北部环湖，由水上剧场、水世界、巴扎、土耳其浴室、歌房、烧烤园、茶室、船坞、鸽塔、葡萄园等组成，分散布置于湖边及起伏小山丘之间，主要供旅游者休闲度假使用。

4）文化教育区：由培训学校和研究中心组成，并留有发展余地。

5）阿拉伯城：由20栋风格各异的伊斯兰别墅组成。既可供出租，又可供游览。

6）伊斯兰世界：在《可兰经》描述的天国的查赫巴格式的构图中，布置了外国及我国著名的伊斯兰建筑微缩景观二十余座，使人对伊斯兰建筑有更进一步的了解。

7）麦加圣地：前去麦加朝圣的培训处。

8）民俗镇：几十栋风格各异的宁夏回族民居及街道组成，展现回族的人文习俗场景。

9）管理区：由4栋职工住宅、一座底层车库以及上层办公并有餐厅和职工活动室的建筑组成。

10）高尔夫球练习场。

11）中心湖游览区：在面积为 68645 平方米的湖中乘舟游览，周围景观尽收眼底。

12）林带区：两侧靠近高速公路设有宽达 30 ～ 100 米的林带，可布置各种林中景观供游人休息观赏。

二、单体建筑方案创意与构思的说明

1）文化交流中心：建筑面积为 15566.2 平方米，2 层，占地 131 米 × 123 米，是一座可以举行国内外文化交流会议的五星级宾馆，共有 200 个床位，并有可容纳 500 人的会议厅以及相配套的中小会议室和餐饮、游乐设施，融合了中国、西班牙和北非的伊斯兰建筑风格。

2）驿站客舍：在阿拉伯语中称为 "Saravanserai"，在土耳其语中为 "Khan"，是伊斯兰世界中特有的一种交通旅舍，本方案取其意称之为 "驿站客舍"。建筑面积为 15401.4 平方米，2 层，占地 7286.5 平方米，平面布置为伊斯兰建筑常用的庭院式的组合。其是一座三星级的宾馆，主要接待游客，属土耳其式的伊斯兰建筑风格。

3）观星台：阿拉伯人在天文学方面有很大的成就，所以在园中设观星台既体现出阿拉伯的传统，又可以用于科普宣传教育。观星台的基本原型是兀鲁伯（Ulugh Beg）于 15 世纪建于乌兹别克斯坦撒马尔罕的兀鲁伯天文台，共 4 层，屋顶上是半球形观星室，下面四层为展览大厅及办公、管理用房。

4）巴扎：位于东侧游览路线的出园区，共两栋，建筑面积为 1600.5 平方米，是三跨圆顶式的一层市场，其建筑风格是伊朗、中亚和土耳其的混合式。

5）水上剧场：位于湖面东南侧的岸旁，是一座可容纳 3000 人的半圆形露天剧场，舞台置于湖中。远处其背景为礼仪大殿和博物馆，演出时湖光波影，加以伊斯兰建筑的背景，效果突出。剧场观众席下的半圆形平面空间可作商店，和巴扎共同组成商业区。

6）水世界：是一座长 120 米、宽 50 米、高 10 米的金属结构建筑、玻璃屋顶和墙面的大厅，内有海洋模拟、游泳、娱乐等设施。

7）土耳其浴室：洗浴在伊斯兰世界中是一件十分重要的事情，所以设有一座具有浓厚土耳其穆斯林风格的浴室。共 1 层，建筑面积为 688.83 平方米，旅游者在此可以享受异国情调的穆斯林淋浴。

8）歌房：共 1 层，错落分散布置的五座歌房，位于南部小山丘后，较隐蔽，不干扰院内其他活动。

9）烧烤园：为一组错落布置的 1 层建筑，并设有室内外烧烤间，建筑面积为 580 平方米。

10）茶室：位于湖边的一个小湖中，共 1 层，建筑面积为 390 平方米。

11）培训中心：位于南入口的中轴左侧，是一座 2 层的封闭式庭院建筑，建筑面积为 2478 平方米。

12）研究中心：供专家、学者长期或短期研究回族文化使用，建筑面积为 1906 平方米。

13）阿拉伯城：为 20 栋风格各异、代表世界各种风格的伊斯兰别墅，围绕着一个湖面，平均每栋建筑面积约 300 平方米，既可出租也可招待重要客人。

14）职工宿舍：四栋 2 层楼房，每层建筑面积为 2995.6 平方米，总建筑面积为 5991.2 平方米，可住 160 人，每间宿舍有卫生间，每栋有管理用房和活动室。

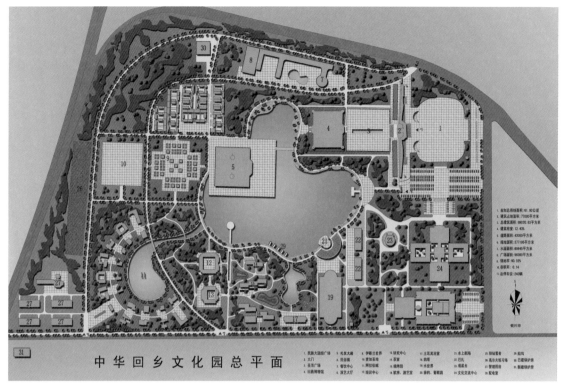

总平面图

鸟瞰效果图（西向）

15）管理楼：2层，建筑面积为1530平方米，一层为车库、职工餐厅及厨房；二层为办公室及职工文娱性活动室。

16）麦加圣地：现规划为100米×100米的正方形，主要用于中国及东南亚穆斯林去麦加朝圣前的培训和演习用。

17）伊斯兰世界：选择了中外著名的伊斯兰建筑的微缩景观，布置于可兰经描述的十字交叉河流的天堂园林中。

18）民俗镇：由风格各异的宁夏回族民居院落组成，共造了26座院落，建筑面积约为8177平方米，沿街有店铺等，集中布置回族民俗场景，展现回族的文化及生活习俗。

19）礼仪大殿：6800平方米。

20）演艺大厅：2200平方米。

21）餐饮中心：4000平方米。

22）博物馆：6500平方米。

23）入口大门：1000平方米。

三、交通路线组织

1. 园区规划交通路线

1）一号人流线：从入口广场开始，依次为大门——博物馆——礼仪大殿——民俗镇——伊斯兰世界——游乐区——巴扎商业区——出口，此为一般旅游者的路线；

道路系统图

2）二号人流线：南大门入口——游乐区——游湖区——巴扎区——出口，此为当地游客前来休闲的路线；

3）消防车通道：园区内有完整的消防车道环路；

4）后勤及物资运输线路：主要沿南侧及北侧出入口形成的环路构成；

5）阿拉伯城的路线：为了保证其私密性，由西南角的5号出入口单独出入。

2. 园区入口

1）1号入口：为主入口；

2）2号入口：为游乐区及培训、研究区出入口；

3）3号出入口：为北区餐饮中心、演艺大厅的辅助出入口；

4）4号出入口：主要用于游客的最后出口；

5）5号出入口：为文化中心驿站客舍、水世界、歌房、烧烤园、茶室等供应出入口；

6）6号出入口：主要用于后勤管理及阿拉伯城别墅出入。

3. 道路宽度与断面

为保证园内的安静，园内道路一般不考虑通行汽车，为方便游客可通行电瓶车，所以园内道路分四种：

1）游览干道：宽5米，水泥混凝土路面，两侧为宽1.5米的人行道；

2）辅助步行及园区运输道路：宽3米，两侧各设1米人行道；

3）绿地中的人行道：宽1米，由石板或预制混凝土块铺成；

4）消防车通道：宽4米，水泥路面。

四、技术经济指标

1）规划总用地面积：61.92公顷；

2）建筑占地面积：77000平方米；

3）总建筑面积：89020.83平方米；

4）建筑密度：12.43%；

5）道路面积：43050平方米；

6）绿地面积：377195平方米；

7）水面面积：68645平方米；

8）广场面积：96360平方米；

9）绿地率：60.92%；

10）容积率：0.14；

11）总停车位：240个。

餐饮中心、演艺中心效果图

园内景观效果图 1

园内景观效果图 2

天文台效果图

土耳其浴室效果图

巴扎效果图

驿站客舍效果图

园内景观效果图 3

研究中心效果图

园内景观效果图 4

• 建筑创作篇 • 219

阿拉伯城别墅效果图

乌鲁木齐文化中心设计方案（2012 年）

效果图 – 方案 A（郑方 王小东）

效果图 – 方案 B（郑方 王小东）

效果图 – 方案 C（法国贝勒维勒建筑学院 王小东）

方案 A

方案一（帆拱）效果图 1

方案一（帆拱）效果图 2

方案一（帆拱）效果图 3

方案一（帆拱）效果图 4

方案一（帆拱）效果图 5

方案二（穹顶）效果图1

方案二（穹顶）设计理念分析图1

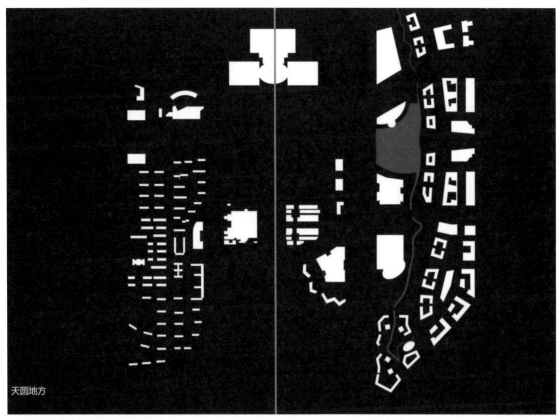

天圆地方

方案二（穹顶）设计理念分析图2

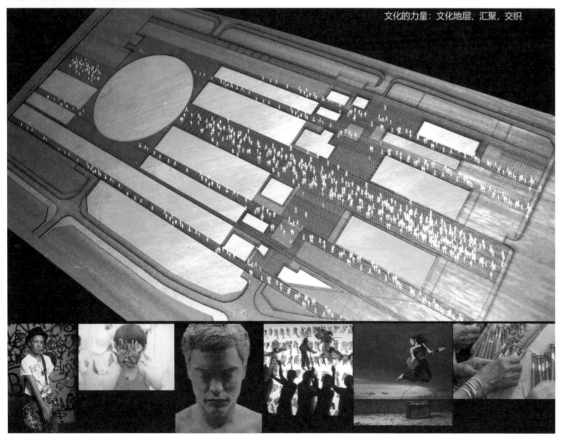

文化的力量：文化地层、汇聚，交织

方案二（穹顶）设计理念分析图3

方案二（穹顶）效果图2

方案二（穹顶）效果图3

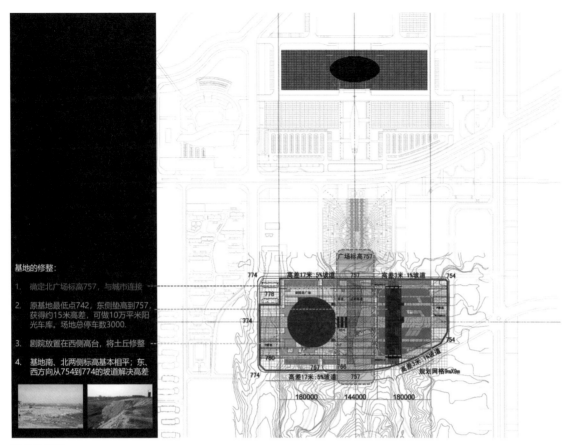

基地的修整:

1. 确定北广场标高757, 与城市连接

2. 原基地最低点742, 东侧垫高到757, 获得约15米高差, 可做10万平米阳光车库, 场地总停车数3000.

3. 剧院放置在西侧高台, 将土丘修整

4. 基地南、北两侧标高基本相平; 东、西方向从754到774的坡道解决高差

基地的修整

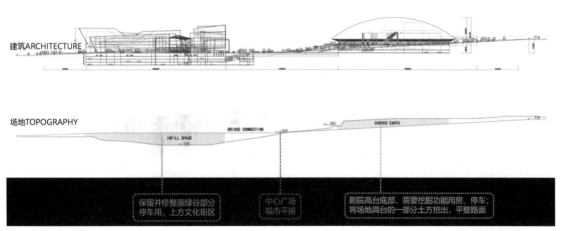

建筑、场地剖面图

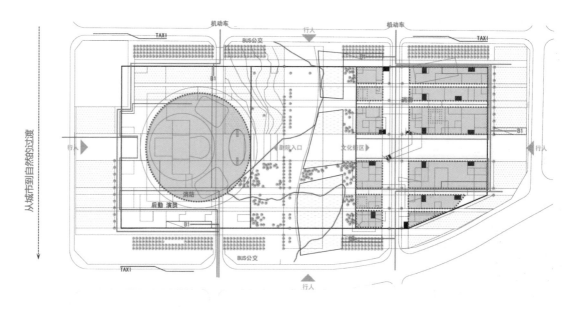

流线分析图

剖面图

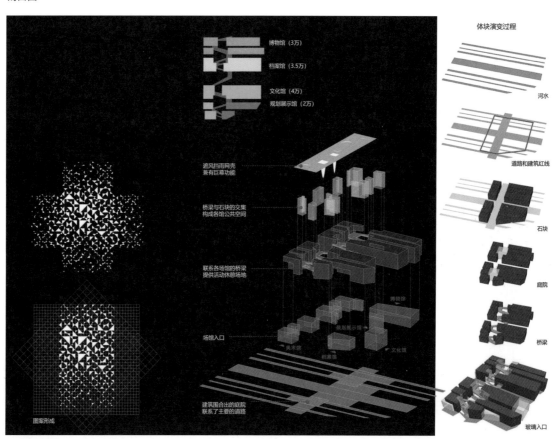

体块演变图

方案 B

方案效果图 1

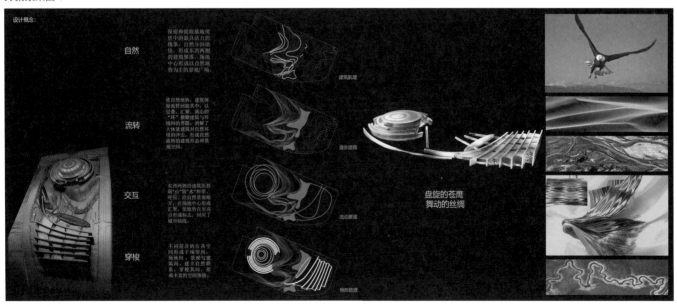

设计概念分析图

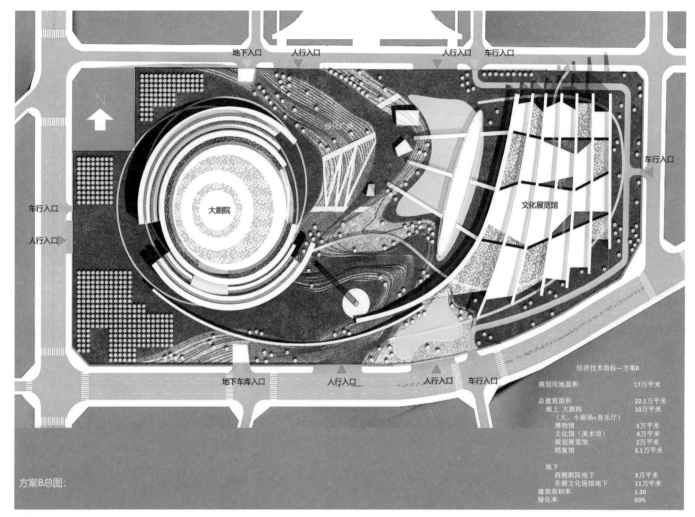

总平面图

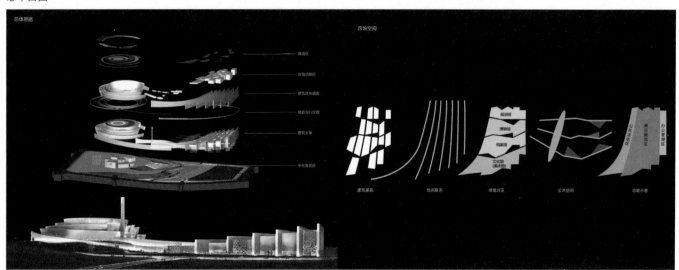

总体思路分析图

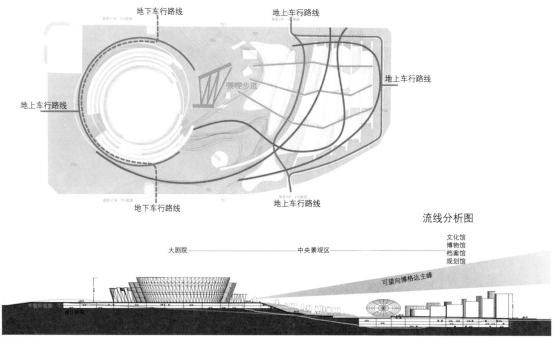

地下车行路线　地上车行路线　地上车行路线

地上车行路线　景观步道

地下车行路线　地上车行路线

流线分析图

大剧院　中央景观区　文化馆　博物馆　档案馆　规划馆

可望向博格达主峰

剖面处理

方案效果图 2

方案效果图 3

上海六国合作组织石河子论坛会所设计方案
（2008 年）

王小东

一、创意原则：多功能、中亚六国合作、绿色

1. 多功能

会所包括四大部分即主会场、多功能会场、宾馆、贵宾楼。

1）主会场：建筑面积 2876.55 平方米，其中地下面积 756.29 平方米，可容纳 500 人召开国内、国际会议，以及石河子市两会等。观众厅内安排了 250 座带桌软座椅，其他座位也按软座椅布置。舞台部分除了开会外，还可以举行小型、中型歌舞演出。

鸟瞰效果图

2）多功能会场：建筑面积2389.43平方米，其中分两层布置，一层功能为新闻发布中心、商务并兼其他。二层为可容纳500人的多功能厅堂，可供会议、酒会、宴庆使用。另有若干中小会议室供分组、分团开会使用，并适当安排饮食加工用房。开大型酒会时地下室和宾馆厨房相通，以便保证供应。

3）宾馆：建筑面积10480.11平方米，其中地下面积2760.62平方米，暂定名为"六国宾馆"。其中客房有双套间10套，单人间40套，标准间50套，共容纳150床（旺季时可将单床间改为标准间，则共有200人的接待能力）。另外宾馆还有餐厅、包间、舞厅、包厢、健身、商场、酒吧、咖啡厅、美发、办公等现代宾馆应有的全部功能。

4）贵宾楼：共两幢，每幢建筑588.6平方米，可接待元首级的领导及其亲属、随从等，并有专用餐厅厨房、办公、接待用房。位置相对独立、安静。

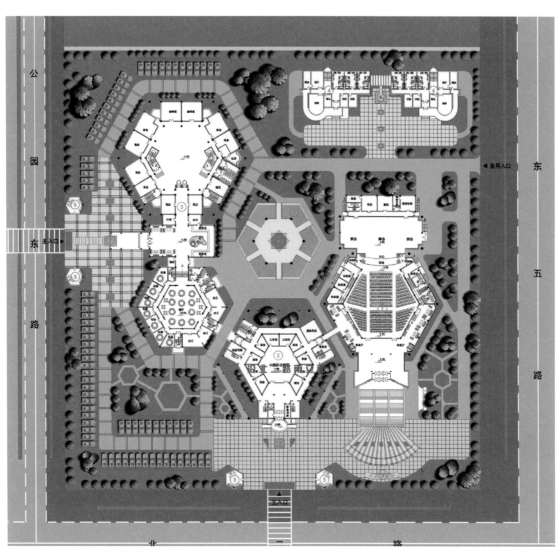

一层平面图

2. 中亚六国合作

1）在建筑布局上以六边形象征六国的合作，不断重复的六边形空间和图案创造出六国合作的空间意境。

2）在建筑风格上既强调现代感，同时也反映出中亚建筑的传统特色，但这种特色并不是照搬，而是经过了再创造。

3）考虑中亚地区的民族、宗教因素，在宾馆中安排了面向西方的小礼拜室一间。另外建议在每间客房的桌面上嵌入"Gbla"方向（即指向麦加方向）的指示箭头，供客人在客房做礼拜。

3. 绿色

因为会所位于石河子，所以在方案设计中尽量突出石河子的"绿色"特征，除了平面绿化，还有大量的垂直绿化。

二、主要技术经济指标

1）总用地面积：162 米 ×166 米 =26892 平方米；

2）总建筑面积：16923.69 平方米（其中地下 3512.31 平方米）；

3）主会场：2876.55 平方米（其中地下 752.69 平方米）；

4）多功能会场：2389.43 平方米；

5）宾馆：10480.11 平方米（其中地下 2760.62 平方米）；

6）贵宾楼：588.60 平方米（两幢 1177.2 平方米）；

7）其他：100 平方米；

8）容积率：0.498（不计地下面积）；

9）绿地面积：10058.86 平方米；

10）绿地率：37.4%。

主会场透视效果图

多功能会场透视效果图

宾馆透视效果图

沿东五路东立面效果图

北立面效果图

沿北二路南立面效果图

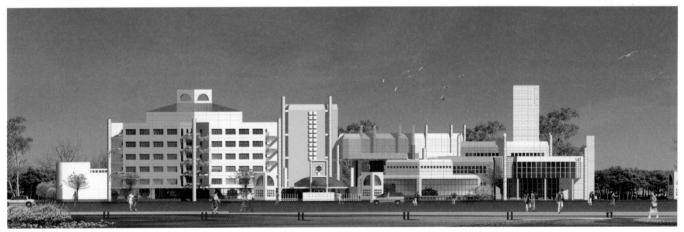

沿公园东路西立面效果图

乌鲁木齐火车头商贸城设计方案（节选）

——2008 年

王小东

透视效果图 1

透视效果图 2

透视效果图 3

新疆那拉提旅游宾馆设计方案（节选）

——2007 年

王小东

鸟瞰效果图

立面效果图

上海六国合作组织石河子商贸接待中心设计方案
（2008 年）

王小东

透视效果图

喀什吐曼河综合体演艺剧院设计方案（节选）

——2010 年

王小东

透视效果图

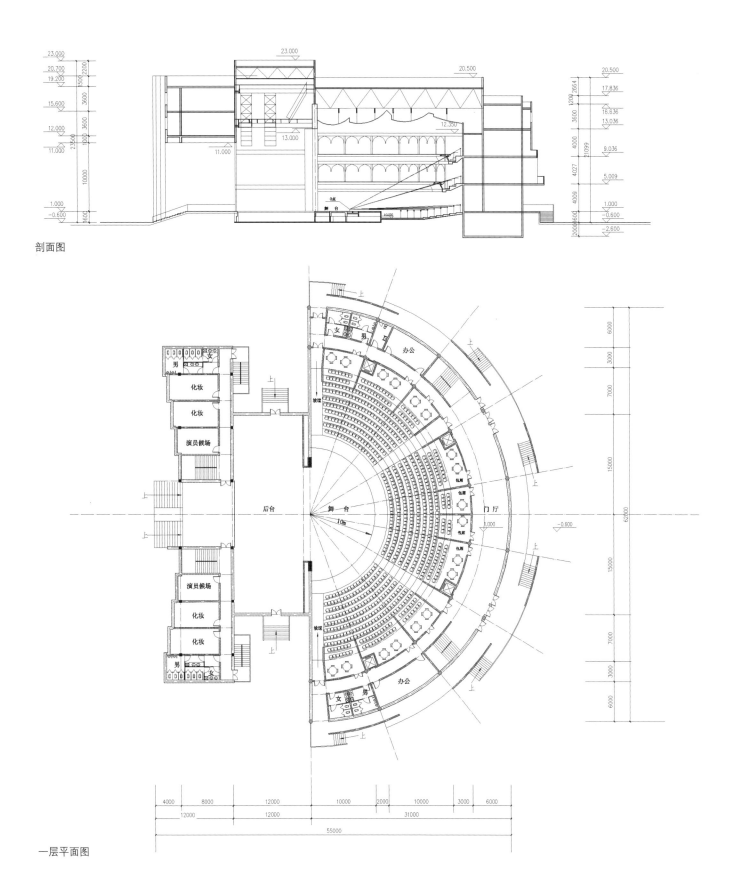

剖面图

一层平面图

吐鲁番葡萄博物园设计方案（节选）

——2008 年

王小东

透视效果图

吐鲁番绿洲商贸中心设计方案（节选）

——2008 年

王小东　钟　波

透视效果图

建筑创作创意手稿选

王小东

图书在版编目（CIP）数据

　　一个建筑师的梦：《西部建筑行脚》续集 = AN
ARCHITECT'S DREAM：THE SEQUEL TO AN ARCHITECT'S
FOOTPRINT IN WEST OF CHINA / 王小东著 . —北京：
中国建筑工业出版社，2024.2
　　ISBN 978-7-112-29499-2

　　Ⅰ.①一… Ⅱ.①王… Ⅲ.①建筑学—文集 ②建筑设
计—作品集—中国—现代 Ⅳ.① TU-53 ② TU206

　　中国国家版本馆CIP数据核字（2023）第251502号

责任编辑：黄习习　黄　翊　徐　冉
责任校对：张惠雯

一个建筑师的梦
《西部建筑行脚》续集
AN ARCHITECT'S DREAM
THE SEQUEL TO *AN ARCHITECT'S FOOTPRINT IN WEST OF CHINA*

王小东　著
　＊
中国建筑工业出版社出版、发行（北京海淀三里河路9号）
各地新华书店、建筑书店经销
北京海视强森文化传媒有限公司制版
北京富诚彩色印刷有限公司印刷
　＊
开本：880毫米×1230毫米　1/16　印张：16　字数：364千字
2024年3月第一版　2024年3月第一次印刷
定价：**168.00**元
ISBN 978-7-112-29499-2
　　（42209）